明石海峡大橋(吊橋)

名港西大橋(斜張橋)

港大橋(ゲルバートラス橋)

大三島橋(ニヒンジアーチ橋)

長良川大橋(ニールセンローゼ橋)

名古屋高速道路(連続箱桁橋)

秩父公園橋(PC 斜張橋)

錦岡三号橋(PC 斜張橋)〔セントラルコーポレーション提供〕

岩大橋(PC ラーメン橋)

上田ローマン橋(PC アーチ橋)

小田原ブルーウェイブリッジ(エキストラドーズド橋)

安家川橋(PC トラス橋)

土木系　大学講義シリーズ 18

新版 橋梁工学（増補）

工学博士 泉　　満　明
工学博士 近　藤　明　雅

コロナ社

土木系　大学講義シリーズ　編集機構

編集委員長

　伊　藤　　　學　(東京大学名誉教授　工学博士)

編集委員 (五十音順)

　青　木　徹　彦　(愛知工業大学教授　工学博士)

　今　井　五　郎　(元横浜国立大学教授　工学博士)

　内　山　久　雄　(東京理科大学教授　工学博士)

　西　谷　隆　亘　(法政大学教授)

　榛　沢　芳　雄　(日本大学名誉教授　工学博士)

　茂　庭　竹　生　(東海大学教授　工学博士)

　山　﨑　　　淳　(日本大学教授　Ph. D.)

(2007 年 3 月現在)

扉の写真は名港西大橋（斜張橋）
Ａ形タワーとケーブルの構成が美しい

───── 新版にあたって ─────

　初版刊行から早くも 13 年の星霜が過ぎた。この間にわが国の橋梁技術は世界水準を超え，その具体的な例として明石大橋の完成があり，その他の面でも大きな進歩があった。しかし，一方では北米とわが国においては地震の大きな被害を受けた期間でもあり，技術的に貴重な経験をわれわれに与えた。これらの経験と最近の長大化あるいは複合構造の適用の拡大，交通運輸の国際化と技術面での進歩に沿って，JIS および道路橋示方書などの改正がなされた。これらの情勢を踏まえて，旧著の大幅な改訂を行った。
　今回のおもな改訂は，
（1）　全体的な改訂は，示方書の使用単位の変更に伴って単位を SI 表示にしたこと
（2）　口絵写真を一部新しくし，橋梁技術の進歩，多様化を具体的に示したこと
（3）　複合構造橋，吊床版橋の記述の追加
（4）　耐震および疲労設計法の記述の書換え
（5）　最近多用されてきているゴム支承，連結装置等の記述の改訂
（6）　構造用高性能鋼材の記述の追加
（7）　構造物の維持・管理の具体的な補強方法および検査路についての記述追加
（8）　鋼橋の設計では，「鋼道路橋設計ガイドライン（案）」に関する記述の追加および計算例を非合成桁に変更

である。
　以上のように，最近の技術情報を十分に取り込み，さらに，設計計算例も新しくし，内容を充実したので，最新の橋梁技術を習得できる新版となったと確信している。

ii 　　増 補 に あ た っ て

　この新版を出版するに際して，旧著と同様に多くの方々に大変お世話になった。心から感謝する次第である。

2000 年 2 月

泉　　満　明
近　藤　明　雅

── 増補にあたって ──

　平成14年に改訂された道路橋示方書において，橋梁の耐久性を高めるための規定が新設され，新たに疲労に関する考え方も示された。この増補版はこの部分を主としたものである。その他には，最近における橋梁構造の動向，道路橋示方書の表示単位が mm となったための記述の一部変更，新材料の追加，コンクリート橋の構造部材に関する設計照査項目，伸縮装置の伸縮量等の追捕である。

　この増補版を出版するに際して，旧著と同様に多くの方々に大変お世話になった。心から感謝する次第である。

2004 年 8 月

泉　　満　明
近　藤　明　雅

まえがき

　昭和30年代後半からの日本の経済発展に伴って，社会的生産，生活基盤（infrastructure）の建設が盛んに行われ現在に至っている。その中でも昭和29年に始まった何次かの道路整備5か年計画，新幹線等の鉄道建設，各種の開発等により，多くの橋梁が建設されてきている。この間に，わが国の橋梁に関する設計，施工技術は世界の最高水準に達し，世界中から注目されている大規模な橋梁構造が多く建設され，海外での建設の実績も相当数にのぼってきており，今後ますますこの面の技術，建設が進展していくものと思われる。

　日本で建設されている橋梁の用途は種々あるが，おもなものは道路および鉄道用である。この中でも，その数において道路橋の建設は圧倒的なものであり，この傾向は今後も継続するものと推定される。一方，おもな使用材料から分類すると鋼橋コンクリート橋となり，従来は鋼橋が主要なものであったが，昭和30年代の後半頃よりプレストレストコンクリート構造の発展とともにコンクリート橋の建設が急増して現在に至っている。

　以上のような情勢にもかかわらず，学校における橋梁の講義は鋼橋について行われ，コンクリート橋については，コンクリート工学関連の講義において簡単に述べられるか，あるいはこの面の講義は行われていないものと推定される。

　筆者らは，いずれも実務経験をへて大学において教鞭を取ることになったもので，橋梁関係の講義の改善，最近の傾向に合った教科書の必要性を痛感し，経験と研究結果をふまえた講義，その充実を切望していたところであり，この本にそれを実現することにした。

　以上のことから，本書の特徴のおもなものとしては
　（1）　鋼橋とコンクリート橋の設計・施工を1冊の本にまとめた。
　（2）　おもに，最新の道路橋の橋梁技術について記述した。
　（3）　橋梁の維持管理，橋梁の審美的な面についても簡単に触れた。
　（4）　橋梁の付属施設について記述した。

(5) 鋼合成桁橋およびプレストレストコンクリートT形桁橋の設計例を示した。

などである。

　橋梁技術の内容は深く，かつ多岐にわたっているので記述をしたいものは数多くあった。しかし，講義時間，ページ数の制限で多くのものを割愛した。例えば，鉄道橋に関する事項，桁橋以外の橋梁に関する設計計算法，耐風・耐震設計の詳細な記述，プレストレストコンクリート技術の基本的な問題，計算例，架設法の詳細等である。これらについては，それぞれ専門の書籍によって勉強されることを希望するものである。しかし，学生として修得しておくべきものは，この本の中に含まれており，橋梁の概念をつかむには十分と判断している。さらに，実務にたずさわっている技術者の方々にも，最近の状況をくみとって頂けるものと思っている。

　しかし，筆者の浅学非才のため意図したものが十分に盛り込めたか危惧するものであり，読者からの御教示，御叱正を頂ければ幸いとするところである。

　本書の執筆に際して，多くの文献を参考にさせて頂くとともに，引用させて頂いたことを心からお礼申し上げる。

　最後に，本書の執筆の機会を与えて下さった東京大学の伊藤學教授をはじめお世話になった方々に心から感謝するしだいである。

1987年8月

泉　　満　明

近　藤　明　雅

目 次

第1章 序 論
1.1 橋梁の目的・意義 …………………………………… 1
1.2 歴史的過程 …………………………………………… 2
   1.2.1 鋼 橋 ………………………………………… 6
   1.2.2 コンクリート橋 ……………………………… 9
   1.2.3 複合構造橋 …………………………………… 12
1.3 橋梁の構成 …………………………………………… 14
1.4 橋梁の分類 …………………………………………… 16
   1.4.1 鋼 橋 ………………………………………… 16
   1.4.2 コンクリート橋 ……………………………… 29

第2章 橋梁のライフサイクルと計画
2.1 計画と設計 …………………………………………… 41
   2.1.1 橋梁の計画 …………………………………… 42
   2.1.2 橋梁の設計 …………………………………… 46
2.2 施 工 ………………………………………………… 49
   2.2.1 鋼 橋 ………………………………………… 50
   2.2.2 コンクリート橋 ……………………………… 54
2.3 維持管理 ……………………………………………… 60
2.4 補修工法 ……………………………………………… 62

第3章 設計基準と荷重
3.1 設計基準 ……………………………………………… 65
3.2 荷 重 ………………………………………………… 66
   3.2.1 荷重の種類と組合せ ………………………… 66
   3.2.2 死荷重 ………………………………………… 67

3.2.3　道路橋の活荷重 ……………………………………………………… 67
3.2.4　衝　　　撃 …………………………………………………………… 70
3.2.5　風 の 影 響 …………………………………………………………… 71
3.2.6　地震の影響 …………………………………………………………… 73
3.2.7　プレストレス力 ……………………………………………………… 78
3.2.8　コンクリートのクリープおよび乾燥収縮の影響 ………………… 78
3.2.9　温度変化の影響 ……………………………………………………… 79
3.2.10　雪　荷　重 …………………………………………………………… 80
3.2.11　施工時荷重 …………………………………………………………… 80
3.2.12　衝 突 荷 重 …………………………………………………………… 80
3.2.13　支点移動の影響 ……………………………………………………… 80

第4章　使用材料と許容応力度

4.1　鋼　　　　　材 ………………………………………………………………81
　4.1.1　鋼材の種類と機械的性質，物理定数 ………………………………81
　4.1.2　許容応力度 ……………………………………………………………86
4.2　コンクリート …………………………………………………………………92
　4.2.1　使用材料と物理定数 …………………………………………………92
　4.2.2　許容応力度 ……………………………………………………………93
4.3　耐久性の検討 …………………………………………………………………96
　4.3.1　鋼橋の耐久性 …………………………………………………………96
　4.3.2　コンクリート橋の耐久性 ……………………………………………101

第5章　支承および付属設備

5.1　支　　　　　承 ………………………………………………………………105
　5.1.1　耐久性に対する配慮 …………………………………………………107
　5.1.2　支承の種類と機能 ……………………………………………………107
　5.1.3　支承の配置 ……………………………………………………………110
　5.1.4　設 計 荷 重 ……………………………………………………………110
　5.1.5　移　動　量 ……………………………………………………………110
　5.1.6　材　　　料 ……………………………………………………………111
　5.1.7　許容応力度 ……………………………………………………………111
　5.1.8　摩 擦 係 数 ……………………………………………………………112
　5.1.9　アンカーボルト ………………………………………………………112

目　次　vii

5.2　落橋防止装置および桁の連結 ………………………………113
5.3　伸　縮　装　置 …………………………………………………114
　　5.3.1　設　　　　　計 ………………………………………115
　　5.3.2　形式およびその選択 …………………………………117
5.4　橋梁用防護柵 ……………………………………………………117
　　5.4.1　高　　　　　欄 ………………………………………117
　　5.4.2　橋梁用車両防護柵 ……………………………………118
　　5.4.3　地覆・縁石 ……………………………………………119
5.5　排　水　装　置 …………………………………………………119
5.6　付　属　施　設　等 ……………………………………………120
5.7　添　架　　物 ……………………………………………………120
5.8　点　検　施　設　等 ……………………………………………120

第6章　鋼　橋　の　設　計

6.1　概　　　　　説 …………………………………………………121
6.2　鋼　材　の　接　合 ……………………………………………124
　　6.2.1　概　　　　　説 ………………………………………124
　　6.2.2　高力ボルト接合 ………………………………………124
　　6.2.3　溶　接　接　合 ………………………………………130
6.3　床版および床組 …………………………………………………136
　　6.3.1　概　　　　　説 ………………………………………136
　　6.3.2　RC床版 …………………………………………………139
　　6.3.3　PC床版 …………………………………………………142
　　6.3.4　鋼　床　版 ……………………………………………143
　　6.3.5　床　　　　　組 ………………………………………146
6.4　主　　　　　桁 …………………………………………………147
　　6.4.1　支間と腹板高 …………………………………………147
　　6.4.2　主桁の断面力 …………………………………………147
　　6.4.3　断面の算定 ……………………………………………153
　　6.4.4　補　剛　材 ……………………………………………160
　　6.4.5　現　場　継　手 ………………………………………163

6.4.6 たわみ ……………………………………………………………165
6.5 横構，対傾構および横桁 ……………………………………………166
　6.5.1 概　　　説 …………………………………………………166
　6.5.2 横　　　構 …………………………………………………167
　6.5.3 対　傾　構 …………………………………………………168
　6.5.4 横　　　桁 …………………………………………………169
6.6 合　成　桁 …………………………………………………………170
　6.6.1 概　　　説 …………………………………………………170
　6.6.2 断面の算定 …………………………………………………171
　6.6.3 床版と鋼桁との温度差，コンクリートのクリープおよび乾燥収縮の
　　　　影響 ………………………………………………………174
　6.6.4 ずれ止め ……………………………………………………177
6.7 箱　　　桁 …………………………………………………………180
　6.7.1 断面の算定 …………………………………………………180
　6.7.2 ダイヤフラム ………………………………………………186
6.8 道路橋単純非合成桁の設計計算例 …………………………………188
　6.8.1 設計条件 ……………………………………………………188
　6.8.2 床　　　版 …………………………………………………189
　6.8.3 主　　　桁 …………………………………………………193
　6.8.4 補　剛　材 …………………………………………………200
　6.8.5 現場継手 ……………………………………………………202
　6.8.6 たわみ ………………………………………………………205
　6.8.7 Leonhardtの荷重分配係数を用いた曲げモーメントの算定 ……206

第7章 コンクリート橋の設計

7.1 一　　　般 …………………………………………………………210
7.2 コンクリート部材の照査 ……………………………………………214
　7.2.1 設計荷重作用時の断面力の算出 …………………………214
　7.2.2 終局荷重作用時の断面力の算出 …………………………216
7.3 コンクリート部材の特徴 ……………………………………………216
7.4 プレストレストコンクリートの分類 ………………………………219
　7.4.1 部材の設計法による分類 …………………………………219

目　次　ix

　　7.4.2　施工法による分類 …………………………………………………220
7.5　PC 鋼材の引張応力の減少 ………………………………………………221
7.6　PC 部材の曲げ応力の算定 ………………………………………………222
　　7.6.1　プレストレッシング直後のコンクリート応力 …………………222
　　7.6.2　設計荷重作用時のコンクリート応力度 …………………………222
7.7　床版の設計 ………………………………………………………………223
　　7.7.1　床版の厚さ …………………………………………………………224
　　7.7.2　床版の支間 …………………………………………………………225
　　7.7.3　床版の設計曲げモーメントおよびせん断力 ……………………225
7.8　主桁の設計 ………………………………………………………………226
　　7.8.1　設計一般 ……………………………………………………………226
　　7.8.2　部材設計に使用する断面 …………………………………………228
　　7.8.3　部材断面の応力度の算出 …………………………………………230
　　7.8.4　部材断面の破壊抵抗曲げモーメント ……………………………230
　　7.8.5　PC 部材の引張鉄筋 ………………………………………………233
7.9　せん断力が作用する部材の設計 ………………………………………233
　　7.9.1　設計一般 ……………………………………………………………233
　　7.9.2　部材断面の応力度の照査 …………………………………………235
　　7.9.3　PC 部材の設計荷重作用時の斜め引張応力度の照査 …………237
7.10　ねじりモーメントが作用する部材の設計 ……………………………241
　　7.10.1　部材断面の応力度および破壊に対する安全度の照査 …………242
　　7.10.2　有効断面 ……………………………………………………………242
　　7.10.3　部材断面の応力度の算出 …………………………………………242
　　7.10.4　ねじりモーメントに対する補強鉄筋（横方向および軸方向鉄筋）量の
　　　　　算定 …………………………………………………………………243
7.11　付着応力度の照査および押抜きせん断応力度の照査 ………………244
7.12　横桁の設計 ………………………………………………………………244
7.13　床版橋 ……………………………………………………………………245
7.14　T 桁橋 ……………………………………………………………………249
　　7.14.1　概説 …………………………………………………………………249
　　7.14.2　断面の形状，寸法の決定 …………………………………………250
　　7.14.3　床版の設計 …………………………………………………………252

	7.14.4	床版の破壊安全度の照査 …………………………………… 254
	7.14.5	主桁の設計 …………………………………………………… 256
	7.14.6	横桁の設計 …………………………………………………… 267

7.15 箱桁橋 …………………………………………………………………… 268
 7.15.1 一般 …………………………………………………………… 268
 7.15.2 断面力の算出 ………………………………………………… 269
 7.15.3 下フランジおよびウェブの応力度の照査 ………………… 270
 7.15.4 主桁の応力度の照査 ………………………………………… 270
 7.15.5 主桁, 横桁および隔壁の構造細目 ………………………… 270

7.16 PC合成桁橋 …………………………………………………………… 271

7.17 構造細目 ………………………………………………………………… 273

7.18 プレストレストコンクリートT桁橋の設計例 …………………… 274
 7.18.1 設計要旨 ……………………………………………………… 275
 7.18.2 床版の設計 …………………………………………………… 277
 7.18.3 主桁の設計 …………………………………………………… 279
 7.18.4 横桁の設計 …………………………………………………… 289

折込図

参考文献

索引

第1章 序論

1.1 橋梁の目的・意義

　土木構造物の中で，橋梁ほど広く人々に親しまれ，関心を払われてきたものはない。これは，橋梁が人々に直接的利便を与えてくれる実用的構造物でありながら，風景の中の点景あるいはランドマークとして印象づけられ，しかも審美的対象・文化史的遺産ともなりうるからである。

　しかし，橋梁本来の機能は，道路，鉄道，水路などの通路を，障害となる空間を越えて，対岸に結び付けるための土木構造物である。構造物である以上，重力に抗し，荷重を支え，自然界からのさまざまな外的作用に耐えなければならない。この困難な種々の要求を満たすために，橋梁の設計・施工に際して，さまざまな橋梁形式，構造力学の知識，施工法を十二分に活用しなければならない。

　橋梁の役割を具体的に示すと，まず河川を渡る橋梁がある。川，谷という自然の障害を克服して円滑な交通手段を提供するもので，これらが橋梁の役割の大部分をなす。さらに，水面上を渡る数少ない例として，湖水上を渡る場合（例えば琵琶湖大橋），海を渡る場合（例えば大鳴門橋）があり，通常大支間橋梁となる。また道路，鉄道が相互に立体的に交差する都市内高架橋がある。そのほか，日常生活と密着したものとしては，歩道橋があり，生活の潤いの中の庭園などに造形的に架けられる橋もある。

　橋梁を使用目的により分類すると，自動車および人間を通行させるものとし

ての道路橋，列車，電車の通行を専門にするものとして鉄道橋，人間の交通に対して専用する歩道橋，水道あるいは灌漑用水の通路としての水路橋などとなり，これらの目的が単独でなく，複合の目的に使用されるものに併用橋がある。その大規模な例として，本州四国連絡橋（児島-坂出ルート）は，上下2層構造になっており，上層を道路橋，下層を鉄道橋とした併用橋である。また，水路と歩道を併用した橋梁は農業用としてしばしば採用される併用橋であり，ほかにも種々の組合せの併用橋が存在する。

1.2 歴史的過程

人間の生活と密接に関連している橋梁は，有史以前から身近にある石材または木材をおもな材料として造られてきたものと思われる。時代が下るに従って煉瓦などもその材料として使用され，ローマ時代には石造アーチに火山灰セメントモルタル，中国においては鉄鎖の吊橋が建設され，その使用材料の種類も多くなってきた。しかし，17世紀までは，主として，木橋，石造アーチが橋梁の大部分を占めていたものと思われる。18世紀に入ると，製鉄法の発展とともに，鉄橋が建設されその数も多くなってきた。

19世紀前半には，構造力学の発展，ポルトランドセメントの生産の開始とともに鉄筋コンクリート橋（以下，RC橋という），近代的なトラス橋も架設されてきた。後半になると，長大吊橋の幕開けともいう時代となり，20世紀に入ると，石造アーチの終幕とともに，プレストレストコンクリート橋（以下，PC橋という）の開発が進められ，鋼橋とともにコンクリート橋全盛の時代となってきている。これらの全体の歴史の流れを**表1.1**に示す。

つぎに技術進歩の主流から取り残され古い形式を伝えている橋，特殊な橋について述べる。

橋の最も古い形式の一つに臥龍橋がある。これは**写真1**に示すもので，流れの中に石を落とし，その上を渡ることができるようにしたものである。

木材を利用した原始的な橋は，**写真2**に示す八ツ橋と称されるものである。

写真3に示す流れ橋は，洪水になり水位が橋桁に達すると橋桁が流れ出す。

1.2 歴史的過程

表1.1 橋梁技術略史[20]†

西暦	世界	西暦	日本	西暦	世界	西暦	日本
有史以前	自然の橋(倒木, つる, 岩の足場)				Menai海峡吊橋(支間176m, チェーン)	1826	
	最初の人工橋(丸太の橋)				初めて橋の一部に鋼使用	1828	
	石造アーチ(ナイル河)	BC2650			ロンドン橋(石造アーチ)	1831	
	煉瓦造アーチ(ユーフラテス)	BC1800			ケーブルの現場スピニング	1832	
	木橋(ユーフラテス)	BC 780			鍛鉄の桁橋	1839	諫早の眼鏡橋
	テーベ川の橋(記録に残る初のローマ人の橋)	BC 621		練鉄時代			このころ九州に石造アーチ流行
	舟による浮き橋(ペルシャ軍)	BC 481			橋に初めてコンクリート使用	1840	
	石造アーチ建造の記録(メソポタミア)	BC4世紀		1850	Britaniaの箱橋(支間140m)	1850	
	木の杭と桁をもつ橋(シーザー軍)	BC 55			鍛鉄製ラチス桁	1853	
石材・木材の時代	この前後ローマ人による石造アーチ橋多数(火山灰セメントモルタル使用, 現存あり)				Niagara吊橋(平行線ケーブル, 鉄道・道路)	1855	
					このころアメリカでトラスの特許続出		
	中国に鉄鎖の吊橋	65			初のコンクリートアーチ橋(パリの水路橋)	1869	日本初の鉄橋(吉田橋, くろがね橋)
	ローマ人によるアルカンタラ橋	98				1873	ポーリングトラス(万世橋, 心斎橋)
		324			近代的鋼橋Eads橋(アメリカ)	1874	
500	インダス河のロープ吊橋	400			このころ最初のRC橋誕生	1875	ポルトランドセメント生産開始
		612	唐風の呉橋(このころ庭園橋多し)			1876	木鉄混合トラス(豊平橋)
		646	宇治橋(僧道登による)	鋼橋時代	Brooklyn橋(アメリカで長大吊橋時代始まる)	1883	
	中国に鉄鎖の吊橋	7世紀		1900		1890	このころ鉄トラス多数建造
	中国に石造アーチ 趙州橋	726	山崎橋(僧行基による)		Forth橋(トラス, スコットランド)		
		812	長柄橋(大阪, 当時みぞうの長橋)			1903	RC橋誕生(若狭橋)
	スペイン人のアルカンタラ橋(ムーア人の石造アーチ)	866			F.August橋(石造アーチの終幕)	1905	
1000	アビニョン橋 (旧)ロンドン橋 } 石造アーチ	1187 1209			プレストレス工法の芽生え 近代構造へ		
		1226以前	猿橋(はね橋=カンチレバー構造)		合金鋼実用化	1912	本格的RCアーチ(四条橋)
						1913	鋼アーチ誕生(四谷見附橋)
	スイスの木橋(カペル橋, シュプロイ橋)	1452			再度の事故後, Quebec橋(カナダ)完成	1917	
	ダビンチによる可撥橋, 跳橋のアイディア	1480ころ	沖縄に石造アーチ始まる			1923	吊橋(十日町橋)
1500	イタリアの石造アーチ(ベッキォ橋, リアルト橋)	14~16世紀			溶接鉄道橋誕生	1925	永代, 清洲橋(震災復興)
	ロープの橋(独伊軍ポー河などに架ける)	1515			Freyssinet(フランス)プレストレスコンクリートの特許	1926	日本でも支間100mを超える橋
	パラディオ(イタリア), トラスを考案	1518				1927	三好橋(当時東洋一の吊橋)
		1575	瀬田の唐橋		橋の支間1kmを超す(G. Washington橋)	1928	
	リアルト橋(イタリア)	1588		鋼橋(高張力鋼)	巨大鋼アーチ2橋(Sydney, Bayonne)	1930	
		1580·90	三条大橋などに石造杭使用			1931	
1600	ポン・ヌフ(セーヌ河の石造アーチ)	1596 1604	船橋(神通川上の浮き橋)		Golden Gate橋(1280m)	1935	全溶接(田端路線橋)
		1626	愛本橋(カンチレバー構造)		Tacoma Narrows橋落橋	1937 1940	
		1634	長崎の眼鏡橋(日本初の石造アーチ)		合成桁, 溶接工法, PC構造などが普及始まる		第二次世界大戦後
		1673	綿帯橋(木造アーチ)		高張力鋼の使用始まる		
		1692	飛騨の藤橋	1950	西ドイツで鋼橋の革命(鋼床板付き箱桁, 斜張橋)	1951	合成桁の使用
1700	最初の錬鉄チェーン吊橋(Clorywitz橋)	1734				1952	PC桁誕生
	Ecole des ponts et chaussees設立	1747			高力摩擦接合ボルト採用	1955	西海橋(アーチ, 216m)
	木トラス橋実現(Grubenmann兄弟)	1757		コンクリート橋の時代	Tancarville橋(欧州初の長大鋼箱桁)	1959	城ヶ島大橋(初の鋼床板箱桁)
	最初の鋳鉄Coalbrookdale橋(イギリス)	1779				1961	天草橋(長支間のトラス桁, PC桁橋が以後続出)
鋳鉄時代	近代吊橋の原型誕生(Finley)	1801			Verrazano Narrows橋(アメリカ, 1298m)	1962	
1800	鉄筋コンクリート特許を得る	1808				1964	若戸大橋(初の本格的吊橋)
	支間100mを超える木トラス橋(アメリカ)	1812	日本ではもっぱら木の橋梁, 桁の橋(例: 江戸の両国橋など)		Severn橋(新しい着想の吊橋)(イギリス)	1966	
	Waterloo橋(イギリス流の半楕円アーチ)	1817				1976	本四架橋着工
	鍛鉄チェーンの特許	1817			Humber橋(イギリス, 1410m)	1981	
	近代トラスの誕生	1820			スペインにおいてLuna橋(PC斜張橋, 440m)	1983	
	Navier 梁の曲げ埋論	1821				1988	南備讃瀬戸大橋(1100m)
	Navier 吊橋の理論発表	1823				1990	呼子大橋(250m)(PC斜張橋)
	ワイヤーケーブルの吊橋	1823				1998	明石海峡大橋(1991m, 世界最長支間の橋)
	ポルトランドセメント発明	1824					

† 肩付きの数字は巻末の参考文献番号を示す.

写真1 臥龍橋（飛び石）

写真2 八ツ橋

写真3 流れ橋

写真4 潜水橋

写真5 浮き橋

しかし，橋桁はロープで連結されているので，洪水後の復旧は簡単である．自然の力を軟らかく受け流す考え方であろう．

　潜水橋あるいは沈下橋は，洪水の際に橋桁が水中に没し，流水，流木などに

1.2 歴史的過程

対する障害を少なくする形式であり，**写真4**に示すものである。流水に対する抵抗を少なくするために，高欄がなく，主桁断面は流水に対して流線形となっている。

浮き橋は，古代から現代まで軍事的にも有用である。最近では，橋桁そのものが浮くものもある。一例を**写真5**に示す。

身近にある材料を十二分に活用し吊橋を建設した好例として，**写真6**に示すかずら橋がある。ケーブルにつた，橋桁に木材を利用したものである。かつては，日常生活に密着した橋であった。

木橋として典型的なものは**写真7**に示すもので，かつては日本各地で利用さ

写真6　かずら橋（吊橋）

写真7　木　　　橋

写真8　石造アーチ橋

写真9　跳　開　橋

れていたが，交通量，荷重の増大，さらに耐久性に難点があったため，コンクリートあるいは鋼橋に架け替えられてきている．

　石材も身近な材料の一つであり，これによる石造アーチ橋の一例を**写真 8** に示す．この形式の橋は耐久性が高い．有名なものとしてはローマ時代のアーチ橋があげられる．

　橋の一つの形式として可動橋があり，この橋は一般に，船の航行に橋桁が支障となる場合に建設される．**写真 9** に示すものは跳開橋の例であり，このほかに旋回橋，昇降橋，伸縮橋の形式がある．

1.2.1　鋼　　　　　橋

〔1〕 **諸外国の鋼橋**　　18 世紀後半の産業革命によって鉄の生産量が飛躍的に増加すると，鉄を主要材料とした橋梁が製作されるようになった．1779 年，イギリスのセバーン川に架けられた Coalbrookdale（コールブルックデール）橋は，世界で最初の**鋳鉄**（cast iron）を用いた全鉄製の橋として知られ，支間約 30 m の半円形のアーチ橋である．19 世紀になって鋳鉄の欠点である引張力に対する弱さ，もろさを改善した**練鉄**（wrought iron）の生産が始まると，構造形式が多様化し，支間長も増大した．1826 年に完成したメナイ海峡の吊橋（支間 175 m）には，練鉄の細長い板をピンでつないだチェーンケーブルが使用された．1850 年の Britannia（ブリタニア）橋は，最大支間 140 m の 4 径間連続箱桁鉄道橋で，箱桁の内部を列車が走った．

　19 世紀後半には Thomas（トーマス）の塩基性転炉（1879 年）など各種の近代製鋼法が確立され，練鉄よりさらに強度が高く延性に富む**鋼**（steel）が生産されるようになった．1874 年ミシシッピー川に架けられた Eads（イーズ）橋は，大量の鋼材が初めて使用された橋（トラス骨組アーチ，支間 158 m）であり，1883 年完成の Brooklyn（ブルックリン）吊橋（支間 486 m）には，鋼の平行線ケーブルが使用された．イギリスの Forth（フォース）鉄道橋は現在でも世界第 2 位の支間 521 m を有するゲルバートラス橋で，主要部材に鋼製の円形断面が採用され，使用鋼材は 5 万 t を超えた．1917 年カナダのセントローレンス川に完成した同形式の Quebec（ケベック）橋（支間 549 m）は，ゲルバートラス橋の世

界最長支間を誇る。

　1910年完成のニューヨークのManhattan（マンハッタン）橋（支間448m）は，L.S. Moisseiff（モイセフ）がJ. Melan（メラン）のたわみ理論（1888年）を初めて応用して設計した吊橋で，従来の吊橋に比べて補剛桁の高さや断面を小さくすることができた。以後，吊橋支間の伸長が急速に進み，1931年ニューヨークに支間が1kmを超すGeorge Washington（ジョージ・ワシントン）橋（支間1065m）が架けられ，1937年には支間1280mのGolden Gate（ゴールデンゲイト）橋がサンフランシスコに完成した。

　ところが，1940年11月に当時世界第3位の支間854mをもつTacoma Narrows（タコマナロウズ）橋が，風速19m/sの風によって補剛桁にねじれ振動が生じ落橋するという事故が起こり，世界最長支間を更新する吊橋の建設は影を潜めた。落橋が吊橋の空気動力学安定性に起因することがわかると，1964年には支間1298mのVerrazano Narrows（ヴェラザノナロウズ）橋が，1981年には支間1410mを誇るHumber（ハンバー）橋が完成した。

　アーチ橋では，1931年にニューヨークのBayonne（ベイヨン）橋（支間504m）が，1932年にSydney Harbor（シドニーハーバー）橋（支間503m）が相次いで完成した。これらは，1977年に支間518mのNew River Gorge（ニューリバーゴージ）橋が架けられるまで，45年間にわたって世界第1，2位の長支間アーチ橋であった。

　第二次世界大戦が終了すると，従来のRC床版に代わり，縦横の格子状に補剛された鋼板に舗装を施して橋床とする鋼床版が考案された。鋼床版は，RC床版に比べて重量がきわめて軽く，これまでの桁橋の支間長の常識を超える長支間桁橋が実現した。1975年のCosta e Silva（コスタ・シルバ）橋の支間は300mに達した。

　斜張橋は，橋桁を主塔から斜めに吊る形式の橋で，その橋床には鋼床版を用いることが多い。近代的な斜張橋の初期のものとしては，1958年ライン川に完成した中央支間260mのTeodor Heuss（テオドールホイス，旧名Nord）橋が代表的なものである。斜張橋は塔の形式やケーブルの張り方など形態的に多用

性を有することや，最適支間がトラスやアーチ形式に匹敵するなどから急速に発展し，1979年に完成したフランスの St. Nazaire（サンナゼール）橋（支間404 m）が初めて支間400 m を超え，1994年完成の鶴見つばさ橋（支間510 m）が初めて支間500 m を超えた。

〔2〕 わが国の鋼橋　　わが国の鉄の橋の歴史は，明治維新に始まる。最初の鉄の橋は1868年オランダ人によって長崎の中島川に架けられたくろがね橋であり，橋長およそ20 m の桁橋であった。その後，鉄道の普及に伴い，1887年には当時最大規模のトラス橋（支間60.8 m）が，木曽，長良，揖斐の各河川に架けられ，翌1888年の天龍川橋梁（支間60.8 m）のトラス弦材に初めて鋼材が使用された。道路橋では，1897年に旧永代橋（トラス橋，支間67.4 m）が架けられた。

　1923年9月に関東大震災が発生し，その復興工事として数々の名橋が隅田川に架けられた。1926年に完成した支間100.6 m の永代橋（アーチ橋）と1928年のわが国初の自定式吊橋である清州橋（支間91.4 m）が特に名高い。大阪では，現在でも珍しい三ヒンジアーチ形式の桜宮橋（支間104 m）が架けられた。

　第二次世界大戦後になると，道路整備事業に伴いめざましい橋梁技術の進歩がみられた。桁橋では，日本の鋼床版箱桁橋の草分けとなった城ヶ島大橋（中央支間95 m，1959年）以後，支間が100 m を超える連続箱桁橋が数多く架けられ，1975年には第2摩耶大橋（支間210 m）が完成した。

　トラス橋では，中央支間300 m を有する天門橋（3径間連続トラス橋）が1966年に架けられ，同形式の境水道大橋（支間325 m），黒の瀬戸大橋（支間300 m），大島大橋（支間325 m）が相次いで完成した。1974年には，世界第3位の支間510 m を有する港大橋（ゲルバートラス橋，2層橋）が建設された。港大橋には，高張力鋼の使用や重量4500 t に及ぶ吊トラスの大ブロック一括架設など新技術が結集された。

　アーチ橋では，わが国における長大橋への幕開けともいうべき西海橋（上路式固定アーチ橋，支間216 m）が1955年に長崎に架設され，1970年に神戸大橋（支間217 m），1979年にはアーチリブが1本だけという単弦ローゼ橋（ポ

ートピア大橋，支間 250 m）が完成した．

斜張橋は，1958 年に旧吊橋を架け替えた勝瀬橋（支間 128 m）に始まる．1968 年の尾道大橋（支間 215 m），1975 年のかもめ大橋（支間 240 m），1981 年の大和川橋梁（支間 355 m），そして 1985 年の名港西大橋（支間 405 m）とつぎつぎと規模が大きくなり，世界最大支間長を更新する橋梁が数多く施工または計画されている．

長支間の橋梁で最も優位性を示す吊橋は，1962 年に若戸大橋（支間 367 m）が，1973 年に関門橋（支間 712 m）が完成した．

1969 年に計画決定された神戸-鳴門，児島 坂出，尾道-今治 3 ルートの本州四国連絡橋は，大三島橋（アーチ，支間 297 m），因島大橋（吊橋，支間 770 m）および大鳴戸橋（吊橋，支間 876 m）の完成に引き続き，1988 年に道路・鉄道併用の児島-坂出ルート（南備讃瀬戸大橋，吊橋，支間 1 100 m，ほか）が開通した．1998 年には，世界最大支間 1 991 m を誇る明石海峡大橋（吊橋）が完成し，神戸-鳴門ルートが全通した．1999 年には，斜張橋で世界最大支間長の多々羅大橋（複合斜張橋，支間 890 m）および世界初の三連の吊橋である来島海峡第一，第二，第三大橋（支間 600 m，1 020 m，1 030 m）が完成し，尾道-今治ルートが開通した．

1.2.2 コンクリート橋

〔1〕 **諸外国のコンクリート橋**　Monier が鉄筋コンクリートの特許（1861 年）を取得して以来，RC 橋の分野では，RC アーチ橋をはじめ各種の形式の橋梁が施工され，その最大支間も年を追って増大し，支間 390 m のアーチ橋が完成している．

コンクリートアーチ橋は，1900 年，フランス Vienne 河に支間 60 m の三連固定アーチの Chattelbeauf（シャトルボー）橋が架設され，1911 年，イタリア Rome 橋において支間 100 m を記録し，1923 年 Freyssinnet（フレッシネー；フランス）式応力調整法を用いて架設したフランス St. Pierre-du Vaurray（サンピエールドボレー）橋の支間 131.8 m が建設された．以後，Freyssinnet 式応力調整法が用いられ最大支間が更新され，1979 年には，現在コンクリート橋と

して世界最大級の支間390 m を誇るユーゴスラビアのKrK Island 橋が架設された。

これら長大アーチ橋にはアーチリブにはコンクリートプレキャスト箱形ブロックが採用され，セントルの上において，支間の1/4点のそれぞれにフラットジャッキを備えた目地を設け，その点に自重により生じる軸力相当の圧力をジャッキを作動させることによってアーチリブに与え，アーチを持ち上げさせる施工法が採用されている。

RC桁橋については，1913年ドイツのEshholzstrassen（エシュホルツシュトラッセン）橋で最大支間40 m の桁橋が実現されて以来，ゲルバー桁橋，連続桁橋などで最大支間が更新され，ゲルバー桁橋では1939年に架設されたフランスのVilleneuve St. George（ビレノーブサンジョルジュ）橋（支間40.9m＋78 m＋40.9 m）が現在でも最大支間を誇り，連続桁では1940年に架設されたイギリスのNew Waterloo（ニューウォータルー）橋（支間73.9m＋3@77.02m＋73.8m）が最大の支間を有している。このNew Waterloo橋は両側支間部にそれぞれ片持部を有する2径間連続桁であり，中央部に吊桁部を有する橋梁である。

以後コンクリート桁橋の長大化は，PC橋の出現を待つことになる。

プレストレストコンクリートの基本的な概念は，1888年W. Doehring（ドイツ）および1889年P.H. Jackson（アメリカ）がおのおの別個にプレストレストコンクリートの特許を得たことに始まり，その後多くの研究者による研究が行われたが，いずれも普通鋼を使用したためコンクリートのクリープ，乾燥収縮などによるプレストレスの消失によって失敗に終わった。

その後，コンクリート材料の進歩に伴って再登場する。1928年Dishinger（ドイツ）およびFreyssinnetによって，高強度のコンクリート，高強度の鋼材を使用して，初めて実用的な面で成功することができた。しかし，その後第二次世界大戦が起こり，実用化の空白時代を経て，戦後に著しい発展を遂げることになる。

1950年，早くもRC桁橋の記録を破る支間82.4 m の自碇式ラーメンのUlm

Gänstor（ウルムゲンストン）橋（ドイツ）が張出し架設法（Freivorbau）で架設され，続いて1953年，最大支間100 m を超す中央ヒンジ付き3径間連続ラーメン構造のWorms（ボルムス）橋（ドイツ，支間 101.7 m + 114.2 m + 104.2 m）が架設された．それ以後，1962年にBendolf（ベンドルフ）橋（ドイツ，最大支間 208 m），1972年浜名大橋（日本，最大支間 240 m），1978年Korror Babelthuap 橋（フィリピン，最大支間 240.8 m）と最大支間が更新されている．

1997年には，コンクリート桁構造としては最大支間を有するパラグアイのRio Paraguay（リオパラグアイ）橋（支間 270 m）が完成する．

PC斜張橋は，スペインのTorroja（トロハ）によって1925年に水道橋として建設されたものが最初と推定されている．その後，イタリアのMorandi により，1962年にMaracaibo（マラカイボ）湖橋（支間 235.0 m）がつくられてから，PC斜張橋はめざましい発展を遂げることになる．

一方，西ドイツのLeonhardt は，PC斜張橋の将来を見通し，西ドイツ南部につくられたBicken（ビッケン）歩道橋（支間 66.5 m）を礎にして，Neckar（ネッカー）歩道橋（支間 139.5 m）を経て，アメリカのPasco-Kennewick（パスコケネビック）橋（支間 300 m）が建設された．

フランスには，支間 320 m を誇るBrotonne（ブロトンヌ）橋がある．現在，世界最大のPC斜張橋はノルウェーのSkarnsundet（スカーンサンディト）橋で 530 m の最大支間を有する．

〔2〕 **わが国のコンクリート橋**　わが国におけるコンクリート橋の歴史をまずRC橋について概観する．RC橋は，1903年に琵琶湖疎水運河に架けられた支間 7.45 m のMelan 式弧形橋である琵琶湖疎水運河橋が最初であり，本格的なRC橋は，1909年に仙台市で架けられた広瀬橋（支間 16.25 m，4主桁T形桁橋）である．フランスのHennebique がT形桁を提案してから11年後であり，わが国においてもかなり早期にRC T形桁橋が実現したのである．

桁橋では，道路橋で十勝大橋（1941年，支間 41.0 m）が，鉄道橋で花見川橋（1958年，支間 32.0 m）が，それぞれの分野における最大支間を有している．

RCアーチ橋では，道路橋で別府 明礬橋（1989年，支間 235 m）が，鉄道

橋で赤谷川橋（1979年，支間116m）が，それぞれ最大支間を有する橋となっている．

1941年ごろからプレストレストコンクリートの研究が，鉄道省，内務省土木研究所などで始められ，1952年長生橋（長尾市，橋長11.6m）がわが国最初のPC桁橋として完成した．以来20有余年を経て，1972年浦戸大橋の最大支間230m，1975年彦島大橋の最大支間236m，1976年浜名湖大橋の最大支間240mとPC桁橋の世界最大支間をつぎつぎと更新している．鉄道橋では，支間105mの第二阿武隈川橋が最大である．

PC斜張橋は，1963年に島田橋（支間38m）が建設され，その後，1970年代までは，本格的なPC斜張橋はつくられなかった．1972年に至り，松ケ山橋（支間96m）が神奈川県の三俣ダムに最初の道路橋として完成し，1986年には，衝原橋（支間86.3m，橋長173m）が施工され，さらに，伊唐島橋（最大支間260m）が1997年に完成し，いまや本格的な発展の段階にきている．

多少の異論もあろうが，基本的な力学的挙動は斜張橋と類似と考えられる形式に，1990年ぐらいから検討され，実施例も多くなってきているエキストラドーズド形式の橋がある．中支間の橋梁に今後採用が多くなると予想されている．実施例の一つとして口絵に小田原ブルーウェイブリッジを示す．

1.2.3 複合構造橋[44],[45]

最近，橋構造において経済性，施工性などの検討の結果，鋼およびコンクリートの特性を活用する設計の一つの成果として複合構造が開発・適用されて，成果を上げてきている．この形式としては，構造系のものと断面的なものとがあり，多種多様な形式として採用されている．図1.1にその概念を示す．

図(a)に示すように構造系のものとしては，現在国内では，主として斜張橋形式に採用されている．複合斜張橋には，主桁の側径間部分をコンクリート構造とするもの，主塔をコンクリート構造とするものなどがある．

3径間連続斜張橋において，側径間が中央径間に比して極端に短い場合には，死荷重により両端の支点に負反力が生じるため，この対策として，中央径間を軽量の鋼桁とし，側径間部分にコンクリート桁を採用する．実施例としては，

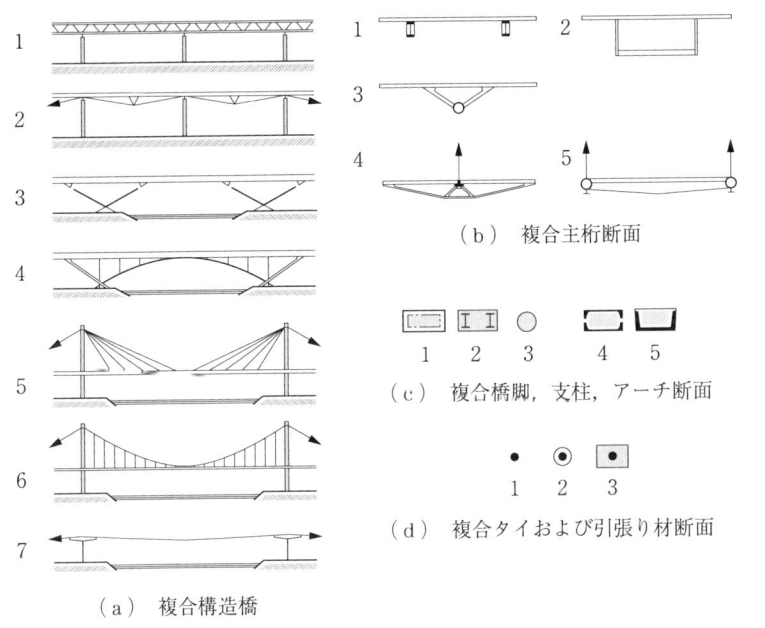

(a) 複合構造橋

図1.1 複合構造橋概念図

多々羅大橋（**写真10**，支間890 m，1999年），生口橋（支間490 m，1991年），外国の例としては，Normandie（ノルマンディ）橋（支間856 m，1994年，フランス）などがある。側径間のみを鋼とコンクリートの合成構造としたものに，名港東大橋（支間410 m，1998年）がある。

断面的なものとしては図（b）に示すように，箱形断面の上下部フランジはコ

写真10　多々羅大橋

ンクリート，ウェブ部分は波形鋼板で構成し，外ケーブルを使用したプレストレストコンクリート橋（波形鋼板 PC 橋）がある．海外では，コニャック橋（3 径間連続桁，最大支間 42.9 m，1986 年，フランス），ドール橋（7 径間連続桁，最大支間 80.8 m，1994 年，フランス），わが国では，新開橋（単純桁，支間 31 m，1993 年），本谷橋（3 径間連続ラーメン，中央支間 97.202 m，1999 年）などがある．モーブレ橋（7 径間連続桁，中央支間 53.55 m，1987 年，フランス）は，コンクリートの下フランジをコンクリート充てん鋼管に置き換えて三角形の断面形状を構成している．

コンクリート箱断面のウェブ部分を鋼トラスに置き換え，外ケーブルを併用したものに，アルボア橋（3 径間連続 PC トラス，最大支間 40.4 m，1984 年，フランス）があり，ウェブおよび下フランジともに鋼材に置換し，立体三角形の断面を有するもの（外ケーブル併用）にロワーズ橋（3 径間連続 PC トラス，最大支間 40.0 m，1990 年，フランス）がある．

主塔にコンクリート構造を採用した斜張橋には，Normandie 橋，Alex Fraser（アレックスフレーザー）橋（支間 465 m，1986 年，カナダ），南浦大橋（支間 423 m，1991 年，中国），わが国では，十勝中央大橋（支間 250 m，1988 年）などがある．

1.3 橋梁の構成

橋梁は上部構造と下部構造とに大別される．**上部構造**（super-structure）は橋上を通行する車両や群集を支持する部分の総称で，**主桁**（main girder）または**主構**（main truss），**床版**（slab），**床組**（floor system）などからなる．**下部構造**（sub structure）は上部構造を支える部分で，**橋台**（abutment），**橋脚**（pier）およびこれらの**基礎**（foundation）からなる．

橋長とは上部構造の全長であり，図 **1.2** に示すように，通常，橋台のパラペット（胸壁）前面間距離とする．**支間**（支間長，span）は主桁または主構の支点間距離をいい，橋台または橋脚の前面間距離を**純径間**（clear span）と呼ぶ．

道路橋の**幅員**とは両側の地覆内面間の距離（図 **1.3**）であり，車道ならびに

1.3 橋梁の構成

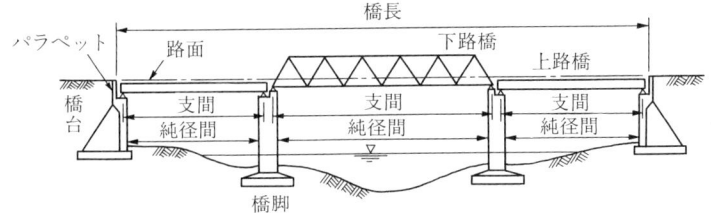

図1.2 橋梁の構成

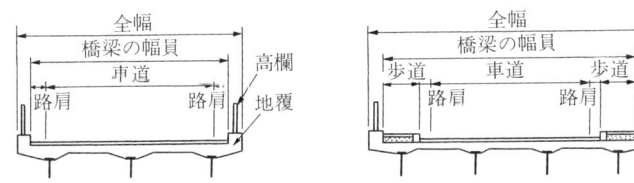

図1.3 道路橋の幅員

歩道幅員に**路肩**の幅員を加えたものである。車線数が4以上あって車線が往復の方向別に分離される場合には**中央帯**の幅員もこれに加える。これらの幅員構成の詳細は「道路構造令」に定められており，これによると1車線当りの車線幅は道路規格に応じて2.75～3.5mの範囲となっている。

建築限界（construction gage）とは車両や群集が安全に通行するのに必要な最小限度の空間であり，道路ではある一定の幅と高さの範囲（**表1.2**）の空間

表1.2 道路の建築限界　　　　　　　　　　　　　　　　（単位：m）

車道に接続して路肩を設ける道路	車道に接続して路肩を設けない道路	車道のうち分離帯または交通島にかかわる部分	車道，自転車道など
	トンネル，50m以上の橋梁		路上施設を設けるのに必要な部分を除いた歩道，自転車道の幅員

H：4.5m　ただし，第3種第5級，第4種第4級でやむをえないときは4.0mまで縮小可能
a：$a=e$　ただし　$a \leqq 1$m
b：$b=H-3.8$m

	c	d
第1種1・2級	0.5	1.0
第1種3・4級，第2種1・2級	0.25	0.75
第3種，第4種，交通島	0.25	0.50

を，また鉄道では車両限界に余裕をもたせた空間（図1.4）を建築限界としている。したがって，橋面上において橋の構造各部がこの限界を侵さないように設計するほか，道路，鉄道上を橋梁が立体交差する場合にもその限界を侵さないように**桁下空間**（under clearance）を確保しなければならない。

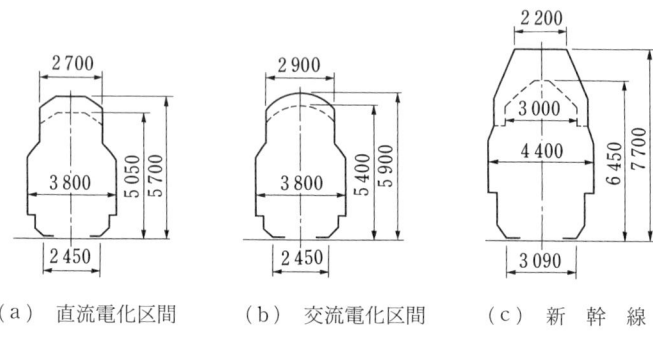

(a) 直流電化区間　　(b) 交流電化区間　　(c) 新 幹 線

図1.4　鉄道の建築限界（単位：mm）

　河川を横断する橋梁では高水位や堤防高などを，また海面上を船舶が航行する場合には航路限界や満潮位などを考慮して最低桁下高および支間割を定めなければならない。

1.4　橋 梁 の 分 類

　橋梁は，すでに述べた使用目的による分類のほかに，鋼，コンクリート，木，石といった主構造材料，路面の位置，橋の平面形状あるいは構造形式により分類される。構造形式から分類すると，単純橋，連続橋，ゲルバー（カンチレバー）橋，桁橋，トラス橋，ラーメン橋，アーチ橋，斜張橋および吊橋となり，主桁断面から分類すると，スラブ橋，I桁橋，T桁橋および箱桁橋などとなる。以上のように，種々の分類が考えられるが，ここでは表1.3に示すように鋼橋およびコンクリート橋を中心に構造形式の分類とその特徴を述べる。

1.4.1　鋼　　　　橋

〔1〕桁　橋

（a）I桁橋　　鋼桁橋の主桁には，一般にI形（H形）断面や箱形断面が用いられる。支間が25mくらいまでの小径間の桁橋では，圧延H形鋼の

表1.3 構造形式別の標準適用支間長（道路橋）[20]

構造形式		支間長 [m] 10　20　50　100　200 300 500　1 000
鋼橋	H形鋼桁橋	
	単純支持プレートガーダー，合成桁橋	
	単純支持箱桁橋，合成箱桁橋	
	連続プレートガーダー橋	
	連続箱桁橋，連続鋼床版箱桁橋	
	単純支持トラス橋	
	連続トラス橋	
	カンチレバートラス橋	
	アーチ橋	
	斜張橋	
	吊橋	
複合斜張橋		
コンクリート橋	スラブ橋	
	単純支持RC桁橋	
	カンチレバーRC桁橋	
	単純支持PC桁橋	
	連続PC桁橋	
	ラーメン桁橋	
	PC斜張橋	
	エクストラドーズド橋	
	RCアーチ橋	
	PCトラス橋	

主桁が多く用いられ，支間が大きくなると鋼板を溶接により組み立てたI形断面が使用される。道路橋では，単純支持の鋼I桁橋は45m程度までの支間に適用され，図1.5に示すように，自動車などを直接支える鉄筋コンクリート（RC）床版を主桁が支持する構造が多く用いられる。このRC床版を強固なずれ止めによって鋼桁に結合することにより，一体となったコンクリートと鋼の合成断面の主桁構造を合成桁という。これに対し，RC床版と鋼桁とがずれない程度に連結されているものの，コンクリートと鋼とは合成されておらず，鋼桁のみが主桁として働く構造を非合成桁という。

近年，プレストレストコンクリート（PC）床版を用いて床版支持間隔（主桁間隔）を大きくすることにより，主桁本数を少なくし，施工の省力化・工費の

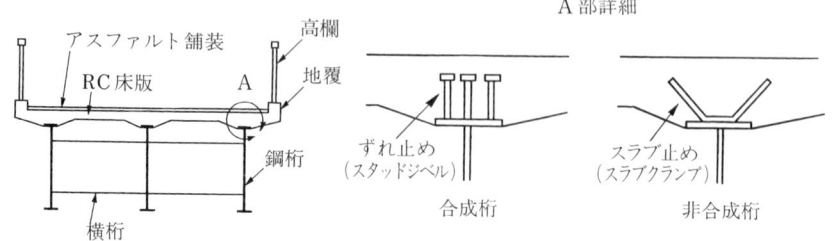

図1.5 道路橋プレートガーダー

節減を図った少数主桁橋が採用されるようになってきた。

連続桁橋は，同支間の単純桁橋に比べて設計曲げモーメントが小さくなることから適用支間が増し，表1.3に示すように30〜60m程度である。

(b) 箱桁橋 箱桁橋の適用支間は，I桁橋に比べて大きく，単純支持形式では30〜60m程度，連続形式では80mくらいまでである。また，箱桁橋は，ねじり剛性が大きく荷重の偏心載荷に有利な構造であり，曲線橋に適する。

RC床版に比べて軽量でしかも終局耐力の高い鋼床版（図1.6）を有する連続形式の箱桁橋は，長大支間の桁橋を可能にし，支間80〜200m程度の橋梁の代表的な形式の一つである。

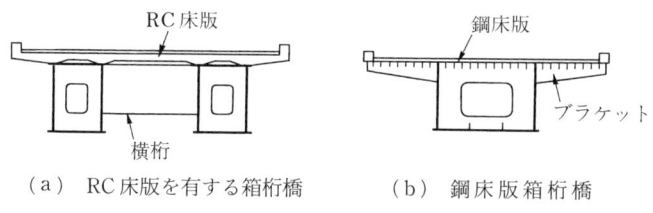

(a) RC床版を有する箱桁橋　　(b) 鋼床版箱桁橋

図1.6 箱桁橋断面図

〔2〕**トラス橋** 支間が50m程度以上になると桁橋よりトラス橋（truss bridge）が有利となる。最近では，箱桁橋，連続桁橋および鋼床版桁橋などの技術的進歩と，下路形式の道路橋は走行感覚上好ましくないことなどからトラス橋の採用が少なくなる傾向にあるものの，支間が単純トラス橋で50〜80m，連続トラス橋で70〜300m程度では最適な橋梁形式の一つである。400mを超えるトラス橋には，カンチレバー形式（cantilever truss）が採用されることが

多い．

トラス主構は**上弦材**(upper chord member)，**下弦材**(lower chord member)の弦材と**斜材**(diagonal member)，**垂直材**（vertical member）からなる**腹材**(web member)によって構成されるが，この腹材の形式からトラスを分類するとつぎのようになる．

図1.7(a)，(b)は斜材の方向が交互になるように配置され，**ワーレントラス**（Warren truss）と呼ばれる．図(a)のように斜材だけで構成される場合には，部材数が少なく美観上優れているため，鋼トラス橋で最も多く用いられる形式である．図(c)に示す**プラットトラス**（Pratt truss）は，通常，斜材には引張力，垂直材には圧縮力が作用する形式で，鋼橋に用いられる形式の一つである．図(d)の**ハウトラス**（Howe truss）は，斜材の方向がプラットトラスの正反対のトラスであり，斜材には圧縮力，垂直材には引張力が作用する．鋼橋には使用されないが，PCトラス橋に採用される．過去には，一部鋼材で補強された木造トラスに用いられた．また図(e)のK-トラス（K-truss）は，腹材をK形に配置したもので，トラス高を大きく，部材長や格間長を小さくすることができるため，長大支間のトラス橋に適する形式である．図(f)はトラスの高さを中央部で高く，端部で低くした**曲弦プラットトラス**である．**直弦トラス**に比べて鋼材量が少なくなるが，製作，架設が複雑になる．

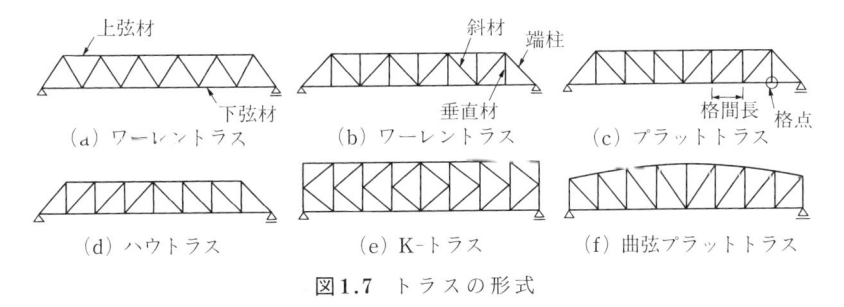

(a) ワーレントラス　　(b) ワーレントラス　　(c) プラットトラス
(d) ハウトラス　　(e) K-トラス　　(f) 曲弦プラットトラス

図1.7　トラスの形式

下路形式の道路橋トラスの断面図を**図1.8**に示す．地震や風などの横方向荷重によりトラス主構が面外に曲がるのを防ぐため**上横構**，**下横構**が設けられ，端部にはトラス断面の変形を防止し，横荷重を確実に支承へ伝達させるため**橋**

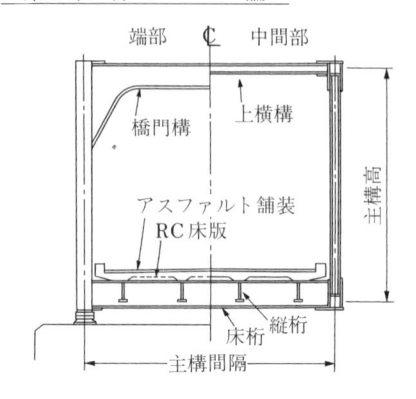

図1.8　道路橋トラスの断面図

門構（portal）を設ける。

　橋床上の活荷重は，直接床版に支持され，縦桁，床桁からなる床組によって主構へ伝達される。この床桁はトラス主構の格点に連結される。

　トラス主構の高さは，支間，トラスの形式，活荷重，幅員および通路の位置などを総合的に考慮して決定される。道路橋では，経済的かつ構造的に無理がないトラス高さ h と支間 l との比 h/l は，**表1.4**に示す値が標準的である。

表1.4　道路橋トラスの高さ h と支間 l との比

	h/l
単純下路トラス	$1/6 \sim 1/8$
単純上路トラス	$1/7 \sim 1/8$
連続トラス	$1/9 \sim 1/10$

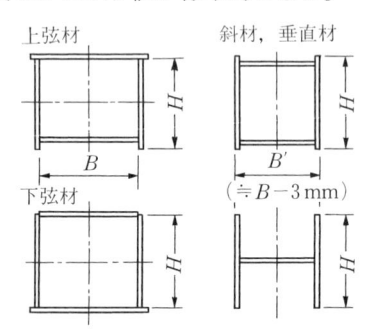

図1.9　主構部材の断面

　主構部材の断面は，**図1.9**に示すように，通常，上弦材，下弦材は箱形断面が，斜材，垂直材にはH形または箱形断面が用いられる。道路橋では，部材高 H と部材長 L との比 H/L は $1/20 \sim 1/25$ ぐらいである。部材高 H が大きくなるとトラス格点部が剛結されていることによる影響で部材に**二次応力**（secondary stress）と呼ばれる曲げ応力が生じる。道路橋示方書によると，$H/L > 1/10$ であれば二次応力の影響を考慮して設計を行わなければならない。

〔3〕 **アーチ橋** 鋼アーチ橋は，わが国では支間 50～300 m 程度に用いられているが，海外では支間が 300 m を超す大支間アーチ橋が数多く建設されている。

アーチ橋（arch bridge）の分類を**図 1.10**に示す。支持条件によって分類すると，(i) 固定アーチ（fixed arch），(ii) 二ヒンジアーチ（2 hinged arch），三ヒンジアーチ（3 hinged arch）および (iii) タイドアーチ（tied arch）に大別される。(i)，(ii) のアーチ橋は，アーチ作用によって生じる水平力を地盤に伝達する形式であり，支点移動の影響を受けやすいため大きな反力に耐える良好な地盤が存在していなければならない。基礎地盤の悪いところでは，水平反力をタイに受けもたせるタイドアーチ形式が用いられる。

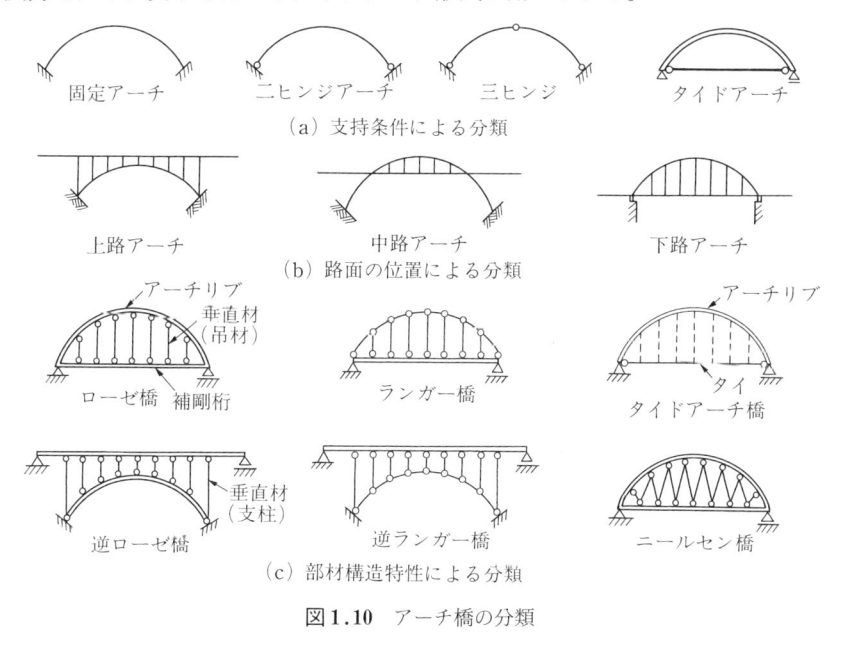

図 1.10 アーチ橋の分類

鋼アーチ橋はアーチリブ（arch rib）の形式から**図 1.11**のように，I 形，箱形あるいは円形断面などの充腹構造とした**ソリッドリブアーチ**（solid rib arch）とトラス骨組を用いた**ブレースドリブアーチ**（braced rib arch）および**スパンドレルブレースドアーチ**（spandrel braced arch）に区分される。一般

(a) 二ヒンジソリッドリブアーチ

(b) 二ヒンジブレースドリブアーチ

(c) スパンドレルブレースドアーチ

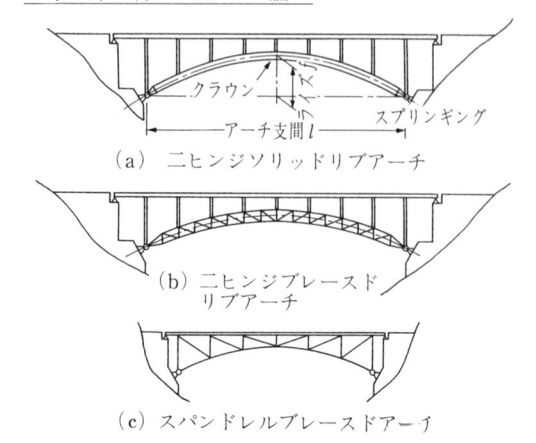

図1.11 アーチリブ形式による分類

に，美観および経済性の両面から支間200m程度まではソリッドリブアーチが用いられる。長支間アーチには経済性と剛性に勝るブレースドリブアーチが有利であるが，景観を重視する場合には，多少不経済であってもソリッドリブアーチが用いられる。スパンドレルブレースドアーチは，通常，アーチ支間が100m程度以下に適用される。

補剛アーチ橋（stiffened arch bridge）は，補剛桁（補剛トラス）とアーチリブの曲げ剛性比によって図1.10(c)に示すように分類される。**ローゼ橋**(Lohse bridge)は，アーチリブおよび補剛桁に軸方向力，曲げモーメントおよびせん断力が作用する。**ランガー橋**（Langer bridge）のアーチリブは曲げ剛性を無視しうる程度に細く，軸方向圧縮力のみが作用する部材として設計され，補剛桁は曲げモーメント，せん断力および軸方向引張力に対して設計される。**タイドアーチ橋**は，ローゼ橋の補剛桁の曲げ剛性を無視しうる程度に細くしたもので，軸引張力のみが作用するものとして設計する。

下路形式のローゼや二ヒンジアーチの垂直材にかわって鋼棒やケーブルなどの細い引張材からなるハンガー（吊材，hanger）を斜めに用いた形式を**ニールセンアーチ**（Nielsen arch）という。ハンガーを斜めに用いることにより，アーチリブの設計曲げモーメントを減少させることが可能となるばかりでなく，橋梁全体の剛性も増大し振動特性が改善される。また，ハンガーに細い引張材

を用いるため外観がすっきりし景観的に優れたものとなる．しかし，ハンガーが圧縮力に抵抗できないことから架設時のハンガーの応力調整が難しくなる．

ランガーならびにローゼなどの補剛アーチ橋の適用支間は，通常 50〜200 m 程度である．

アーチの支点（springing）から**クラウン**（arch crown）までの垂直距離を**ライズ**（rise）というが，ライズ f とアーチ支間 l との比 f/l（**ライズ比**）は，アーチ橋の経済性，剛性および美観に大きな影響を及ぼす．一般に，f/l が小さすぎると水平反力，アーチリブの軸圧縮力が大きくなり鋼重が増加するばかりでなく，たわみも大きくなる．逆に大きすぎると，アーチリブの水平方向の安定が悪くなり鋼重も増加する．道路橋で一般的に採用されているライズ比 f/l および腹板高（主構高）h と支間 l との比 f/l の値を**表 1.5** に示す．

表 1.5 f/l および h/l の標準値[26]

	f/l	h/l
ソリッドリブアーチ	1/7〜1/10	1/40〜1/60
ブレースドリブアーチ	1/5〜1/10	1/15〜1/45
タイドアーチ（ソリッドリブ）	1/7〜1/8	1/40〜1/60
ランガー（ガーダー）	1/7〜1/8	1/25〜1/40

（注）ランガーの h/l は補剛桁高と支間の比

アーチ橋の設計は，支間が小さい場合には，荷重載荷によってアーチ骨組線の形状が変化しないと仮定する**微小変形理論**により行う．しかし，支間が大きくなるとアーチ骨組線の変形が大きくなり，この変形の影響によりアーチリブに作用している断面力が増加する．したがって，変形後の骨組線形状を考慮した**有限変形理論**によって断面力を求めなければ危険となる場合もあるので注意が必要である．なお，適用方法の詳細については，道路橋示方書に規定されているので参照されたい．

〔4〕**ラーメン橋** ラーメン橋（rigid frame bridge）は，桁と柱とを剛結した骨組構造物で，部材には軸方向力，曲げモーメントおよびせん断力が作用する．**ラーメン隅角部**（桁と柱との剛結部）は支点移動のある連続桁の中間支

点と同様に考えられ，鉛直荷重によって負の曲げモーメントが生じる。このため，桁部分の正の曲げモーメントが減少し，桁高を低くすることが可能となる。

市街地や高速道路などでの立体交差部で桁下空間を十分にとる必要がある場合や深い谷を渡る場合などに多く採用されており，**図1.12**に鋼ラーメン橋の代表的な形式を示す。また，**図1.13**は**フィーレンディール橋**（Vierrendeel bridge）と呼ばれる形式で，トラス橋の斜材を省略した場合に相当し，構造的にはラーメンの一種である。

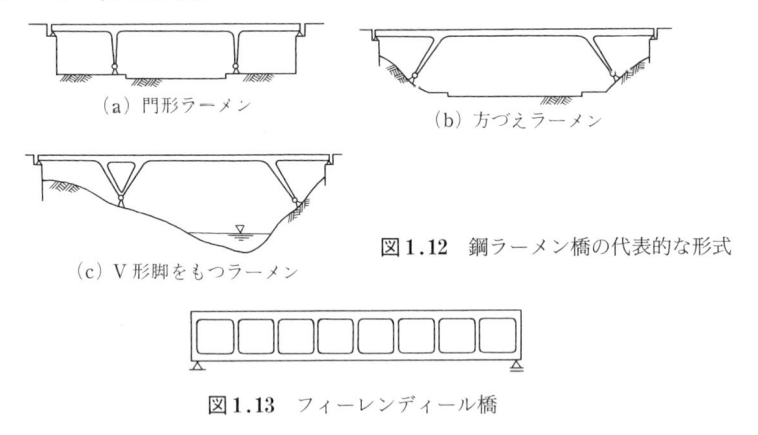

(a) 門形ラーメン
(b) 方づえラーメン
(c) V形脚をもつラーメン

図1.12 鋼ラーメン橋の代表的な形式

図1.13 フィーレンディール橋

ラーメン構造は橋の上部構造として用いられるほかに，都市高速道路などの橋脚としても多く用いられている。

部材断面は一般にはI形断面が用いられているが，大支間ラーメン橋や鋼橋脚では箱形断面が用いられる。

ラーメン隅角部には大きな曲げモーメントおよびせん断力が作用するとともに，応力の方向が急変する。特に鋼構造は一般に薄肉構造であり，力の伝達機構が複雑となるため，隅角部の設計には，せん断力の急変に起因するせん断遅れ〔shear lag〕の影響，力の伝達方法などを十分に考慮する必要がある。

〔5〕 **斜張橋** 斜張橋（cable stayed bridge）は，**図1.14**に示すように，主桁を主塔からケーブルで斜めに吊る橋梁形式で，主桁にはケーブル張力による水平分力が軸方向力として作用するが，ケーブル取付け点で弾性支持された連続桁と見なすことができる。したがって，桁高の低い構造物とすることが可

1.4 橋梁の分類

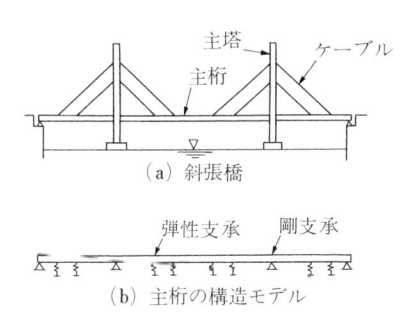

図1.14 斜張橋の構造形式

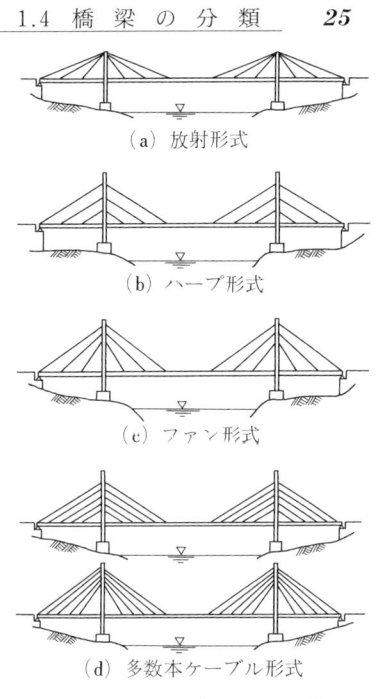

(a) 斜張橋
(b) 主桁の構造モデル

図1.15 ケーブルの側面形状

(a) 放射形式
(b) ハープ形式
(c) ファン形式
(d) 多数本ケーブル形式

能になり，外観上もすっきりとした優れたものとなる。

　側面から見たケーブル形状は，図1.15に示すように，放射（radial）形式，ハープ（harp）形式およびファン（fan）形式が一般的であり，多数本のケーブルを用いた形式（マルチプル形式）は長大支間斜張橋に適している。

　斜張橋はケーブル形状のほかに，主塔形状（図1.16）やケーブルと主塔の配置方法（図1.17）の多様性，現代感覚にマッチした外観，斜めケーブルを利用して架設を容易に行えることおよび吊橋に比べて剛性が高いことなどから急速に進歩した橋梁形式である。鋼斜張橋は150～500 m程度の支間に採用されており，連続桁橋と吊橋の適用支間の中間に位置する。

　鋼斜張橋は適用支間が競合する連続，カンチレバートラス橋やアーチ橋に比べて橋の剛性が低いため，長大橋においては，有限変形理論による安全性の照査や動力学的な耐震・耐風安定性の検討などが必要となる。

　　　　(a) 二面ケーブル　　(b) 一面ケーブル

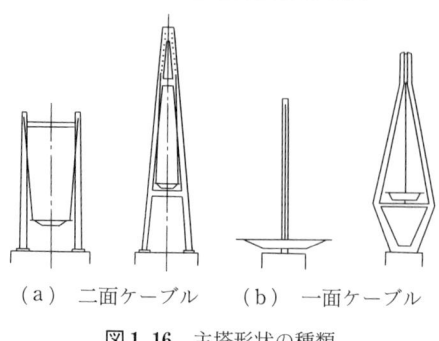

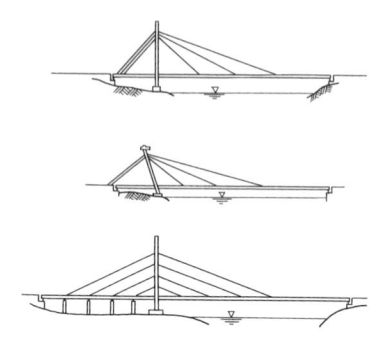

　　　　　図 1.16　主塔形状の種類　　　　　　図 1.17　主塔の配置とケーブル形状

　斜張橋の主桁断面として並列I形や並列箱形断面が用いられた例も見られるが，一般には耐風安定性に優れた偏平な箱形断面が採用されることが多い。最近の長大斜張橋では，箱断面の主桁に代わって開腹式のトラス構造を用いることもあり，この場合にはトラスの上・下部を橋床として利用する二層構造が可能となる。最近の斜張橋のケーブルには，鋼素線を平行に束ねた平行線ケーブル（parallel wire cable）が用いられている。

　〔6〕　吊　橋　　吊橋（suspension bridge）は，図1.18に示すように主塔間に放物線形状に張り渡されたケーブルからハンガーによって補剛桁（stiffening girder）を吊る橋梁形式で，ケーブルは主塔上のサドル（saddle）により支持されアンカーレッジ（anchorage）に定着される。吊橋の形状は，アーチ橋を上下逆にしたのと同じで，主要部材であるケーブルは引張力のみが作用する。引張部材は，曲げ部材や圧縮部材のように座屈を考慮する必要がなく終局耐力が高い。そのうえ，吊橋は鋼材のうちで最も高強度の鋼線を主材料としていることから死荷重が軽く，長大支間に適合する形式である。

　しかし，吊橋はケーブルが放物線形状に張られているため，局部的な荷重により大きな変形が生じる。このため，補剛桁を設けて橋床上を通過する活荷重による局部的なたわみ変形を，実用上支障のない程度まで減少させる。この補剛桁の構造形式から図1.18に示すように図(a) 3径間連続吊橋，図(b) 3径間二ヒンジ吊橋および図(c) 単径間二ヒンジ吊橋に分類される。補剛桁には，図1.19のように図(a) I桁形式，図(b) トラス形式および図(c) 箱桁形式

1.4 橋梁の分類

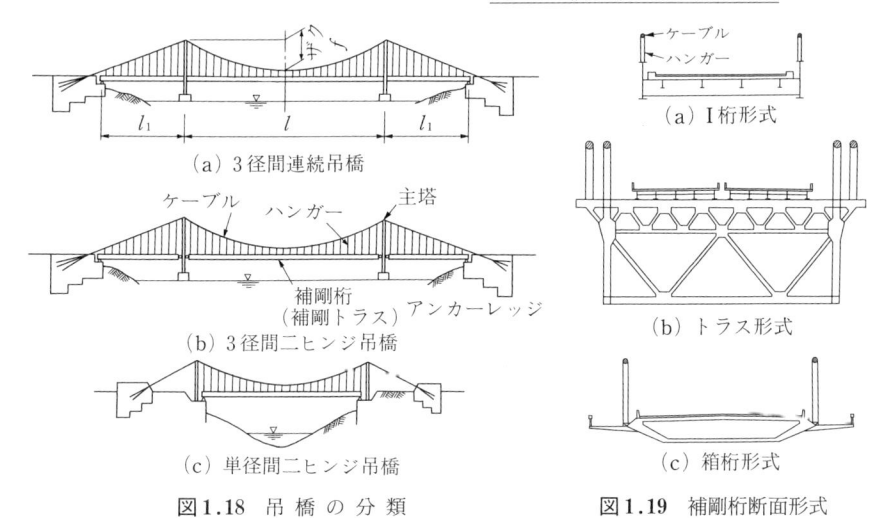

図1.18 吊橋の分類
(a) 3径間連続吊橋
(b) 3径間二ヒンジ吊橋
(c) 単径間二ヒンジ吊橋

図1.19 補剛桁断面形式
(a) I桁形式
(b) トラス形式
(c) 箱桁形式

があるが，形式の決定には耐風安定性を十分考慮しなければならない。このうち，I桁形式の補剛桁は，旧 Tacoma Narrows 橋のねじれ振動による落橋事故以来，耐風安定性の面で問題が多いことがわかり，長大吊橋の補剛桁には用いられなくなった。現在のところ，アメリカや日本ではトラス形式の補剛桁が最も一般的となっており，Verrazano Narrows 橋や本州四国連絡橋の吊橋をはじめとして数多く用いられている。これに対して，イギリスでは耐風安定性を考慮して桁高がきわめて低い流線形の箱桁形式の補剛桁を Severn 橋やHumber 橋に採用している。これらの吊橋では，橋全体の剛性を高めるために，補剛桁をケーブルから斜めハンガーによって吊る方法も試みられている。

ケーブルは，**ロープケーブル** (rope cable) と**平行線ケーブル** (parallel wire cable) とに大別される。ロープケーブルは，数本から数十本の鋼素線をより合わせて製作されたストランドを必要本数だけ束ねたものであり，ストランドは，より合せ方法によりストランドロープ，スパイラルロープおよびロックドコイルロープに区分される。平行線ケーブルは，鋼素線をより合わせることなく平行に束ねたケーブルである。従来の実例によると，ロープケーブルは中央支間が600 m程度までの吊橋に用いられ，平行線ケーブルは400 m程度以上で使用されている。

平行線ケーブルは，ケーブルを構成している鋼素線が平行なため，各素線に働く力が均等になるとともにヤング係数もロープケーブルに比べて高いなどの特徴をもつ．平行線ケーブルの架設は，**空中架線工法**（air spinning method, AS）または**プレファブ平行線ストランド工法**（pre-fabricated parallel wire strand method, PPWS）によって行われる．空中架線工法は，J. A. Roebling（ルーブリング）によって考案されたもので，1855 年 Niagara（ナイアガラ）橋の架設に初めて採用された．この工法は，直径 5 mm 程度の鋼素線を 1 本 1 本空中で張り渡し，数十本束ねて 1 本のストランドとし，さらにこのストランドを多数本束ねてケーブルとする方法である．しかし，現場での作業量が多く，工期が長いなどの欠点をもつため，工場であらかじめ所定の長さに鋼素線を平行に束ねたストランドを製作し，現場に搬入するプレファブ平行線ストランド工法が開発された．

主塔天端のケーブルの支点からケーブル最下端までの垂直距離を**サグ**（sag）という（図 1.18）が，このサグ f と支間 l との比である**サグ比** f/l が小さいとケーブルに作用する引張力が増大し，逆に大きい場合にはたわみ変形が増加する．通常，サグ比は $f/l = 1/8 \sim 1/12$ 程度であるが，長大橋になるほどサグ比が小さくなる傾向にある．

主塔の形式は，**図 1.20** に示すように，図（a）塔基部固定で塔頂のケーブル可動，図（b）塔基部，塔頂ともヒンジ，および図（c）塔基部，塔頂とも固定の 3 種類に分類される．このうち，図（a）および図（b）は小支間吊橋に用いられる形式であり，活荷重の偏載によって塔頂部のケーブルが移動しても塔に曲げモーメントが作用しない構造である．ところが，長大支間の吊橋では塔頂のケーブル移動量が大きく図（a）の形式では対処できないこと，主塔が大きくなると図（b）の形式の塔基部のヒンジ構造の規模が大きくなり構造的にも架設上からも困難であることから，長大吊橋では図（c）の形式を採用している．この形式は塔頂でケーブルを固定しているため，ケーブルの移動に伴い主塔自体が変形する．長大支間吊橋主塔の一例を**図 1.21** に示す．

吊橋は，アーチ橋や斜張橋よりさらに剛性の低い構造物であるため，長大支

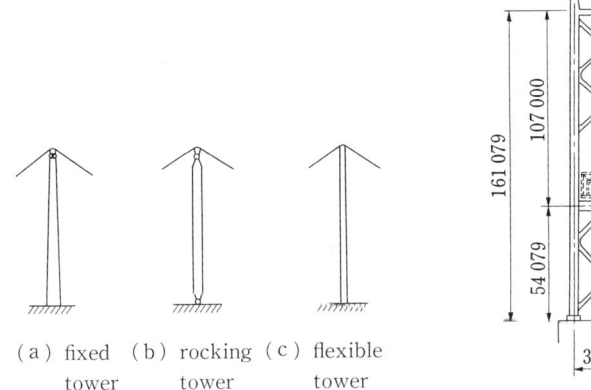

(a) fixed tower　(b) rocking tower　(c) flexible tower

図1.20　主塔形式

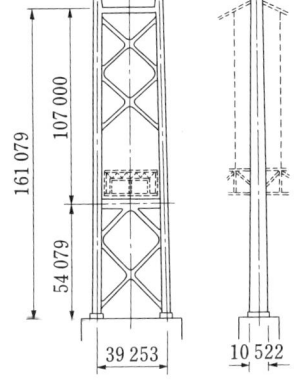

図1.21　長大支間吊橋主塔（北備讃瀬戸大橋）

間の場合には活荷重の載荷や温度変化によってケーブルや補剛桁に大きな変形が生じる。このため，変形を考慮したたわみ理論（有限変形理論）を用いて吊橋各部に生じる断面力の算定を行う必要がある。一般に，弾性理論（微小変形理論）とたわみ理論とによる解析値の誤差は，支間が150mを超えると急激に増加する。アーチ橋に有限変形理論を適用すると微小変形理論に比べて断面力が大きくなるが，吊橋では逆に断面力が減少し経済的設計を行うことができる。

このほか，吊橋の支間が長大化するほど耐風設計，耐震設計が重要となる。

1.4.2　コンクリート橋

コンクリート橋のおもな構造形式は，表1.3に示したように，スラブ橋からPC斜張橋までが一般的であるが，トラス橋も鉄道橋として実用化されている。さらに，RCローゼ橋も建設されているが，ここでは，現在あるいは将来ともに一般的に適用されるものについて述べる。

〔1〕床版橋　床版橋（スラブ橋）とは，薄い長方形の断面を有するもので，2方向の広がり面をもち，相対する2辺が支承され，他の2辺が自由な長方形版（一方向版）の橋をいう。

床版橋の特徴は，一般に版自重が大きく，大支間には採用されないが，版厚

が薄く，単純な構造で，しかも施工性が優れており，特にプレテンション方式のJISに規定されたスラブ用桁（JIS桁）を用いた床版橋では，工期短縮や現場作業の省力化に役立つなどの利点がある。

一般の適用支間は，断面形状，構造形式により異なるが，5～25 m程度となっている。

床版橋の種類は，構造や形式から種々分類されているが，一般に，支持状態から，単純支持，固定，片持ち，連続版などに区分される。断面形状としては，中実あるいは中空断面が基本であり，JIS桁として規定されているものもある。

図1.22は平面形状および断面形状による分類である。これらの中で，充実断面の床版橋は，単純2辺支持の一方向版で，構造的に単純なので施工性が優れていることから，比較的小支間の橋梁に多く用いられている。また，任意の平面形状に対応が容易である。

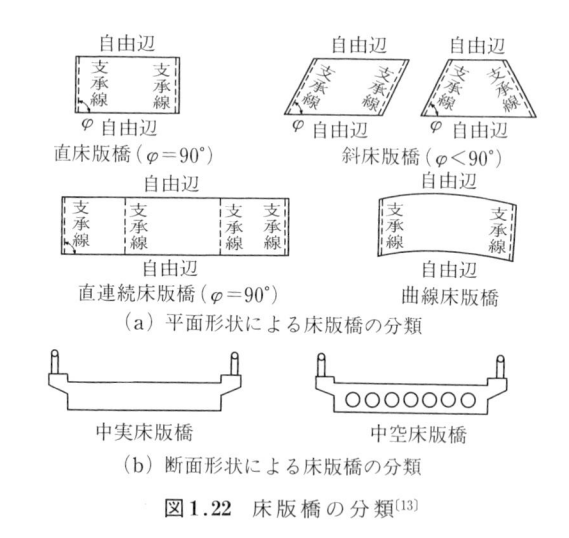

直床版橋（$\varphi=90°$）　　斜床版橋（$\varphi<90°$）

直連続床版橋（$\varphi=90°$）　　曲線床版橋

（a）平面形状による床版橋の分類

中実床版橋　　中空床版橋

（b）断面形状による床版橋の分類

図1.22　床版橋の分類[13]

中空床版橋には，現場打ちコンクリート方式とプレキャスト方式とがあるが，一般には，現場打ちコンクリート方式の中空床版橋が多用されている。中空床版橋は，版内を中空にして自重を軽減したもので，桁橋と比較すると桁高が小さくでき，景観的にも優れている。

床版橋の標準的な適用支間は 3～25 m 程度である。

表 1.6 に，床版橋の種類と適用支間の一例を示す。床版橋は，版理論により断面力を算定するが，一般に等方性版理論と異方性版理論が適用される。前者が通常最も適用されているが，近似的な解析である。後者は，橋軸方向と直角方向の剛性が異なる場合に適用されるもので，スラブ橋のみでなく，桁橋の場合にも適用される。

表 1.6 床版橋の種類と標準適用支間（単純版）[13]

種類		支間	5 10 15 20 25 m
現場打ち		断面中実床版橋	
	中空	孔あき床版橋	
		多重箱床版橋	
プレスト		箱形桁	

（注）連続桁の場合，支間は 2～3 割増して考えてよい

〔2〕**桁 橋** 桁橋は，床版，主桁および横桁からなる橋梁で，表 1.3 に示す RC 桁橋から連続 PC 桁橋までのもので，主桁は一般に，T 桁，箱桁である。

（a）**単純支持 RC 桁橋・カンチレバー RC 桁橋** この構造形式では T 桁橋が大部分を占める。支間は，前者で 5～16 m 程度，後者で 12～40 m 程度とされている（**図 1.23**）。

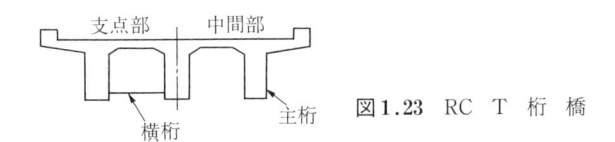

図 1.23 RC T 桁橋

橋梁の構造形式としては，単純桁，カンチレバー桁（ゲルバー桁），連続桁などがある。この使用範囲としては，環境条件，支間などによって異なるが，上記のように，短径間には単純桁，長い支間あるいはこれらが連続する場合は，連続桁あるいはカンチレバー桁が用いられている。また，平面形状からは，ほかの橋梁と同様に，直線桁，斜桁，曲線桁などがあり，曲線桁橋の場合には，ねじり剛性の大きい箱桁を用いることが多い。

(b) **単純支持 PC 桁橋・連続 PC 桁橋** この構造形式は，RC 構造のものと同一形式の主桁断面を用いる。支間は，単純支持の場合は 40 m 程度までである。支間 18〜24 m の比較的小規模の橋梁の場合，JIS に規定されているT 桁断面の桁を採用すると，設計・施工も簡便で一般に経済的となる。

一方，連続あるいはカンチレバーの場合，支間は 30〜240 m 程度と現在なっている。特にカンチレバー桁形式の場合には，支間 240 m の世界で最大級の規模の橋梁が建設されている。

主桁断面には，図 1.24 に示すような T 桁および図 1.25 に示すような箱桁がある。

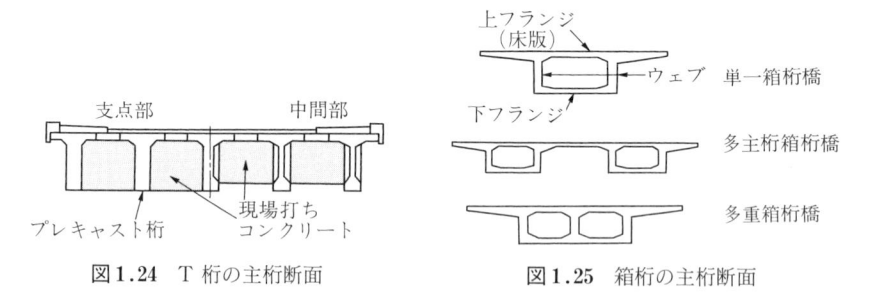

図 1.24　T 桁の主桁断面

図 1.25　箱桁の主桁断面

長大支間には，例外なく箱桁が採用されている。箱桁断面は，上フランジ，下フランジおよび 2 本以上のウェブから構成された断面形状であり，上フランジ，下フランジの占める面積が大きいので主桁としての曲げモーメントによる大きな圧縮力に抵抗できること，補強鋼材などを多量に配置できること，またねじり剛性が大きいので活荷重に対する荷重分配が良好なことなどの特徴が利用されている。長大支間のほかに，幅員の大きな橋梁，曲線桁橋の場合にもしばしば用いられている。

連続桁橋の中には，従来からの一般的な構造のほかに，T 形断面のプレキャスト桁を単純桁として架設し，それらの中間支承部分を現場打ちコンクリートによって連続構造とするものもこの形式に含まれている。

(c) **コンクリート合成桁橋** 合成桁橋は PC 桁と RC 床版または PC 床版を所要のずれ止めによって結合することにより，荷重作用に対し床版と桁を

一体化した合成断面で抵抗するものである。これは床版が現場打ちの RC 構造または PC 構造であるため道路路面の縦横断に対処しやすいので，コンクリート道路橋において比較的多く採用されている。ここでいうずれ止めとは，PC 桁と床版が一体となって働くように両者を結合するために設ける結合機構をいい，一般に，桁から突出した鉄筋を床版に埋め込む形式のものが用いられ，結合面に垂直に配置される。なお，スターラップ，フランジなどの鉄筋をずれ止めに併用することが多い。

PC 合成桁橋には，図 1.26 に示すように，合成 T 桁橋および合成箱桁橋がある。

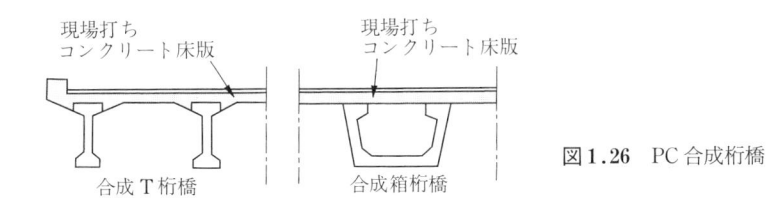

図 1.26 PC 合成桁橋

構造形式としては，単純桁構造と同様，連続合成桁橋としてもこの断面構造が採用されている。

〔3〕 ラーメン橋　　ラーメン橋とは，構造形式上の区別で，採用される断面は，床版，T 桁，箱桁などがある。図 1.27 にラーメン橋の各部材の名称を，表 1.7 に分類と実施例を示した。これから明らかなように，鉄筋コンクリート，プレストレストコンクリートの両構造により多種多様のものがあり，その支間も 10 m 以下から 240 m 程度まである。

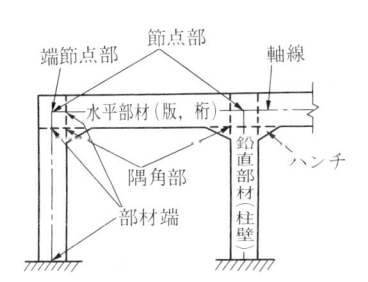

図 1.27　ラーメン橋の各部材の名称[13]

表1.7 ラーメン橋の分類とその実施例[13]

形式		骨組	支間 [m]	代表的橋梁		
				橋名	橋長 [m]	支間割
RC構造	門形ラーメン橋		～10	—		
	連続ラーメン橋		10～20	—		
			9～12	八代高架橋	358.5	(3@10)×12
PC構造	有ヒンジラーメン橋		～130	ポロト橋	200.0	16+26+130+28
			～200	八幡平橋	390.3	129.4+185+74.4
				水神橋	186.0	29.4+125.0+29.4
			60～240	浜名大橋	630.0	55+140+240+140+55
				月夜野大橋	306.0	68.4+2@84.0+68.4
				仁淀川大橋	1007.0	60.7+11@80.5+60.7
	T形ラーメン橋		50～100	朝日大橋	160.0	2@79.4
				川音川橋	600.0	30.0+(2@90)×3+30.0
	π形ラーメン橋		40～100	万蔵川橋	206.5	85+35+85
	方づえラーメン橋		30～50	阿古尾野OV	100.0	26.6+45.8+26.6
	門形ラーメン橋		50程度	穴守橋	55.2	50
	斜材付π形ラーメン橋		30～50	成田3号OV	65.4	13.2+35+17.2
	連続ラーメン橋		40～150	岡谷高架橋	593.0	102+126+148+126+88
				矢島高架橋	717.5	4@62.5+23+7@62.5
	ピルツ式ラーメン橋		20～40	松原第4工区	826	21@35+2@14+3@21
			20～40	首都高BT 208工区	240	10@24.0

この形式の一般的な特徴として，利点は
（1） 上・下部構造が一体となるため支承が不要となる。
（2） 上部構造のモーメントを一部柱部材にも負担させることができるので，桁高を低くすることができる場合がある。
（3） 不静定構造であるため，部材の一部が降伏しても応力の再分配により構造系全体の破壊につながらないことが多い。
（4） 多径間の橋梁では，特別の装置を用いなくても地震時水平力を各橋脚に分散するように設計できるので，連続桁に比べて有利となる場合がある。

欠点は，以下のようである。
（1） 不静定構造であるため，温度，乾燥収縮，クリープ，基礎の不等沈下などによる影響が大きくなる場合がある。
（2） 主荷重作用時に，ほかの形式に比べて下部構造に水平力が作用する場合が多い。

これらの得失は，橋梁架設地点の地形や施工条件により左右されるもので，ラーメン橋を採用するにあたっては，これらのことと架設条件を十分に検討する必要がある。

〔4〕 **アーチ橋** アーチ橋は，その歴史が古く，多くの名橋が世界各地で架橋されている。アーチ曲線によって表現される優雅さ，安定感から景観的にも力学的にも優れた形式といえる。また，コンクリートアーチ橋は径間長の大小にかかわらず，ほかの同一径間の橋梁に比べて使用材料の量が少ないという特色を有し，現場の条件に適切な仮設工法を選定することにより大幅な工費の節減を図ることができるなどの利点もある。最近における工法の著しい進歩，構造力学の計算手段の発展に伴い長径間のアーチ橋が内外ともに建設されてきている。なお，アーチ橋の各形式は図 1.10 に示してある。

図 1.28 に示すように，アーチ背面の形式により，① 閉腹アーヂ，② 開腹アーチがある。閉腹アーチは，支間が 30 m 以下の比較的短支間のものに適用されており，開腹アーチは，比較的長大支間のものに適用されている。また，

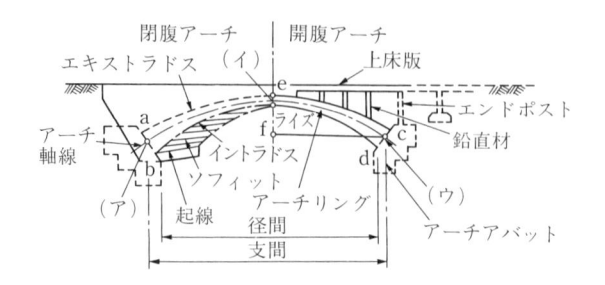

```
                    閉腹アーチ │ 開腹アーチ
          エキストラドス (イ) │    上床版
```

図中ラベル: アーチ軸線, ライズ, イントラドス, ソフィット, (ア), 起線, アーチリング, 径間, 支間, エンドポスト, 鉛直材, (ウ), アーチアバット, a, b, c, d, e, f

アーチリング：ab, ef, cd で囲まれる部分
アーチリブ：アーチリングと同義的にも使われるが，箱桁断面あるいは
　　　　　　長方形断面のうちのウェブを指すこともある
アーチ軸線：リブの中心線（ア），（イ），（ウ）
アーチ背線：リブの上縁線をいい，aec をいう（エキストラドスともいう）
アーチ腹線：リブの下縁線をいい，bfd をいう（イントラドスともいう）
アーチ起線：アーチの内面と下部との交線
ソフィット：アーチの内面
スプリンギング：（アーチ起点）リブの ab, cd, （ア），（ウ）
クラウン：（アーチ頂点）e, （イ），f を指す
ライズ：（迫高(せりだか)）スプリンギング部を結ぶ線からクラウンまでの高さ

図1.28　アーチ橋各部材の名称[13]

アーチ橋の部材などの名称を図1.28に示す。コンクリートアーチ橋の国内・外におけるおもな実施例は，表1.8に示す。

〔5〕**コンクリート斜張橋**　斜張橋は，第二次世界大戦後の西ドイツの復興期において，鋼材の節約という利点から採用され，その後，ヨーロッパをはじめとして世界各国で採用され，著しい発展を遂げてきたが，この形式はPC構造にとってもきわめて興味ある形式である。

コンクリートは，重量が重いということのほかに，クリープ，乾燥収縮という問題があり，斜張橋という複雑な構造形式に対して，コンピュータの開発がされていない初期においては，その解析が難しく，鋼橋の分野より遅れて発展してきたものと思われる。しかし，構造解析の手段の発達，進歩とともに，PC斜張橋も鋼斜張橋に劣らず，優秀な構造形式であることが認識されてきている。

斜張橋は，主桁，タワー（ピロン），ケーブルから構成されており，この3主要構成部材は，それぞれ種々な構造とすることが可能であり，その組合せに

1.4 橋梁の分類

より，無数に近い構造パターンが生まれる。これらのパターンの得失は，PC斜張橋においては今後の課題である。

世界で最初に建設されたPC斜張橋は，スペインのTorrojaにより1925年に建設されたTempul水道橋（支間60.4m）であるとされている（図1.29）。この橋は，タワーサドルとタワー本体の間に水圧ジャッキを挿入し，タワーサドルを押し上げて橋梁にプレストレスを導入している。その後，すでに述べたように，日本も含めて世界各国でこの構造形式の利点が認識され，現在では最大支間530mのものも建設され，いまや本格的な発展を遂げようという段階にきている。

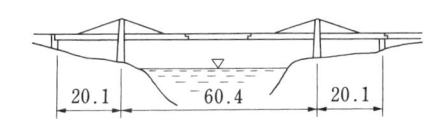

図1.29　Tempul水道橋

主桁の構造形式，PC斜張橋の主桁には，初期においては，設計・施工上の容易さからゲルバー形式が多用されていたが，最近では鋼斜張橋と同様に連続桁が用いられるようになってきた。PC斜張橋の特徴である張出し架設を考えると，今後，中央ヒンジタイプも増えてくるものと思われる。このタイプは，長支間に対して特に有利な形式であるとされている。

構造解析，PC斜張橋の解析は，通常は，変形法によるフレーム解析で十分であるが，おもに

(1) コンクリートのクリープ，乾燥収縮
(2) 斜張ケーブルのサグ
(3) 有限変形理論の適用の必要性

のような点に注意する必要がある。表1.8に国内・外の建設例の代表的なものを示す。

〔6〕 **エキストラドーズド橋**　この形式の橋梁は海外ではすでに20年ほど前から建設されてきている。わが国においては1991年に完成した小田原ブルーウェイブリッジ（口絵参照）が最初のもので，最近では鉄道橋にも採用され

表1.8 構造形式別の長大支間橋梁

構造形式		世界				日本			
		橋名	国名	最大支間(m)	完成年	橋名	県名	最大支間(m)	完成年
鋼橋	吊橋	明石海峡	日本	1991	1998	明石海峡	兵庫	1991	1998
		Great Belt East	Denmark	1624	1996	南備讃瀬戸	香川	1100	1988
		Humber	U.K.	1410	1981	来島海峡第三	愛媛	1030	1999
		Changjiang	中国	1385	1999	来島海峡第二	愛媛	1010	1999
		Tsing Ma	中国	1377	1997	北備讃瀬戸	香川	990	1988
	斜張橋	Nanjing	中国	628	2001	名港中央	愛知	590	1998
		Wuhan Baishazhou	中国	618	2000	鶴見つばさ	神奈川	510	1994
		名港中央	日本	590	1998	東神戸	兵庫	485	1993
		鶴見つばさ	日本	510	1994	女神	長崎	480	工事中
		東神戸	日本	485	1993	横浜ベイ	神奈川	460	1989
	アーチ橋	Hupu	中国	550	2003	空港	広島	380	工事中
		New River Gorge	U.S.A.	518	1977	新木津川	大阪	305	1994
		Bayonne	U.S.A.	504	1931	大三島	愛媛	297	1979
		Sydney Harbour	Australia	503	1932	舞洲-夢洲連絡	大阪	280	2000
		Fremont	U.S.A.	383	1973	干支	宮崎	275	1995
	トラス橋	Quebec	Canada	549	1917	大阪港	大阪	510	1974
		Forth Railway	U.K.	521	1890	生月	長崎	400	1991
		港	日本	510	1974	大島	山口	325	1976
		Chester	U.S.A.	501	1974	天門	熊本	300	1966
		New Orleans	U.S.A.	480	1958	黒之瀬戸	鹿児島	300	1974
	桁橋	Costa e Silva	Brazil	300	1975	海田	広島	250	1991
		Save I	Yugoslavia	261	1956	なみはや	大阪	250	1994
		Vitoria-3	Brazil	260	1978	東京湾アクアライン	神奈川,千葉	240	1997
		Zoo	Germany	259	1966	正蓮寺川	大阪	235	1989
		海田	日本	250	1991	有明西運河	東京	230	1993
複合斜張橋		多々羅	日本	890	1999	多々羅	広島,愛媛	890	1999
		Normandie	France	856	1994	生口	広島	490	1991
		Qingzhou Minjiang	中国	605	1996	名港東	愛知	410	1998
		Yangpu	中国	602	1993	十勝中央	北海道	250	1988
		Xupu	中国	590	1997	奥多摩	東京	159	1996
コンクリート橋	斜張橋	Skarnsundet	Norway	530	1991	伊唐島	鹿児島	260	1997
		第二重慶長江	中国	444	1995	十勝	北海道	251	1996
		Barrios de Luna	Spain	440	1983	呼子	佐賀	250	1989
		銅陵長江	中国	432	1995	青森ベイ	青森	240	1992
		Helgeland	Norway	425	1991	能登島	石川	230	1999
	アーチ橋	Wan	中国	420	1998	富士川	静岡	265	工事中
		Krk-1(east span)	Croatia	390	1980	天翔	宮崎	260	2000
		Jiangjihe	中国	330	1995	別府明礬	大分	235	1989
		Gradesvill	Australia	305	1964	頭島	岡山	218	2004
		Amizade	Brazil, Paraguay	290	1964	宇佐川	山口	204	1982
	桁橋	Stoluma	Norway	301	1998	江島幹線	島根,鳥取	250	工事中
		Raftsunded	Norway	298	1998	浜名	静岡	240	1976
		Rio Paraguay	Paraguay	270	1979	彦島	山口	236	1975
		Human	中国	270	1997	浦戸	高知	230	1972
		Varodd	Norway	260	1994	阿木川	岐阜	220	1985
	トラス橋	Rip	Australia	183	1974	安家川	岩手	45	1974
		Volga	U.S.S.R.	166	1966	岩国架道	広島	45	1973
		Ivry	France	135	1930	中町歩道	鳥取	40	1984
		Mang Fall	Germany	108	1960	槙木沢	岩手	36	1976
		Zaza	Cuba	92	1959	太田名部	岩手	24	1972

U.K.：イギリス，U.S.A：アメリカ合衆国，U.S.S.R.：旧ソ連

ている。この構造の特徴は中支間の橋梁に関して経済的であり，活荷重による変形量が少ないとされている。力学的特徴は偏心量の大きい外ケーブルのPC桁構造と考えることができる。

〔7〕 **PCトラス橋**　　RC構造でトラスを構成する試みはすでに1920年代後半からあったが，PCトラス橋は1959年のZaza橋が初めてである。それ以来，表1.8に示すようにRip橋（オーストラリア，最大支間183m）をはじめ相当数が建設されている。

主構の形式には種々のものが考えられるが，プレキャストのコンクリート部材を用いる場合には，鋼トラスと比較して，部材重量が大きいことと部材の接合が難しい点を設計上配慮する必要がある。このために，部材の接合部をできるだけ簡単化すること，また部材重量が大きいので，軽量化することと，部材数を少なくすることが要点である。

以上の点から，ハウトラス，ワーレントラスが最適な主構形式と考えられている。主構の形式は施工法に大きな影響を与えるので，架設地点の地形，架設方法などを考慮して，構造の決定を行う必要がある。

PCトラス橋の設計上，特に注意する点は，トラスの格点であり，構造上からピン結合とは考えられないが，また剛結合であるともいい難い。実際には，この両者の中間の性状を有するものと仮定するのが妥当と考えられる。したがって国内での設計においては，ピン結合と剛結合の両者について構造解析を行い，安全側の値を設計に採用することが行われている。主構の設計については，鋼トラスと同様な解析は当然ながら，さらに，コンクリートのクリープ，乾燥収縮，プレストレスによる不静定力を考慮する必要がある。

〔8〕 **吊床版橋**　　吊床版橋は図1.30，写真11に示すように橋台間に張り渡したPC鋼材を薄いコンクリートで包み込んで床版とし，その上を人や車両が直接通行できるようにした形式の橋である。構造的な特徴は，コンクリート床版が活荷重の伝達やPC鋼材の防錆のためばかりでなく，高い伸び剛性を有する引張部材として，また，曲げやねじりに対する補剛桁として全体剛性の改善に大きく寄与する主構造部材として作用することにある。長大橋の可能性

40　第1章　序　　論

(a) 側　面　図

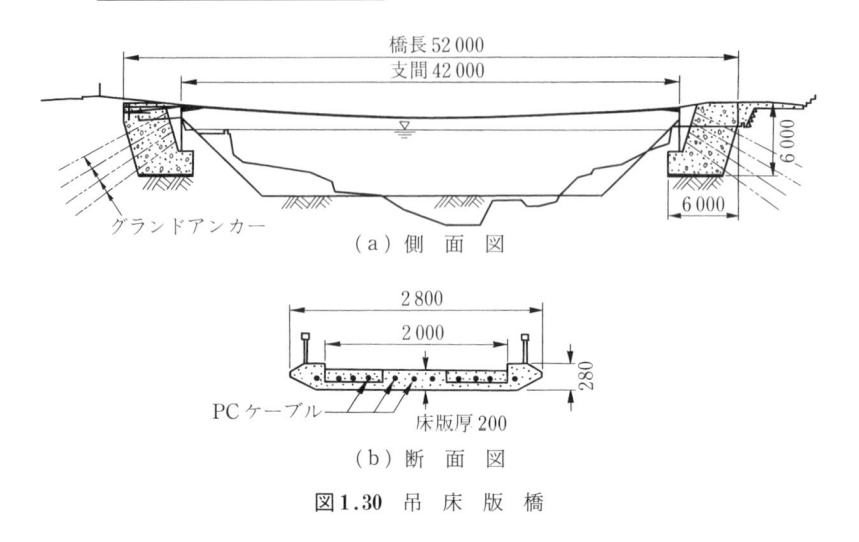

グランドアンカー

橋長 52 000
支間 42 000
6 000
6 000

(b) 断　面　図

2 800
2 000
280
PC ケーブル
床版厚 200

図1.30　吊　床　版　橋

写真11　吊　床　版　橋

のある構造形式である。

　鋼橋およびコンクリート橋の各種形式の歴史，特徴の概要を述べてきたが，まとめとして，各形式の支間長第5位までのものを世界，日本国内に分けて示したものが表1.8である。この表から日本の橋梁技術のおよそのことが判断できるものと思われる。日本は地震，台風の多発国であり，耐震，耐風の面を考慮すると，世界でも最高の技術水準を有していると考えてよいであろう。

第2章 橋梁のライフサイクルと計画

2.1 計画と設計

　橋梁は，自然地盤の上に建設されるものであり，その用途も種々あるので，その形態や種類は多様を極めることになる。橋梁の計画においては，過去においては経済性が最も重点が置かれていたが，しだいにその景観，環境問題にも検討が加えられてきた。最近においては地球規模の環境問題[52],[53],[54]にも検討を加えることが必要となってきている。1970年代以降は使用材料，施工法の進歩さらにコンピュータによる設計法の発達に支えられて，構造物の大型化，大規模化の傾向が進み，わが国の橋梁建設技術は全世界からの注目を集めるようにまでなった。このような情勢を考慮して橋梁の計画，設計，施工を行う必要性が増大してきている。

　また，橋梁は架設地点の自然をも変化させるような巨大な構造物となることすらあり，長期にわたって安全を保ちながら使用に耐えなければならない。建設に携わる技術者は，建設時とそれの存在する時代を通して評価を受け，それに耐えうる構造物を残す義務を負っており，責任は大きい。

　計画・設計の段階において最も強く要求されるのは，機能，空間，時間，環境などの諸条件のもとでの経済性である。もとより，環境との調和や時間を犠牲にした経済性，機能万能の技術は，あまりにも単純である。橋梁の計画・設計の難しさは，他の諸条件と経済性，機能性との適正な調和にある。したがって，一定の条件下での経済性の追求が橋梁の計画・設計における重要な課題で

ある。

　橋梁に要する諸費用は，大きく分けると，建設費と竣工後の維持管理費，さらに，取壊し費とからなると考えられる。建設費は，調査，設計，用地，工事および環境対策費などからなっている。従来は，これらの費用のうちで工事費の占める割合が大きかったが，最近では用地・環境対策費の上昇が著しく，計画・設計への影響が大きくなっている。また，維持管理に対する費用も大きいものとなってきている。昭和30年代より本格的に始まった全国的な交通網の整備事業の実施により，多くの橋梁が建設されたが，これらの維持管理費も年々増大している。

　橋に対する経済性を考える場合，まず建設費を節約することに留意することも重要であるが，維持管理費を少なくすることを念頭におくことも必要になってきている。後者については，一般にコンクリート橋が有利とされているが，条件次第でこの点も変化するものである。鋼橋にとっては腐食は最大の敵であり，防食のための費用が維持管理費に占める割合が多いが，近年海岸地域での重防食技術の開発，腐食による鋼材のさび自体が保護膜となり腐食の進行を防止する耐候性鋼材の使用など，盛んに防食費用の低減が図られている。

　一方，コンクリート橋では，最近になって，海岸地域での塩害，またアルカリ骨材反応によるコンクリート構造の損傷が一部の地域で顕在化しており，使用材料や構造細目に配慮する必要がある。

　橋梁の寿命は，活荷重に大きな変化がないならば，50年以上と考えられている。部材の安全率はこの点を考慮して，部材の重要度，荷重状態，構造挙動，応力状態，部材の諸性質などに応じて定められている。いずれの橋梁を設計するにあたっても，このように定められた安全率を確保するとともに，長期間の使用による腐食，破損，劣化，疲労の影響などを少なくするような構造の設計を心がけなければならない。

2.1.1 橋梁の計画

　橋梁の計画に際し重要と思われる要因は，以下に述べるものがおもなものである。

〔1〕 **線　形**　　建設時期の古い橋梁の線形は**図2.1**に示すようなものが多く，このようなクランク状の線形は，道路線形をまったく無視した橋梁計画の例である。このような橋梁の場合，橋梁主体はそれほど損傷していないのに，線形不良やその他のために交通事故多発ということで，現在では架替えを余儀なくされる場合が多い。しかし，現在では道路の線形を重要視し，橋梁は道路の一部として河川などを渡る場合でも線形なりに計画される。

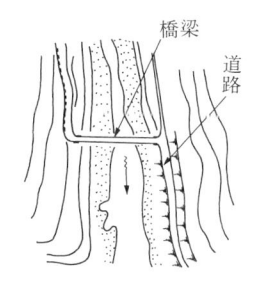

図2.1　クランク状の線形

　橋梁は，経済的，制作および施工上から本来直橋とするのが望ましい。しかし，道路の一部であるので，線形の関係あるいは避けがたい物件の関係から，現在においては斜橋となる場合が多い。このような場合にもできるだけ斜角は60度以上とするのが望ましい。斜角が小さくなるほど，構造解析上からも施工上からも問題が多くなることを念頭に置くべきであろう。

　橋梁の斜角は**図2.2**に示すように，右〇度，左〇度ということで示されるが，左右の定義をよく理解しておく必要がある。一般的な定義は，支承線と橋軸のなす鋭角を斜角といい，支承線上に立って橋面を見て斜角が右にくる場合を右〇度，左にくる場合を左〇度としている。コンクリート橋で現場打ちコンクリートによる施工の場合は問題は少ないが，鋼桁あるいはプレキャストコンクリート桁を工場で製作して施工する場合は，左右を間違えるとたいへんなことに

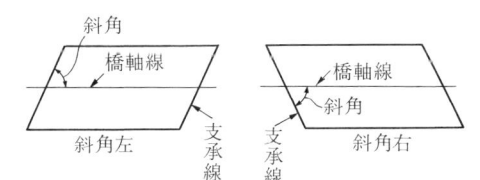

図2.2　斜角の表し方

なる。

〔2〕 **幅員構成** 道路橋の幅員を構成するものには，車道，歩道および自転車道がある。車道部分は車道，路肩，側帯からなる。車道幅は道路規格に対応して1車線当り2.75〜3.75mの範囲（一車線道路は別）で定められている。橋梁の場合，車道部の幅員決定にあたって問題となるのは路肩である。道路構造令には「橋長50m以上の橋，または高架の道路では路肩を縮小することができる」旨の規定があり，この規定によって橋梁部では，路肩幅を一般道路部より狭くすることが多い。しかし，路肩の機能は，一般道路部も橋梁上も変わりがないことに留意すると，路肩の縮小には慎重な検討が必要である。

〔3〕 **形式選定** 橋梁構造の形式選定は，一般に以下のように行われる。第1段階は当該橋梁に要求される機能や，架設地点の状況をよく調査することであり，第2段階では第1段階で明らかとなった外的な各種条件に適応しうる橋梁形式を何種類か選び出し，おのおのの特性を把握することである。また，第3段階においては，経済性，工期，美観などの各要素の当該橋梁に対する重要度を検討した結果により，最終的に構造形式，施工法を決定することになる。

第1段階の調査項目は
（1） 架橋地点の地形，地盤の性質，地盤沈下などの予想される変動
（2） 縦断線形，平面線形，幅員
（3） 地形により決まる橋長，支間長
（4） 桁下空間の制限の有無
（5） 近接構造物，地下埋設物の有無
（6） 腐食環境の有無
（7） 資材の搬入条件
（8） 公害防止に関する条令などの制限の有無
（9） 工期および工事実施時期

となる。

第2段階において検討する橋梁の形式は，上記のような外的条件を一応満たすものとして選定されたものの中から，以下の項目について再検討が行われ

る。
(1) 安全性と耐久性（耐久性，耐震性，耐風性）
(2) 供用性（走行性，走行上からの感覚）
(3) 建設工費
(4) 完成後の維持補修の必要程度
(5) 構造解析の難易
(6) 製作，施工の難易
(7) 所要工期
(8) 美観（周辺環境との調和——構造景観）

第3段階では，上記の要素を，それぞれの重要度を当該の橋梁に考慮したうえで評価し，それを基本として橋梁の構造形式を決定する。

形式決定に際して定量的評価が客観的に可能なのは，建設工費であるので，これに重点をおいた検討がなされやすいが，最近は，美観，維持管理の問題の重要性が増大してきている。工費すなわち省材料設計の時代は過去のものとなりつつあり，橋梁のライフサイクル全般を通じて経済的であることの重要性が認識されてきつつある。

〔4〕 **橋梁美** 橋梁の設計・建設において，最近，美観の問題がクローズアップされてきている。過去においてもこれらのことが問題にされたことはあり，橋梁美学なる分野もあった。しかし戦後の復興期および経済成長期においては機能性，省材料性（一応の経済性）が重要視され，この方向で建設が急速に進められてきた。けれども近年の経済力の充実とともに，さらによりよいものへの志向と，過去の反省を含めて，新しく橋梁の美というものが再認識されてきている。この問題について論じるとすれば，1冊の本でもその記述が間に合わないほどの量である。ここで詳細について述べることはできないが，わが国の誇る構造学者の鷹部屋福平によると，「真の橋梁美は一般構造美と同様に，単なる装飾のみによっては得られない。真の均斉の美は橋梁のいずれの部分もが，力学上の理論に従って，無駄に遊んでいるところがなく，よく各部分が緊張して働いているように設計されていることから生ずる。（中略）一つの橋梁

が単独に美を体現することは，美の全部を示すものではない。それはその橋梁の美の半面を示すにすぎないもので，重要なるほかの半面，すなわち，環境との調和の美を忘れてはならない。」〔橋の美学（昭和17年）アルス社〕。美学者の竹内敏雄も著作「塔と橋」の中で別の立場から同様なことを論じている。

以上の言葉のように，橋梁美とは，機能美，構造美，形式美，そして周辺環境との調和であり，単なる装飾によって生まれるものではないということがいえよう。橋梁はなぜ美しくなければならないかとの命題に対して，「橋梁に美を必要とする所以は，橋梁が人間生活からの必要性より建設される以上，人間生活は何事にあれつねに美を要求しつつあるものであるからである」と鷹部屋は述べている。

以上の意見も含めて，最近の傾向としては，橋梁の美の検討範囲がより多面化し，広い範囲にまたがってきており，現在では橋梁の形，景観を考慮し検討することは，単なる意匠デザインの問題ではなく，"橋に求められるあらゆる機能を総合して，ある一つの形にまとめ上げる作業である"といえよう。

構造計算については，その作業の流れも確立しているが，橋梁の景観設計に関しては定まった手法が従来ほとんどなく，周辺環境に対する景観的な配慮があまりなされないまま建設された例が多く見られるのが現状である。しかし，本来，設計とは両者がバランスをもって考慮されるものであろう。この面の具体的なものの一つに歩道橋について検討を加えたものがあり，文献〔19〕にまとめられているので参考にされたい。

2.1.2 橋梁の設計

部材の設計は，想定された外力に対して十分安全であり，橋梁としての長期間の使用目的に沿い，かつ，経済的な断面を算定することが目標とされる。このため最近では，限界状態設計法などの合理的な設計法ならびにその基本となる各種の安全率の設定についての研究が行われ，すでに諸外国の基準類では，このような設計法を採用しているものもある。現在，わが国の土木学会基準には，限界状態の設計法が示されており，鉄道橋は限界状態設計法が採用されている。しかし，道路橋は設計荷重作用時には許容応力度設計法，さらに終局荷

重作用時の構造物の安全度を照査する終局強度設計法による照査も行うことになっている。現行の各種の設計法とともに，**表2.1**にその設計法の概要を示す。近い将来，道路橋の鋼橋，コンクリート橋ともに限界状態設計法への移行が図られるものと思われる。

道路の路線が決定された後における橋梁の計画から設計・施工に至る作業の順序を**図2.3**に示す。概略設計によって，形式・寸法が決定され，それに基づ

表2.1 設計法の概要

設計荷重作用時の照査
荷重〔道示I，2章〕 →構造解析→ 断面力 →弾性計算→ 応力度≦許容応力度

終局荷重作用時の照査
終局時荷重 →構造解析→ 断面力≦断面耐力 ←終局強度計算← 材料強度

道路橋示方書I，II，IIIにおける安全度の検討方法

(注) ・許容応力度設計法
　　設計荷重による応力度の計算値が別に定められた材料の許容応力度より小さくなるように設計する手法。
・終局強度設計法
　　材料の非線形の性質を考慮して求めた部材断面の耐力が，その断面に生じる設計用断面力（適当な荷重係数を乗じた荷重を用いて算出した断面力）より大きいことを確かめることにより部材の安全性を検討する設計手法。
・限界状態設計法
　　材料と荷重およびこれ以外の要因などに関する安全係数を取り入れることにより構造物または部材が，その機能を果たさなくなる使用性，安全性に関する各種の状態（限界状態）に対し構造物または部材が十分安全であるように設計する手法。

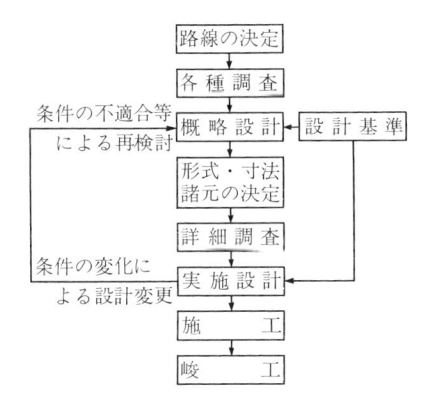

図2.3 橋梁の建設における設計作業

いて実施設計が始められるが，場合によっては，実施設計にまで進んでから，新しく開発された構造形式の設計を行う場合，あるいは基礎地盤条件などに予期しない結果により再び概略設計の練り直しをすることもある。

実施設計には，示方書・指針類に基づいて，あるいは経験的に寸法，諸元を算定する作業と，構造モデルの組直し，計算の繰返しや図面による構造の検討などによる試行を重ねながら構造や寸法を決定する作業がある。示方書・指針あるいは便覧などが詳細な指示を与えると，前者の作業量が増加し，設計の誤りが減少して安全性に対する精度も上昇する利点があるが，設計技術の発展に対する支障が生じることもある。

構造モデルを設定した後，部材断面の仮定→断面力の計算→応力度や変形などが規定に適合するかの照査，また余剰な耐力をもつと推定される断面の修正の作業が繰り返され，適切な断面が選び出される。この検討作業には，解析的検討，あるいは機械的な計算を伴うが，どのような方法を採用するかについては，技術的判断に多くの問題が含まれており，実務的な多年の経験が必要とされる。

設計作業の重要な部分に設計製図がある。多くの作業の結晶としての貴重な設計内容および設計者の意図は，図面を通して間違いなく施工者に伝えられなければならない。したがって，設計を具体化する手段としての設計図面のもつ意味は重要で，誤った情報を伝えることによる責任はきわめて大きいことに留意しなければならない。

構造のモデル化は，橋梁構造の設計の中心をなすものである。まず実際の構造物とそれに加わる荷重とを，解析可能なモデルに抽象化して置換し，その構造モデルと荷重モデルについて力学的解析を行い，つぎに実際の構造物にその結果を戻して細部の断面寸法などの決定を行う。したがって，どのような構造モデルに置換するのが適当であるかという点での論議は多いが，通常，実例の多い橋梁構造物については，従来から採用されてきた構造解析理論（格子桁あるいは直交異方性版）が用いられている。

示方書，基準類には，各種の荷重がモデル化され規定されている。さらに構

造設計に対して，所要の安全率が確保できるように許容応力度および終局荷重作用時の荷重の組合せを定めている。しかし，構造モデルの仮定，その検定方法などについては詳しく触れていない。これらのことについては技術者の判断にゆだねられることが多い。

構造モデルの設定には，きわめて大きい問題が含まれている場合がある。同一の橋梁構造物であっても，構造モデルのとり方が異なると，算出される部材応力が大幅に相違したり，また応力の働く方向が反転する場合もある。特に，最大あるいは最小の断面力が発生する位置については，十分注意しなければならない。

構造モデルが正しいものかどうかを検証するために，実橋の載荷試験，あるいは模型実験，コンピュータを用いてシミュレーションによる計算などが行われることがある。しかし，これらの手段によっても実際の荷重のもとでの構造の挙動を正確にとらえることはかなり困難であり，構造モデルの適否は，上記の手段に加えて，実際の橋梁構造物の短期的，長期的挙動を注意深く観察し，検討することにより判断される。

2.2 施 工

架設（施工）中の構造物は，架設の進行に応じて支持条件や形状が絶えず変化し，これに伴って構造部材には，完成後の構造物とは異なった部材力が生じる。また，仮設構造物の耐力ならびにその基礎の支持力および架設機材の性能などは，架設中の一時的な荷重に対して機能すればよく，最悪状態に対する検討は行い難い。

このように，架設中の構造物（本体構造物，仮設構造物および架設機材）には破損，破壊事故が起こる要因が多く，綿密な架設工事計画ならびに架設工事設計を行って架設工事の安全を確保しなければならない[†]。同時に，作業能率の向上，工期の短縮および経費の節減などについても十分考慮された架設計画で

[†] 事実，橋梁の破損，破壊事故の大半は，橋梁架設中に起こっており，完成後の事故例は数少ない。

なければならない。

2.2.1 鋼　　橋

鋼橋の架設方法は，橋の形式，支間および幅員のほか架設地点やその付近の地形，既設構造物や人家などの周囲の状況，架設期間中の気象などを考慮して決定される。架設工法は**表 2.2**に示すように分類される。

表 2.2 架設工法の分類（鋼橋）

架設工法の分類	小　分　類
1. ステージング工法	1. トラッククレーン工法 2. ゴライアスクレーン工法 3. ステフレグクレーン工法 4. ケーブルクレーン工法 5. フローティングクレーン工法
2. 引出し式工法 （送出し式）	1. 手延式工法 2. 重連式工法 3. 移動ステージング式（台車式）工法 4. 台船式工法 5. 架設桁工法
3. 片持式工法	1. ステフレグクレーン工法 2. 架設桁工法 3. 台船式工法 4. ケーブルクレーン工法
4. ケーブルエレクション工法	1. 直吊工法 2. 斜吊工法 3. 直吊，斜吊併用工法
5. 大ブロック工法	1. フローティングクレーン工法 2. ポンツーン工法 3. 大型巻揚機工法

ステージング工法（staging erection）は，**図 2.4**に示すように橋桁をステージング（支保工）で支えて組み立てる方法であり，桁下空間が比較的小さい場合に用いられる。通常，部材の運搬，組立てには最も経済的なトラッククレーンが使用される。地形の制約からトラッククレーンを使用できない場合には，ケーブルクレーン，ゴライアスクレーン，ステフレグクレーンが用いられる。

2.2 施　　工　　51

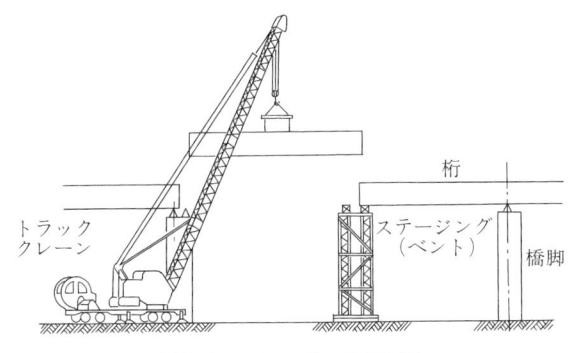

図 2.4　ステージング工法[12]

ステージングの基礎には，地盤状態や水の有無に応じて枕木や鋼板を利用した基礎，コンクリート基礎および杭基礎などが用いられる．一時的な基礎であっても，反力を確実に支持できるものでなくてはならない．

　引出し式工法（draw erection）は，架設地点に隣接する場所において橋桁を組み立て，引き出しまたは押し出して架設する方法である．架設地点に鉄道や道路などがあったり，河川や湖で水深が大きいなど桁下にステージングを設けられない場合や，設けることが可能であっても非常に不経済になる場合に採用される．この架設工法は，使用する設備によってつぎのように小分類される．
　手延式工法（launching erection）は，橋桁の先端に手延機を取り付けて転倒に対する安全性を保ち橋桁を引き出す工法（図 2.5）であり，**重連式工法**は，桁が数連ある場合に手延機の代わりに桁と桁とを連結して引き出す方法である．これらの工法の引出し作業にはウインチが使用されることが多いが，ウインチに代わって水平ジャッキと摩擦の小さいすべり装置とを組み合わせた引出

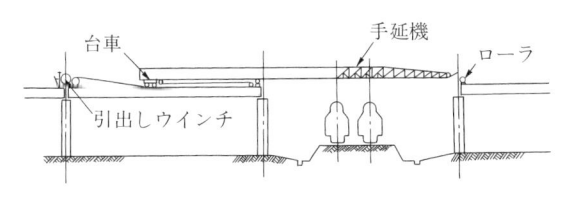

図 2.5　手延式工法[12]

し装置,あるいは自走式の台車を用いる方法も採用されている。

図2.6に示すように架設する径間にレールを設備し,移動台車によって橋桁を引き出す工法を**移動ステージング式工法**といい,水上において,台車の代わりに台船を使用する方法を**台船式工法**と呼ぶ。

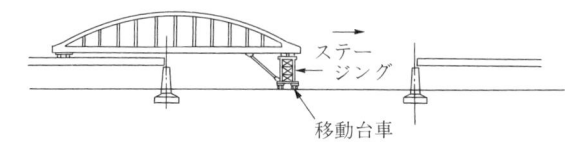

図2.6 移動ステージング式工法[12]

支点位置が架設時と完成時とで異なる場合には,仮支点部の座屈照査をはじめとして,架設時構造系全体の安全性の検討が重要である。

片持式工法(cantilever erection)は,引出し式工法と同様にステージング工法を採用できない場合に用いられ,すでに架設が完了した桁をアンカーとして片持式に張出し架設する工法である。このほか,橋脚を支点としてあたかも"やじろべえ"のように釣合いをとりながら,両側へ張出し架設する工法もある。片持式工法は,連続桁,連続トラスおよび単純桁や単純トラスが多径間にわたる場合などの架設に用いられる。

この工法は,比較的仮設用の機材が少なくてすむ利点を有するが,片持式になるため架設進行中の各段階において突出した桁やトラスの架設時荷重に対する安全性を確認することやキャンバーの管理が重要である。

部材の運搬,組立てには,橋梁上の移動式ステフレグクレーン(図2.7),ケーブルクレーンあるいは架設桁や台船が用いられる。

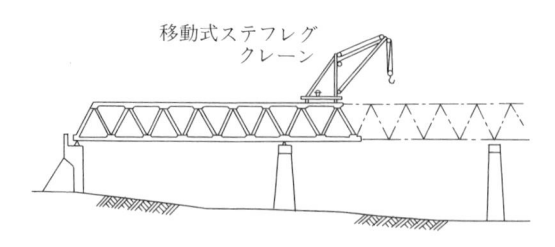

図2.7 片持式工法

2.2 施　　　工

　ケーブルエレクション工法（cable erection）は，橋台上もしくはその後方に立てた鉄塔とケーブルによって橋梁部材を吊り下げて組み立てる方法である。ケーブルエレクション工法は，部材の吊り下げ方法によって**直吊工法，斜吊工法**および**直吊・斜吊併用工法**に分類される。図2.8（a）に示す直吊工法は，鉄塔間に張り渡したメーンケーブルにハンガーケーブルを取り付けて部材を垂直に吊り下げる方法で，トラスやランガーなどの架設に多く用いられる。これに対して，斜吊工法はアーチ，ローゼ，π形ラーメンなどに採用される工法で，部材を斜吊索と呼ばれるケーブルにより鉄塔から斜めに吊り，部材の曲げ剛性が大きいことを利用して片持式に部材を張り出す方法である。部材の運搬にはケーブルクレーンが使用される。

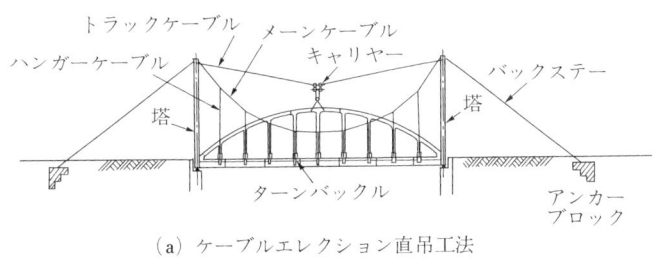

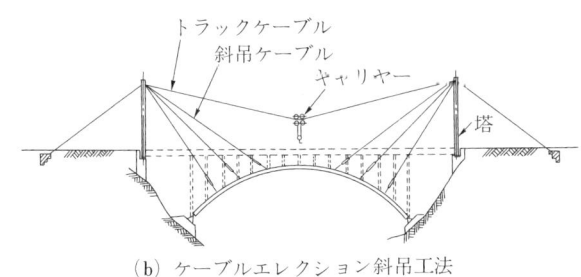

(a) ケーブルエレクション直吊工法

(b) ケーブルエレクション斜吊工法

図2.8　ケーブルエレクション工法[12]

　バックステーからの張力を地盤に伝達するアンカーブロックは，浮上り，滑動などが生じないように設計されなければならない。アンカーブロックの代わりにアースアンカーを用いる場合には，設計耐力が得られるよう慎重な施工が必要である。

　大ブロック工法（large block erection）は，製作工場の岩壁や架設地点の

組立ヤードにて橋梁を数ブロック（大ブロック）に分割して組み立て，一括架設する工法である．大ブロック工法は，一般に水上の橋に採用されており，大型フローティングクレーン，大型台船および大型巻揚機などが使用される．この工法は架設現場での作業量を少なくし，架設工事期間を短縮することにより安全性および経済性の向上を図った工法であり，沿岸部の橋梁架設に採用されることが多い．

門崎高架橋で行われた大ブロック一括架設の一例を図2.9に示す．全長195 m，重量2 410 tの大ブロック（鋼床版箱桁）が1 300 t吊と3 000 t吊の2隻のフローティングクレーンにより架設された．

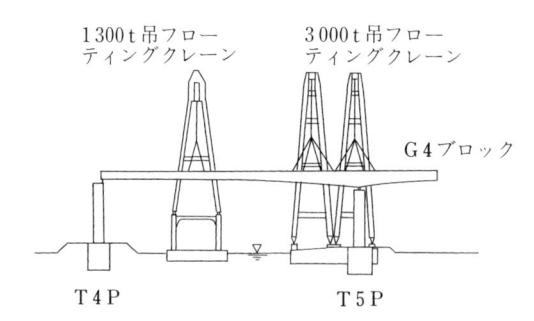

図2.9 フローティングクレーンによる大ブロック工法

2.2.2 コンクリート橋

RC橋の架設工法は，一部に張出し方式やプレキャスト桁方式も試みられているが，ほとんど地上から支保工・型枠を組み，その場でコンクリートが打設される施工法がとられている．

それに対してPC橋では，地上からの一般の支保工方式，プレキャスト桁架設工法，張出し架設工法，押出し架設工法，移動支保工式架設工法などが使用され，架設工法も多様になってきている．

これらの架設工法は，PC橋の場合は，特に橋の構造や応力状態とも密接な関係があり，設計の時点で比較検討し，決定されると同時に，設計計算のうえでも考慮されていなければならない．

最近におけるコンクリート橋の架設工法の発展を促した要因は，大きく分けて三つあると考えられる．

表 2.3 架設工法の分類表[14]

大 分 類	中 分 類	小 分 類	摘 要
固定支保工式架設工法	1. 支柱式支保工架設 2. 梁式支保工架設 3. 梁・支柱式支保工架設	※ 支柱および梁の種類により，多種の支保工架設がある	大〜小支間に適用
プレキャスト桁架設工法	エレクションガーダー式架設	1. 抱込み式架設 2. 下吊式架設 3. 上路式架設 4. 抱込み式横取り架設 5. 下吊式横取り架設 6. 抱込み式桁移動架設	一般に中，小支間に適用
	クレーン架設	1. トラッククレーン単吊架設 2. トラッククレーン相吊架設 3. フローティングクレーン架設 4. タワーエレクション架設	
	門形クレーン架設	1. 定置式門形クレーン架設 2. 自走式門形クレーン架設	
	支保工式架設	1. ベント式架設(ステージング式架設) 2. 移動ベント式架設	
張出し架設工法 (カンチレバーエレクション)	現場打ち張出し架設	1. 移動式作業車を用いた架設 2. 移動式架設桁を用いた架設	大，中支間に適用
	張出しブロック架設	1. 移動式作業車による架設 2. エレクションガーダーによる架設 3. エレクションタワーによる架設 4. ケーブルクレーンによる架設 5. 門形クレーンによる架設 6. トラッククレーンによる架設 7. フローティングクレーンによる架設	
押出し架設工法	1. 集中式押出し工法 2. 分散式押出し工法	※ 部分的な改良により，多種の架設工法の名称がある	架設条件により中支間に適用
移動支保工式架設工法	1. 接地式移動支保工 2. 可動支保工 3. 移動吊支保工	※ 部分的な改良により，多種の架設工法の名称がある	

(注) 上記の一覧表は，コンクリート橋の架設工法の基本的な分類であるが，構造形式をとって斜張橋の架設，アーチ橋の架設工法を付け加える場合もある．しかし，これらの架設工法は，分類された架設工法のいくつかの組合せによるものと考えられるので，基本的な分類から除外することにした．

(1) PC橋の設計方針が,最小材料設計であったものが,橋の架設工法がその構造や経済性をより大きく左右することが認識されるようになった。

(2) 橋を架設する場所の社会的あるいは自然の多様な条件に適応する工法を選択する考え方が強くなってきた。

(3) 近年の建設作業者の中での特殊技能者の不足による機械化施工と同一作業サイクル施工を図る傾向がある。

最近のコンクリート橋の架設工法をまとめて分類した一例を,**表2.3**に示す。

固定支保工式架設工法,プレキャスト桁架設工法,張出し架設工法は,従来からのコンクリート橋の架設の基本であり,現在も多用されている。表2.3に示すようにその内容は多岐にわたって複雑であるが,それぞれに長所,短所があり,適用にも制約があることに注意しなければならない。

押出し架設工法および移動支保工式架設工法は,機械化施工,サイクル施工に関連する工法であるが,いずれの工法も片押しで施工することである。これらの施工は,資材の運搬を1箇所に,あるいは架設された桁の上を利用して行うことが目的であるが,さらに,施工場所を事実上1箇所に集中することによって,施工管理についても有利になることを考慮したものである。

別の面から施工法を考えると,現場打ちコンクリートにするか,プレキャストブロック工法を用いるかの2分類が考えられる。

プレキャストブロック工法とは,**図2.10**に示すように,PC上部構造を橋軸方向あるいは橋軸直角方向に分割した,いわゆるブロックを,工場あるいは製作ヤードで大量に製作し,架設現場に輸送し,上部工の位置までもち上げてポストテンション方式によって一体構造に組み立てる工法である。

(a) 代表的なプレキャスト桁

(b) プレキャストブロック工法による桁

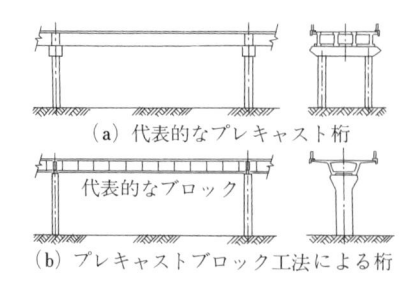

図2.10 プレキャストブロック工法[14]

PC工法がわが国に導入されて以来，この工法の特性を生かして，施工性を向上させるためにプレキャスト化の努力がなされ，現在では，工場製作を主体とするプレテンション方式のプレキャストPC T桁などについてJISが制定されており，一般的に使用されている。また，多少支間の大きい橋梁（25～40 m）に対しては，ポストテンション方式のT形桁を現場ヤードで製作し，プレテンション方式のT形桁と同様に，桁架設後桁間のコンクリートを打設し，橋軸直角方向にプレストレスを導入して一体化する工法が採用されている。

　この工法は，都市内の高架橋のT形橋脚の横梁に採用された例がある。

　この工法のおもな特徴は，以下に示すとおりである。

(a) プレキャストブロック工法の長所

(1) ブロックを工場または製作ヤードで製作するので，品質管理が集中してでき，したがって，高度の品質管理が可能となる。

(2) ブロック製作にあたって，型枠，鉄筋配置，コンクリート打設，養生などに可能な限りの機械化，合理化が可能であり，省力化ができる。

(3) 架設現場における作業の簡略化および現場工期を大幅に短縮することが可能となる。

(4) 初期材齢のブロックが貯蔵されることにより，乾燥収縮およびクリープによる架設後の変形が小さくなる。

(b) プレキャストブロック工法の短所

(1) ブロックとブロックとの間に継目が生じるので，構造的に弱点となりやすい。また，特に接着剤使用の継目部は，鉄筋が連続していないのでひび割れ安全率が低下する。したがって，プレストレスを大きくする必要がある。

(2) 規模が大きく，ブロックを大量に製作しないと経済効果が上がらない。

　支間40 m程度以上の中規模あるいは大規模径間の橋梁にこの工法が採用されたのは比較的新しく，1963年フランスのセーヌ川に架設されたChoisy le Roi橋において，ブロック目地の接着にエポキシ樹脂が使用されたのが最初である。その後，同様の形式のPC橋が建設され，プレキャストブロックの製作

および現場組立についての技術が発達した。

わが国では，都市内の高架橋，鉄道橋などのように架設地点の施工条件の厳しい場合に採用されてきている。

そのほか，高速道路と一般道路の立体交差，鉄道橋では，工期の短縮，省力化を図るなど，多くの施工条件に適用して用いられている。

おもな架設工法の概念を図 2.11～2.15 に示す。これらの工法の利点，欠点は橋梁の形式，環境そのほか多くの要因により変化するので，簡単に述べることは不可能である。しかし，大型の架設機器を使用するものは，条件が十分に整わないと一般に不経済となることが多い。したがって，採用する工法の選択は，経験の十分にある技術者の判断によらなければならない。

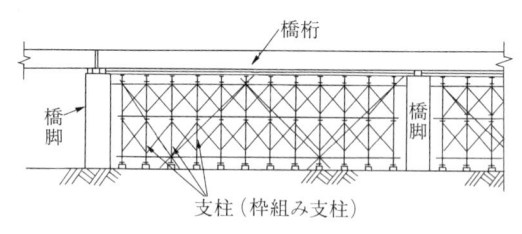

図 2.11　支柱式支保工架設の概念図

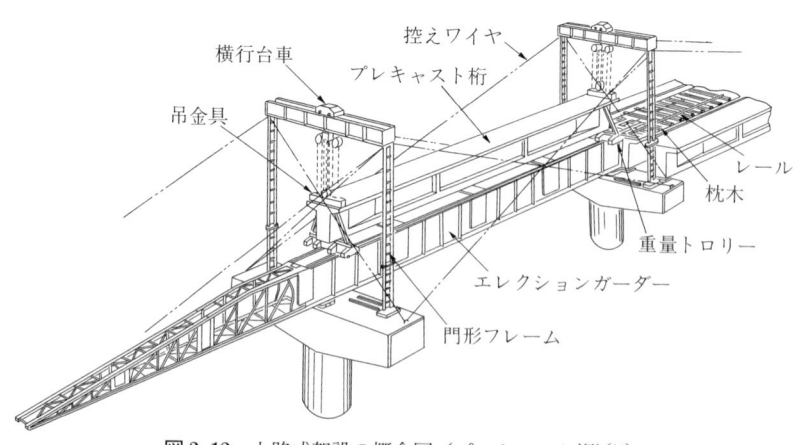

図 2.12　上路式架設の概念図（プレキャスト桁）[14]

2.2 施工　59

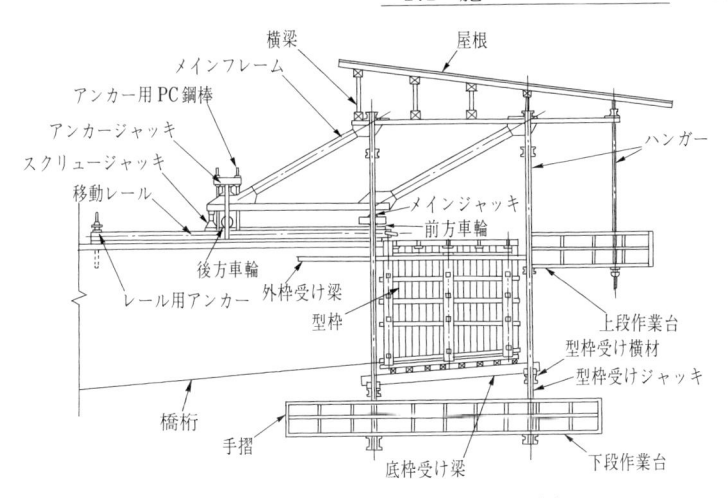

図2.13　移動式作業車を用いた架設の概念図[14]

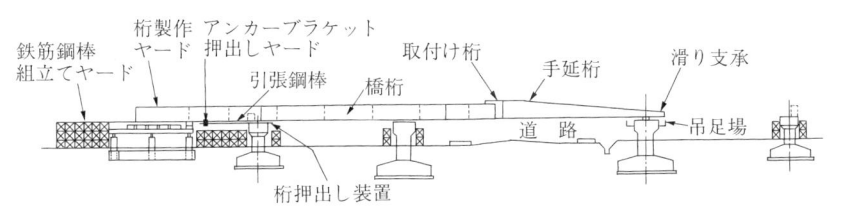

図2.14　集中式押出し工法の概念図[14]

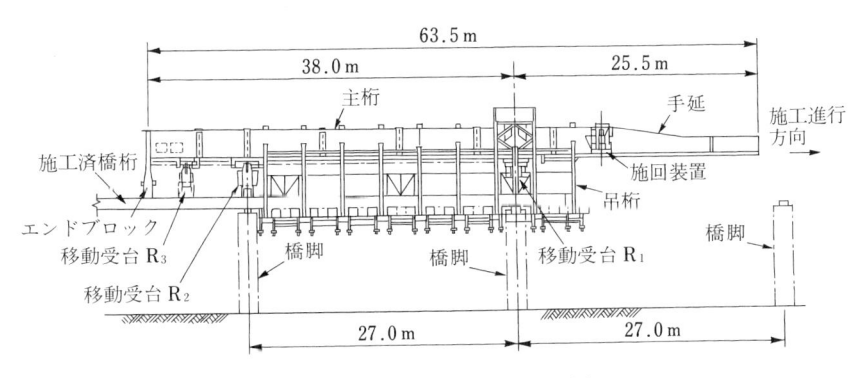

図2.15　移動吊支保工の概念図[14]

2.3 維持管理

構造物が建設され，それが供用されると年月とともにしだいに老朽化してくるものであり，供用期間中の作用荷重の量の増大，構造材料の質の変化に伴って構造物の機能低下，損耗も進行してゆくものと推定される。

構造物の維持管理についての基本的，総合的な概念は，日本において最近まであまり関心が払われていなかった。この問題についての手段，その手法については，定性的，定量的な判断の基準は一応定められているが，経験的に行われているのが多いのが現状である。

維持管理は第1に点検，第2に補修がある。この作業の流れは，図 2.16 に示すとおりである。点検は，通常点検と特別点検が考えられる。特別点検は通常点検の結果，さらに点検の必要がありと判断された場合に行われるものであ

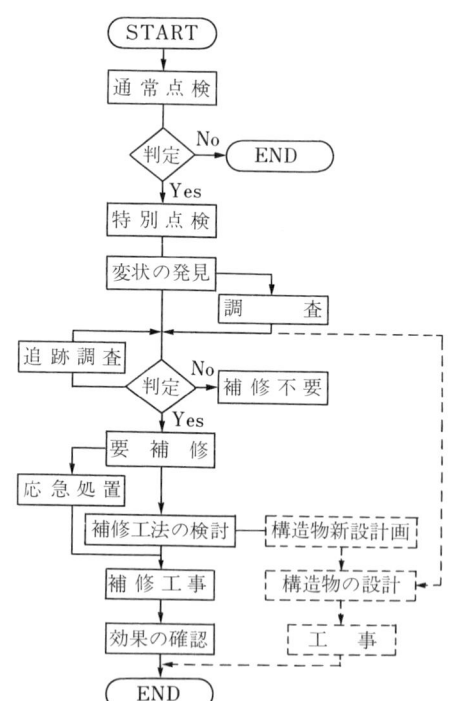

図 2.16 構造物維持管理（点検，補修）の手順[34]

2.3 維持管理

り，変状の発見により，詳細な調査が行われ，必要であれば補修へと作業が進むことになる。

さらに，維持管理の中で重要なものは掃除であり，特に橋梁の場合は，排水関係のものである。そのほか支承および伸縮継手の動きを妨げるものを取り除くこともこれに含まれる。この清掃，掃除を怠ることにより，重大な支障が発生し，補修が必要となることもある。これらのことを総合的に調査検討を行うのが，点検の大きな目的である。

補修の中には，鋼橋における塗装，舗装の打直しなどの通常行われているもののほかに，図2.17より想定されるような供用中の構造物の欠陥の修理，改善もあり，その範囲は広く，技術的な深さと特殊性があり，これらについては，現在，技術的蓄積とその体系化が必要とされている。

調査項目を**表2.4**に，構造物の欠陥原因の分類を**表2.5**に示す。

表2.4　調査項目[34]

区　分	項　目	摘　要
(1) 構造諸元，設計基準等	1) 上部構造 2) 基　礎 3) 橋脚の諸元 4) 設計図書	形式，桁長，支承形式（固定，可動）等 形式，深さ 形状寸法，使用材料，損傷部分の板厚，配筋，応力等 適用，設計基準類，図書等
(2) 損傷状態	1) 変形，ひび割れ等の状況 2) その他の特徴	部材の変形，腐食の程度，亀裂の位置や大きさ 接合部のゆるみ，ボルトやリベットの脱落，たわみ，振動の異常 ひび割れ位置，方向，大きさおよびこれらの経時変化 コンクリートの状況（凍結融解，塩害，洗掘などによる劣化の程度，シュミットハンマなどによる強度，豆板の有無，打継目） はく離，鉄筋露出・腐食の有無，PC鋼材の腐食，グラウト充てん，プレストレス量等
(3) 外的条件	1) 荷重の状況 2) 気象条件等 3) 周囲条件等	完成後の地震の大きさ，回数，上部死荷重の変化（舗装オーバーレイなど），交通荷重等 凍結融解，汐風の影響，化学作用などを受けた可能性 橋脚の幾可的条件（建築限界，河川条件など），補強・補修の作業条件（足場条件，高さ）
(4) その他	1) 近接工事 2) 地盤状況 3) 基礎の状況 4) その他	工事の時間・内容・近接度 周辺地盤の沈下の程度，地質 沈下，傾斜，水平変位，回転，浮上り 橋脚の施行年月日，施行業者等

表 2.5 構造物（主として橋梁）の欠陥原因の分類[34]

原因分類	原因項目	内容
設　計	構造の不適	構造種別，形式，支間割等の不適 断面形状の不適
	設計の不備	設計基準，条件の適用の誤り 構造形式，部材の安全度の検討不足 応用解析の誤り 計算誤り，計算忘れ，修正忘れ
	図面の不備	鋼材の材質の誤り，断面寸法の誤り 鉄筋，PC鋼材の配置不良 用心鉄筋の不足，断面形状・寸法の不足 構造細部の検討不足，修正忘れ
施　工	材料の不良	鋼材の材質不良 コンクリートの品質不良 鉄筋，PC鋼材の材質不良 不適な材質の使用
	工場製作の不良	鋼材の寸法不良，溶接施工の不良による各種欠陥，鋼材加工（孔あけ，切断）の誤り，組立精度の不足，構造細部の加工不良
	施工の不良	輸送中の部材損傷 現場溶接環境の不備，ボルト組立ての不良 架設，施工方法，順序の誤り，作業員の技量不足，仮設工（型枠，支保工）の検討不足，施行管理の不良，不備 材料貯蔵方法の誤り
外　的	交通の質的変化	交通量の増大，車両重量の増加
	事故・自然現象	衝突，落下，火災，地震，凍結，洪水，地滑り，沈下，洗掘
	近接工事の影響	沈下，横方向変位，凍上
	化学的作用	海水，汚染水，工場排水
	基礎構造の欠陥	基礎構造の破壊または欠陥
	その他	電食

2.4 補修工法

　補修は，一般的に作業条件が悪く費用も割高となり，かつ時間的な制約を受けることが多い。また使用材料は，施工の難易を左右し，ひいては補修効果の大きな要素となってくるため，特に新しい材料を使用する場合は十分調査検討したうえで使用し，施工後も追跡調査を行うなどの配慮が必要である。補修方

2.4 補 修 工 法   63

法の選定にあたっては，補修の効果，施工性，安全性，経済性，美観などについて総合的に検討し，最も適切な方法を選定する必要がある。

構造物の補修工事は，修復と補強に大別され，**表2.6**に補修の分類と補修工法，さらに使用材料の概略の関連を示す。

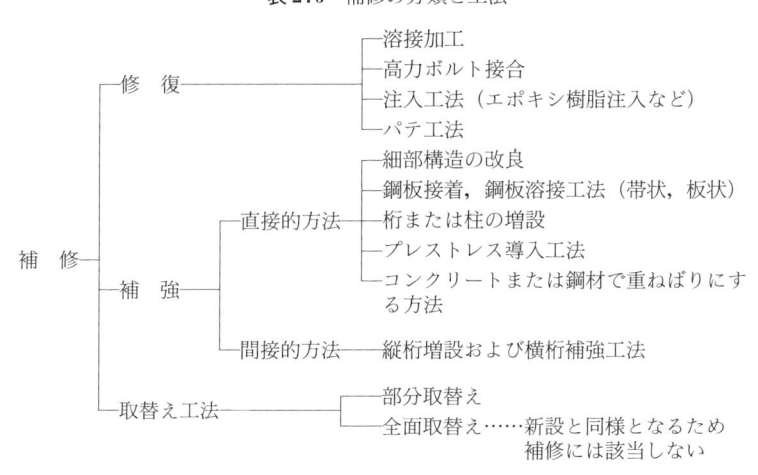

表2.6 補修の分類と工法

```
                  ┌─溶接加工
                  ├─高力ボルト接合
         ┌修 復 ──┤
         │        ├─注入工法（エポキシ樹脂注入など）
         │        └─パテ工法
         │                      ┌─細部構造の改良
         │                      ├─鋼板接着，鋼板溶接工法（帯状，板状）
         │        ┌直接的方法 ──┤─桁または柱の増設
補 修 ──┤補 強 ──┤              ├─プレストレス導入工法
         │        │              └─コンクリートまたは鋼材で重ねばりにす
         │        │                 る方法
         │        └間接的方法 ──縦桁増設および横桁補強工法
         │
         └取替え工法 ──┬─部分取替え
                       └─全面取替え……新設と同様となるため
                                       補修には該当しない
```

修復：既設橋に生じた破損を直し，もとの機能を回復させることを目的とする補修をいう。

補強：破損の補修にあたってもとの機能以上の機能向上を図るような場合，また，特に破損がなくても，積極的に既設橋の機能向上を図るべく，手を加える場合の補修をいう。

[補修工法の例]

土木構造物の補修・補強工法には種々のものがある。ここで橋梁上部構造に限ると主桁と床版の補修・補強がおもなものである。

一般的な補修・補強作業は，不良コンクリートの除去，さびた鉄筋の補修，ひび割れに樹脂注入などの事前の補修が行われた後，**図2.17**に示すような各種の作業が構造，補強目的に応じて適切に選択される。

鋼桁について，図(a)は，床版の補強工法の一例で，床版の支間を短くする

(a) 桁の増設　　(b) カバープレートの増加　　(c) 下フランジのFRPなどによる曲げ補強

(d) 桁側面全体のFRPなどによる曲げ，せん断補強　　(e) スラブのFRPなどによる補強

(f) 外ケーブルを使用した桁の補強

図2.17 補修工法の例

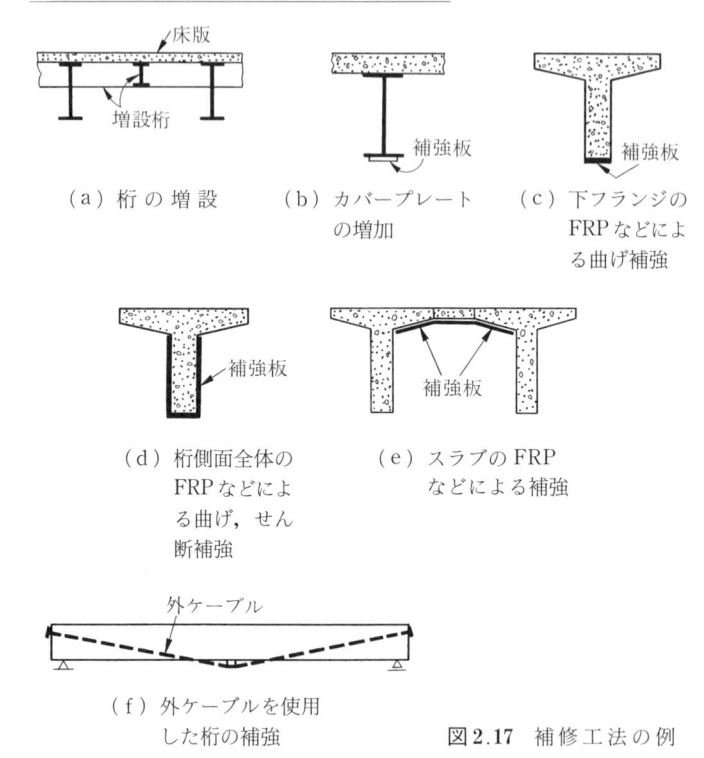

目的で主桁の間に桁を増設するものである．図(b)は，主桁の曲げ補強の例で，桁の下フランジにカバープレートを溶接したものである．

コンクリート桁について，図(c)は，曲げ補強の例で，桁の下フランジにFRP（繊維補強樹脂）をエポキシ樹脂で接着したものである．図(d)は主としてせん断補強をFRPの接着で行ったものである．図(e)は，スラブの補強をFRPで行った例である．図(f)は外PCケーブルによる曲げ補強の例である．

第3章 設計基準と荷重

3.1 設計基準

　道路を新設または改築する場合における基本的な技術基準として「道路構造令」（平成13年改正）が規定されており，道路の建築限界，幅員構成，線形および設計荷重などが定められている。このうち，橋梁や高架橋などの道路構造基準は建設省令「橋，高架の道路等の技術基準」に定められ，日本道路協会の「道路橋示方書」（平成14年改訂）がこれに相当する。

　道路橋示方書は，道路法に規定する高速自動車国道，一般国道，都道府県道および重要な市町村道における支間200 m以下の橋の設計および施工に適用するもので，支間200 mを超える橋についても，橋種，構造形式，架橋地点の実状などに応じ，必要かつ適切な補正を行って準用される。道路橋示方書は，I　共通編，II　鋼橋編，III　コンクリート橋編，IV　下部構造編，V　耐震設計編の各編で構成される。そのほか橋の設計に適用すべき指針類（参考文献参照）は多い。

　道路橋の設計自動車荷重は245 kNとし，大型自動車の交通の状況に応じてA活荷重またはB活荷重に区分する。大型車の走行頻度が高い状況を想定したB活荷重は，高速自動車国道，一般国道，都道府県道および幹線市町村道に適用する。そのほかの市町村道では，大型車の交通状況によりA活荷重またはB活荷重を適用する。

　日本道路公団，本州四国連絡橋公団などの橋梁では，道路橋示方書のほかに個々に定める規定類を適用する。

鉄道橋に関する規定には，「普通鉄道構造規則」(平成元年改正)と「新幹線鉄道構造規則」(平成元年改正)に基づく「鉄道構造物等設計標準」(平成4年)がある。

3.2 荷　　　重

3.2.1 荷重の種類と組合せ

橋梁の設計では，橋梁の種類，構造形式および架設地点の状況に応じて，耐用年限内に予想されるすべての荷重を考慮しなければならない。道路橋の設計に用いる荷重をあげると**表3.1**のようになる。

表3.1 道路橋の設計に用いる荷重

主　荷　重　(P)	死荷重 (D)，活荷重 (L)，衝撃 (I)，プレストレス力 (PS)，コンクリートのクリープの影響 (CR)，コンクリートの乾燥収縮の影響 (SH)，土圧 (E)，水圧 (HP)，浮力または揚圧力 (U)
従　荷　重　(S)	風荷重 (W)，温度変化の影響 (T)，地震の影響 (EQ)
主荷重に相当する特殊荷重　(PP)	雪荷重 (SW)，地盤変動の影響 (GD)，支点移動の影響 (SD)，遠心荷重 (CF)，波圧 (WP)
従荷重に相当する特殊荷重　(PA)	制動荷重 (BK)，施工時荷重 (ER)，衝突荷重 (CO)，その他

橋に常時作用すると考えられる荷重を**主荷重**，必ずしもつねに作用するとは限らない荷重を**従荷重**という。**特殊荷重**はすべての橋梁に共通するものではないが，橋の形式や架設地点の状況に応じて特に考慮しなければならない。

表3.2 道路橋の荷重の組合せと許容応力度のおもな割増し係数

	荷　重　の　組　合　せ	割増し係数
1	主荷重+主荷重に相当する特殊荷重+温度変化の影響	1.15
2	主荷重+主荷重に相当する特殊荷重+風荷重	1.25
3	主荷重+主荷重に相当する特殊荷重+温度変化の影響+風荷重	1.35
4	主荷重+主荷重に相当する特殊荷重+制動荷重	1.25
5	主荷重+主荷重に相当する特殊荷重+衝突荷重 ｛鋼部材　コンクリート部材	1.70　1.50
6	風荷重のみ	1.20
7	制動荷重のみ	1.20
8	活荷重と衝撃以外の主荷重+地震の影響	1.50
9	施工時荷重	1.25

3.2 荷　　　　重

橋梁には，これらの荷重が単独にまたは組み合わさって働くものと考えられ，最も不利な荷重の組合せについて設計されなければならない。一般に，道路橋においては主荷重と主荷重に相当する特殊荷重の組合せが基本であり，おもな荷重の組合せを**表3.2**に示す。これらの各種荷重には，つねに作用する荷重，まれにしか作用しない荷重および一時的な荷重が含まれるが，すべての荷重に対して同じ**安全率**を用いて設計することは不合理であるため，つねに作用する主荷重以外には許容応力度（4.1.2項参照）の**割増し**を考慮して設計を行う。

3.2.2 死　荷　重

死荷重は，橋梁の自重および水道管やガス管などの添加物の重量であり，その死荷重の算定には**表3.3**に示す単位重量が用いられる。

表3.3　材料の単位重量　〔kN/m^3〕

材料	単位重量	材料	単位重量
鋼・鋳鋼・鍛鋼	77	コンクリート	23
鋳　鉄	71	セメントモルタル	21
アルミニウム	27.5	木　材	8.0
鉄筋コンクリート	24.5	歴青材（防水用）	11
プレストレストコンクリート	24.5	アスファルト舗装	22.5

橋の自重のうち，主桁や主構の重量および床組の重量は，設計が完了してはじめて正確な値が算定される。したがって，設計を始めるにあたっては，設計資料や既存の設計例を参考として適切な値を推定しなければならない。この推定死荷重と設計完了後に精算した死荷重との差が大きい場合には，再設計を行う必要がある。設計基準強度が $60 N/mm^2$ を超える高強度コンクリートを用いる場合のプレストレストコンクリートの単位重量は，標準的な値として $25 kN/m^3$ を用いてもよい。

3.2.3 道路橋の活荷重

活荷重は，自動車荷重（T荷重，L荷重），群集荷重および軌道の車両荷重とし，大型車の交通状況に応じてA活荷重およびB活荷重に区分する。B活荷重は，大型車の走行頻度が高い状況を想定した活荷重である。

〔1〕 B活荷重

(a) 床版および床組を設計する場合の活荷重

（1） 車道部分には図3.1に示すT荷重を載荷する。T荷重は橋軸方向には一組，橋軸直角方向には組数に制限がないものとし，設計部材に最も不利な応力が生じるように載荷する。T荷重の橋軸直角方向の載荷位置は，図3.2に示すように，載荷面の中心が車道部分の端部より25cmまでとする。載荷面の辺長は，橋軸方向および橋軸直角方向にそれぞれ20cmおよび50cmとする。

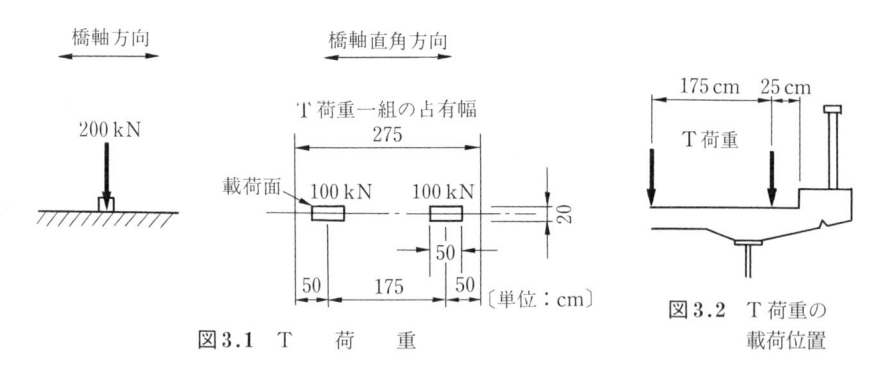

図3.1 T 荷 重

図3.2 T荷重の載荷位置

床組を設計する場合には，T荷重によって算出した断面力などに表3.4に示す係数を乗じたものを用いる。ただし，この係数は1.5を超えてはならない。

表3.4 床組などの設計に用いる係数

部材の支間長 L 〔m〕	$L \leq 4$	$L > 4$
係　　　数	1.0	$\dfrac{L}{32} + \dfrac{7}{8}$

支間長が特に長い縦桁などは，T荷重とL荷重のうち不利な応力を与える荷重を用いて設計する。

（2） 歩道などには，群集荷重として$5.0\,\mathrm{kN/m^2}$の等分布荷重を載荷する。

（3） 軌道には，軌道の車両荷重とT荷重のうち設計部材に不利な応力を与える荷重を載荷する。

(b) 主桁を設計する場合の活荷重

（1） 車道部分には表3.5および図3.3に示す2種類の等分布荷重p_1, p_2よ

3.2 荷重

表 3.5 L 荷重（B 活荷重）

主載荷荷重（幅5.5m）						従載荷荷重
等分布荷重 p_1			等分布荷重 p_2			
載荷長 D [m]	荷 重 [kN/m²]		荷 重 [kN/m²]			
	曲げモーメントを算出する場合	せん断力を算出する場合	$L \leq 80$	$80 < L \leq 130$	$L > 130$	
10	10	12	3.5	$4.3 - 0.01L$	3.0	主載荷荷重の50%

L：支間長 [m]

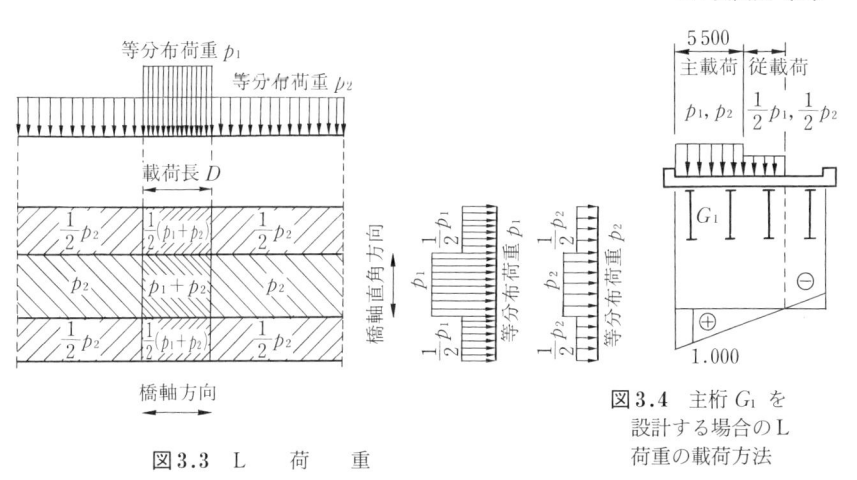

図 3.3 L 荷 重

図 3.4 主桁 G_1 を設計する場合の L 荷重の載荷方法

りなる L 荷重を載荷し，p_1 は 1 橋につき一組とする。L 荷重は着目している点または部材に最も不利な応力が生じるように，橋の幅 5.5 m までは等分布荷重 p_1 および p_2（主載荷荷重）を，残りの部分にはそれらのおのおのの 1/2（従載荷荷重）を載荷する（図 3.4）。

（2） 歩道などには，群集荷重として表 3.6 に示す等分布荷重を載荷する。

表 3.6 歩道などに載荷する等分布荷重

支 間 長 L [m]	$L \leq 80$	$80 < L \leq 130$	$L > 130$
等分布荷重 [kN/m²]	3.5	$4.3 - 0.01L$	3.0

（3） 軌道には，軌道の車両荷重と L 荷重のうち設計部材に不利な応力を与える荷重を載荷する。

〔2〕**A 活荷重**　A 活荷重は，大型車の走行頻度が低い状況を想定した荷重であるが，床版および床組の設計においては，車両 1 台の載荷が支配的になることから B 荷重と同じ T 荷重を用いる。ただし，床組の設計では，T 荷重によって算出した断面力に対して表 3.4 に示す係数を乗じないで用いる。また，床版の設計では，T 荷重による設計曲げモーメント（B 活荷重）を 20 % 低減した値を用いる。

主桁の設計においては，大型車の走行頻度が低いことから，L 荷重の等分布荷重 p_1 の載荷長 D を 6 m に低減して適用する。

3.2.4　衝　　　撃

自動車や列車などの活荷重は，一般に，振動による動的な影響を伴って橋面上を通過する。図 3.5 に示すように，橋の任意の点 C のたわみは車両の走行速度が遅く振動を伴わない場合には破線のように滑らかに変化するが，通常の走行速度になると動的なたわみ増分が加わり，実線のように振動することになる。

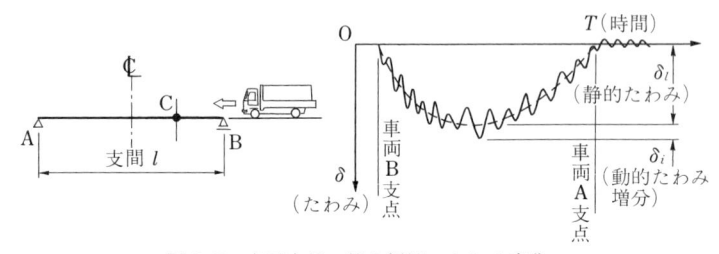

図 3.5　車両走行に伴う橋梁のたわみ変化

このような活荷重による動的な影響を**衝撃**（impact）と呼んでいる。衝撃の大きさは車両の進行速度のほかに，走行台数，車両の種類，路面や軌道の状況，橋梁形式や支間長などにより複雑に変化する。したがって，橋の設計において活荷重による振動の影響を動力学的に考慮すると繁雑になるため，これを静力学的にとらえ，静荷重と見なした活荷重に振動の影響を加算している。この振動による影響 δ_i と静荷重と見なした活荷重によるたわみ δ_l との比を**衝撃係数**（impact coefficient）と呼び，次式で定義される。

$$i = \frac{\delta_i}{\delta_l} \tag{3.1}$$

道路橋では，歩道に載荷される群集荷重を除いて衝撃の影響を考慮するものとし，**表3.7**に示す衝撃係数が規定されている。単純桁の場合にはLは支間長とするが，連続桁，ゲルバー桁およびラーメン橋においては荷重の載荷位置に応じて，また，トラスやアーチでは構成部材の種類によって衝撃係数算出のための適用支間Lが異なる。

表3.7 道路橋の衝撃係数

橋種	衝撃係数 i	
	T 荷重	L 荷重
鋼 橋	$i=20/(50+L)$	
R C 橋	$i=20/(50+L)$	$i=7/(20+L)$
P C 橋		$i=10/(25+L)$

L：支間長〔m〕

柔軟性に富み活荷重による変形が大きい吊橋や斜張橋あるいは大支間アーチ橋などでは，この実用的な方法のほかに，橋梁の振動に対する安全性の検討として走行車両による動的応答解析を行うのが一般的である。

3.2.5 風の影響

風の作用に対する検討は，風圧を静力学的な荷重と見なす静的検討と，風によって生じる橋の振動特性を照査する動的検討に大別される。一般に，支間が小さく比較的剛性が高い橋梁では静的検討のみが行われることが多く，吊橋や斜張橋のように支間が大きくたわみやすい橋梁では，静的な検討に加えて動的検討が行われる。

静的な検討においては，橋軸直角方向に水平に吹く風による抗力を基本とし，これに風速変動の影響を考慮して**風荷重**（wind load）を定めている。風圧 p〔kN/m²〕と設計基準風速 U_d〔m/s〕の関係は次式で表される。

$$p=\frac{1}{2}\rho C_d G U_d^2 \tag{3.2}$$

ここに，C_dは抗力係数，ρは空気密度（1.23 kg/m³）およびGはガスト応答係数である。

この風荷重pに橋軸方向単位長さ当りの上部構造の有効鉛直投影面積An

[m²/m] を乗ずることにより，橋軸方向の単位長さ当りの風荷重 P [kN/m] が求められる．

設計基準風速は，高度 10 m において，50 年間でその風速を超えない確率が 0.6 以上となるような 40 m/s を採用している．

抗力係数は物体の形状や寸法によって異なる．プレートガーダーでは，橋の総高 D に対する総幅 B の比 B/D が増加するに従い抗力係数は小さくなるため，B/D の値に応じて $C_d=1.3〜2.0$ の値が定められている．2 主構トラスの抗力係数は充実率 ϕ（トラス外郭面積に対するトラス投影面積の比）に応じて $C_d=1.7〜4.3$ の値が定められている．このほか，吊橋，斜張橋の塔およびアーチ橋では，風上側部材および風下側部材にそれぞれ 1.6 および 0.8 の抗力係数を適用する．

ガスト応答係数 G は，風速変動（自然風は，時間的にも空間的にも風速が変動する乱流）に起因して構造物に作用する変動的な抗力を考慮するものであり，標準的な値として $G=1.9$ が設定されている．

風荷重は，この単位風圧 p に橋梁の鉛直投影面積を乗じて求められる．道路橋では，プレートガーダーとトラスに対して，橋軸方向の長さ 1 m 当りの等分布荷重に換算し風荷重の計算を簡略化している．**表 3.8** にプレートガーダーに作用する風荷重を示す．風荷重は移動荷重と考え，設計部材に最も不利な応力が生じるように載荷する．プレートガーダーが並列する場合には，上流側および下流側の橋桁に作用する風荷重は単独時と異なってくる．このため並列の効果による風荷重の補正係数が並列橋の位置関係により定められている．

活荷重載荷時の風圧は，一般に橋上に活荷重が存在しない無載荷状態の風圧の 1/2 を用いる．プレートガーダーについては活荷重載荷時の風荷重は活荷重無載荷時の風荷重に比して小さくなるため，活荷重載荷時の風の影響の検討は行わない．

風の作用による橋梁の振動現象は，**自励振動**（発散振幅振動）と**強制振動**（有限振幅振動）とに分類される．自励振動は，空気力の負減衰効果，すなわち振動している橋梁が空気の流れからエネルギーを吸収することにより振幅が

3.2 荷　　　　重

表3.8　プレートガーダーの風荷重〔kN/m〕

断面形状	風　荷　重
$1 \leq B/D < 8$	〔$4.0-0.2(B/D)$〕$D \geq 6.0$
$8 \leq B/D$	$2.4 D \geq 6.0$

ここに，B：橋の総幅〔m〕
　　　　D：橋の総高〔m〕

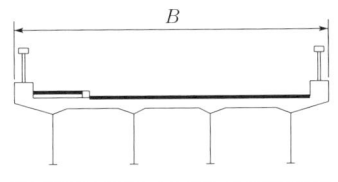

しだいに増加する現象であり，風による橋梁の崩壊の主原因となる。自励振動には，**曲げ振動**（galloping），**ねじれ振動**（torsional flutter）および**曲げねじれ振動**（classical flutter, coupled flutter）があり，いずれの場合にも動的応答が生じる限界風速が存在する。限界風速以下の風速では自励振動が発生しないことから，橋梁の設計にあたり，限界風速が設計風速より十分大きいことを確かめる必要がある。

強制振動には，自然風あるいは風上側構造物の後流中の風速変動によって生じる**不規則振動**（buffeting）や気流中の構造物背後に発生する渦（Kármán vortex）によって生じる流れに直角方向の**渦励振**（vortex oscillation）などがある。これらの振動現象では，橋梁が崩壊に至らないものの，構成部材に振動による疲労問題が生じる可能性があるため，十分な検討が必要である。

3.2.6　地震の影響

地震による橋梁の被害は下部構造や上・下部構造の節点である支沓部に多く，

上部構造の落橋はこれらの下部構造の破壊に起因している。したがって，橋梁の耐震設計は，上部構造・下部構造形式のみならず架設地点の地形・地質・地盤条件，立地条件を含めた橋梁全体が必要な耐震性を有するように配慮することが重要である。

橋の耐震設計は，設計地震動のレベルと橋の重要度に応じて必要とされる耐震性能を確保することを目的に行う。設計地震動は，橋の供用期間中に発生する確率が高い地震動（レベル1地震動）と，橋の供用期間中に発生する確率は低いが大きな強度をもつ地震動（レベル2地震動）の2段階のレベルの地震動を考慮する。ここで，レベル2地震動としては，プレート境界型の大規模な地震を想定したタイプIの地震動および内陸直下型地震を想定したタイプIIの地震動の2種類を考慮する。

橋の重要度は，地震後における橋の社会的役割や防災上の位置付け，橋としての機能が失われることの影響度の大きさなどから，道路種別および橋の機能・構造に応じて，重要度の標準的な橋（A種の橋）と特に重要度が高い橋（B種の橋）の二つに区分する。

耐震設計で目標とする耐震性能は，耐震設計上の安全性，耐震設計上の供用性，耐震設計上の修復性のそれぞれの観点から3段階のレベルを設定している。

　　耐震性能1：地震によって橋の健全性を損なわない性能
　　耐震性能2：地震による損傷が限定的なものにとどまり，橋としての機能
　　　　　　　の回復が速やかに行いうる性能
　　耐震性能3：地震による損傷が橋として致命的とならない性能

橋の耐震設計においては，レベル1地震動に対しては，A種の橋，B種の橋ともに，耐震性能1を確保するように設計を行い，レベル2地震動に対しては，A種の橋は耐震性能3を，B種の橋は耐震性能2を確保するように設計を行う。

耐震性能の照査は，設計地震動，橋の構造形式とその限界状態に応じて行う。地震時の挙動が複雑ではない橋に対しては，静的照査法により耐震性能の照査を行い，地震時の挙動が複雑な橋に対しては，動的照査法により照査を行う。地震時の挙動が複雑でない橋とは，レベル1の地震動に対しては，地震の影響

による作用や地震時の挙動が静的解析モデルにより表現でき，1次の振動モードが卓越した構造系の橋である。レベル2の地震動に対しては，構造系が単純で1次振動モードが卓越し，主たる塑性化の生じる部位が明確になっており，エネルギー一定則が適用できる橋のことを指す。

〔1〕 **静的照査法**　静的照査法は震度法に基づいて行う。震度法とは，地震による荷重を静的に作用させて行う耐震設計法である。地震時には，構造物の慣性作用によって構造物の重心に地震の加速度と反対方向に慣性力（地震荷重）が作用する。構造物の重量を W，重力の加速度を g，地震の加速度を α とすると地震荷重 F は次式で表される。

$$F = \alpha W / g = kW \tag{3.3}$$

ここに，k を震度（seismic coefficient）という。

レベル1地震動の設計水平震度 k_h は，次式に示すように震度法に用いる設計水平震度の標準値 k_{h0}（**表3.9**）に**図3.6**の地域区分に基づく地域別補正係数 c_z（**表3.10**）を乗じて算出する。

$$k_h = c_z k_{h0} \tag{3.4}$$

表3.9　震度法に用いる設計水平震度の標準値 k_{h0}

地盤種別	固有周期 $T(s)$ に対する k_{h0} の値		
I 種	$T < 0.1$ $k_{h0} = 0.431 T^{1/3}$ ただし，$k_{h0} \geq 0.16$	$0.1 \leq T \leq 1.1$ $k_{h0} = 0.2$	$1.1 < T$ $k_{h0} = 0.213 T^{-2/3}$
II 種	$T < 0.2$ $k_{h0} = 0.427 T^{1/3}$ ただし，$k_{h0} \geq 0.20$	$0.2 \leq T \leq 1.3$ $k_{h0} = 0.25$	$1.3 < T$ $k_{h0} = 0.298 T^{-2/3}$
III 種	$T < 0.34$ $k_{h0} = 0.430 T^{1/3}$ ただし，$k_{h0} \geq 0.24$	$0.34 \leq T \leq 1.5$ $k_{h0} = 0.3$	$1.5 < T$ $k_{h0} = 0.393 T^{-2/3}$

ただし，土の重量に起因する慣性力および地震時土圧の算出に際しては，設計水平震度の標準値 k_{h0} は地盤種別がI種，II種，III種に対して，それぞれ，0.16，0.2，0.24 とするものとする。

固有周期は，設計振動単位が，1基の下部構造とそれが支持している上部構

図3.6 地 域 区 分

凡例
■ : A
▨ : B
□ : C

表3.10 地域別補正係数 c_z

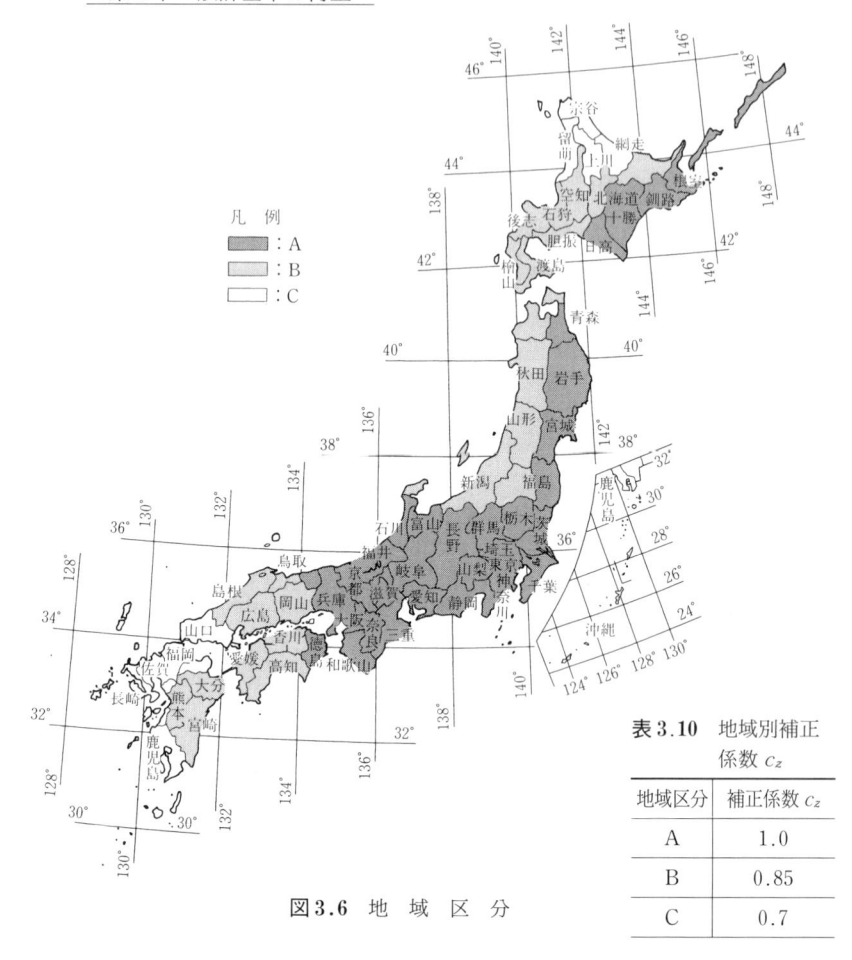

地域区分	補正係数 c_z
A	1.0
B	0.85
C	0.7

造部分からなる場合には，次式により算出する．

$$T = 2.01\sqrt{\delta} \tag{3.5}$$

ここに，T：設計振動単位の固有周期〔s〕

δ：耐震設計上の地盤面より上にある下部構造の重量の80％と，それが支持している上部構造部分の全重量に相当する力を慣性力の作用方向に作用させた場合の上部構造の慣性力の作用位置における変位〔m〕

耐震設計上の地盤種別は，地層の厚さと平均せん断弾性波速度を用いて算出した地盤の特性値をもとに区別するのを原則とするが，概略の目安としては，Ⅰ種地盤は良好な洪積地盤および岩盤，Ⅲ種地盤は沖積地盤のうち軟弱地盤，Ⅱ種地盤はⅠ種地盤およびⅢ種地盤のいずれにも属さない洪積地盤および沖積地盤と考えてよい。図 3.7 により近似的に地盤種別を区分できる。

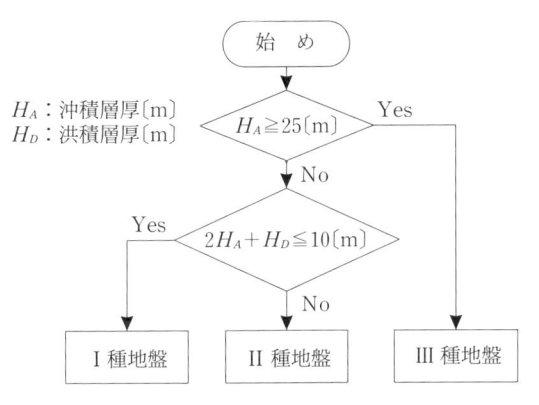

```
             ┌─ 始 め ─┐
                  │
         ┌────────────┐   Yes
  H_A：沖積層厚〔m〕  │ H_A≧25〔m〕├──────┐
  H_D：洪積層厚〔m〕  └─────┬──────┘       │
                            │ No             │
              Yes    ┌──────┴──────┐        │
         ┌──────────┤2H_A+H_D≦10〔m〕│       │
         │          └──────┬──────┘        │
         │                 │ No             │
         ▼                 ▼                ▼
      Ⅰ種地盤           Ⅱ種地盤          Ⅲ種地盤
```

H_A：沖積層厚〔m〕
H_D：洪積層厚〔m〕

図 3.7　近似的な地盤種別の区分

レベル 2 地震動の設計水平震度 k_{hc} は，次式により算出する。

$$k_{hc} = c_s c_z k_{hc0} \tag{3.6}$$

ここに，k_{hc0}：レベル 2 地震動の設計水平震度の標準値

　　　　c_z：地域別補正係数

　　　　c_s：構造物特性補正係数で次式により算出する

$$c_s = \frac{1}{\sqrt{2\mu_s - 1}} \tag{3.7}$$

　　　　μ_s：完全弾塑性型の復元力特性を有する構造系の許容塑性率

〔2〕 **動的照査法**　　動的照査法は地震時の挙動が複雑な橋の耐震性能の照査に用いられる。地震時の挙動が複雑な橋とは，静的照査法では十分な精度で地震時の挙動を表すことができない橋を指し，例えば，固有周期の長い橋（一般に固有周期 1.5 s 程度以上），橋脚高さが高い橋（一般に 30 m 以上），斜張橋・吊橋などのケーブル系の橋，上・中路式アーチ橋，免震橋，ゴム支承を用いた

地震時水平分力分散構造を有する橋等である。動的照査法による耐震性能の照査は，動的解析の結果得られた各構造部材に生じる断面力，変位等の最大応答値が，それぞれの許容値以下になるように行う。

3.2.7　プレストレス力

プレストレス力を構造物に導入する場合には，つぎに示すプレストレス力を設計に際して考慮する。

〔1〕　**プレストレッシング直後のプレストレス力**　　PC鋼材引張端に与えた引張力につぎの影響を考慮して算出する。

（1）　コンクリートの弾性変形

（2）　PC鋼材とシースの摩擦

（3）　定着具におけるセット

〔2〕　**有効プレストレス力**　　〔1〕により算定されたプレストレッシング直後のプレストレス力に，つぎの影響を考慮して算定する。

（1）　コンクリートのクリープ

（2）　コンクリートの乾燥収縮

（3）　PC鋼材のリラクセーション

〔3〕　**有効プレストレス力による不静定力**　　プレストレッシング直後の不静定力にPC鋼材の有効係数の平均値を乗じた値とすることができる。具体的な計算方法は道路橋示方書Ⅲを参照のこと。

3.2.8　コンクリートのクリープおよび乾燥収縮の影響

〔1〕　**コンクリート部材の設計に考慮するコンクリートのクリープおよび乾燥収縮**

（1）　作用する持続荷重による応力度がコンクリートの圧縮強度の60％程度以下の場合，コンクリートのクリープひずみは次式により表される。

$$\varepsilon_{cc} = \frac{\sigma_c}{E_c} \varphi \tag{3.8}$$

ここに，ε_{cc}：コンクリートのひずみ，σ_c：持続荷重による応力度〔N/mm²〕，E_c：コンクリートのヤング係数〔N/mm²〕，φ：コンクリートのクリープ係数。

作用する持続荷重による応力度がコンクリートの圧縮強度の60％程度を超える場合には，別途試験などによりクリープ係数を定めなければならない。

（2） プレストレスの減少量および不静定力を算出する場合のコンクリートのクリープ係数は，**表3.11**に示す値を標準とする。

表3.11 コンクリートのクリープ係数

持続荷重を載荷するときのコンクリートの材令〔日〕		4〜7	14	28	90	365
クリープ係数	早強セメント使用	2.6	2.3	2.0	1.7	1.2
	普通セメント使用	2.8	2.5	2.2	1.9	1.4

（3） プレストレスの減少量を算出する場合のコンクリートの乾燥収縮は，**表3.12**の値を標準とする。

表3.12 コンクリートの乾燥収縮度

プレストレスを導入するときのコンクリートの材令〔日〕	4〜7	28	90	365
乾燥収縮度	20×10^{-5}	18×10^{-5}	16×10^{-5}	12×10^{-5}

〔2〕 **コンクリートのクリープおよび乾燥収縮の影響により生じる不静定力**

構造系に変化のない場合と，構造系に変化のある場合に分けて検討を行うが，これらの場合，クリープおよび乾燥収縮の取扱い方が異なるので注意しなければならない。これについては道路橋示方書Ⅲを参照すること。

3.2.9 温度変化の影響

アーチやラーメンなどの不静定構造物では，支点の変位が拘束されているため構造物の温度変化によって内部応力が生じる。

道路橋の設計に用いる基準温度は，$+20\,°\text{C}$を標準（寒冷地方では$+10\,°\text{C}$）として考える。構造物全体の一様な温度変化を考慮する場合の温度変化の範囲は，鋼構造では$-10\sim+50\,°\text{C}$を標準とし，寒冷地方では$-30\sim+50\,°\text{C}$とする。コンクリート構造では，基準温度から地域別の平均気温を考慮して定め±15°Cとする。断面の最小寸法が70 cm以上の場合には±10°Cとすることができる。

また，構造物の部材用あるいは部材各部における相対的な温度差，すなわち，日光直射部分と日陰部分との温度差などによっても内部応力が生じることがあ

る。このような相対的な温度差は鋼構造では15℃を，コンクリート構造では5℃を標準としている。

温度変化に伴う内部応力の照査に用いる線膨張係数 α は，鋼構造物では $\alpha=12\times10^{-6}$，コンクリート構造物における鉄筋とコンクリートでは $\alpha=10\times10^{-6}$ を用いる。

3.2.10 雪荷重

積雪の多い地方では雪荷重を考慮する。道路橋では，圧縮された雪上を車両が通行する場合に対して，圧縮された約15 cm厚の雪に相当する $1.0\,kN/m^2$ を雪荷重として考える。積雪が特に多く車両通行が不能の場合には，雪だけを考え，架設地点の最大積雪深や雪の性質に応じて適切な雪荷重を決める必要がある。

3.2.11 施工時荷重

橋梁部材の破損や落橋は架設中に生じることが多いので，架設中の構造物の安定性や部材応力などを十分照査する必要がある。

架設工法によっては，架設機械などの架設工法特有の荷重が作用する場合や，架設中の構造形式が完成後の構造形式と異なり，橋梁部材に一時的に作用する応力が完成後と異なる場合がある。このため，架設時には本来の部材断面では危険となり，部材の補強や設計変更を行わなくてはならないことも生じる。

3.2.12 衝突荷重

道路上に高架橋の脚柱がある場合には，自動車の衝突に対して防護施設を設ける必要がある。防護施設が設けられないときには，車道方向に $1\,000\,kN$ もしくは車道直角方向に $500\,kN$ のいずれかの衝突荷重が路面上 $1.8\,m$ の位置に水平に作用するものとして設計を行う。

3.2.13 支点移動の影響

外的に不静定な橋梁では，支点の沈下や水平移動によって断面力の分布が変動するため部材によっては応力度が増加する場合も生じる。このため，支点の移動が予想される場合には，最終移動量を推定し付加される断面力を算出しなければならない。ただし，コンクリート橋では，クリープの影響により付加される断面力を50％の値に低減してよい。

第4章

使用材料と許容応力度

4.1 鋼　　　　材

4.1.1 鋼材の種類と機械的性質，物理定数

〔1〕 種　類　　鋼とは純鉄に炭素が 0.03～1.7 ％含有される合金で，土木構造物に使用される鋼材の炭素量は 0.3 ％ 以下である。炭素のほかにも各種の合金元素を添加して，用途に適した鋼材が製造されている。橋梁に使用される構造用圧延鋼材の化学成分および機械的性質を**表 4.1** に示す。

構造物に汎用的に使用されている鋼種に比較して，強度，耐腐食性，溶接性，じん性などの性能がより優れている鋼種・鋼材を**高性能鋼**という。

引張強さが 690 N/mm^2，780 N/mm^2 級の**高強度鋼**（高張力鋼）は，表に示されていないが，本州四国連絡橋などの長大吊橋，斜張橋，トラス橋などに使用されている。また，鋼材は，同じ鋼種であっても板厚が増すほど，降伏点や引張強さが低下する（表(ｂ)）が，**降伏点一定鋼**は，板厚 40 mm を超える鋼材でも降伏点または耐力の下限値が板厚により変化しないことを保証した鋼である。

耐候性鋼は，大気中における腐食作用に耐える性質を有する鋼で，通常の赤さびと異なり，緻密で定着性のある安定さびを形成し，これが保護被膜となって内部へのさびの進行を防止する。

TMCP 鋼（thermo-mechanical control process 鋼）は，熱間圧延工程とそれに続く冷却工程において適切な熱（温度）制御を行うことにより炭素当量を

表4.1(a) 構造用圧延鋼材の化学成分 (JIS G 3101, 3106, 3114)

種類・記号			化学成分 [%] C	Si	Mn	P	S	Cu	Cr	Ni	その他
一般構造用圧延鋼材	SS 400		—	—	—	0.050以下	0.050以下	—	—	—	—
溶接構造用圧延鋼材	SM 400	A	0.23以下	—	2.5×C以上	0.035以下	0.035以下	—	—	—	—
		B	0.20以下	0.35以下	0.60〜1.40	0.035以下	0.035以下	—	—	—	—
		C	0.18以下	0.35以下	1.40以下	0.035以下	0.035以下	—	—	—	—
	SM 490	A	0.20以下	0.55以下	1.60以下	0.035以下	0.035以下	—	—	—	—
		B	0.18以下	0.55以下	1.60以下	0.035以下	0.035以下	—	—	—	—
		C	0.18以下	0.55以下	1.60以下	0.035以下	0.035以下	—	—	—	—
	SM 490 Y A・B		0.20以下	0.55以下	1.60以下	0.035以下	0.035以下	—	—	—	—
	SM 520 C		0.20以下	0.55以下	1.60以下	0.035以下	0.035以下	—	—	—	—
	SM 570		0.18以下	0.55以下	1.60以下	0.035以下	0.035以下	—	—	—	—
溶接構造用耐候性熱間圧延鋼材	SMA 400 W A・B・C		0.18以下	0.15〜0.65	1.25以下	0.035以下	0.035以下	0.30〜0.50	0.45〜0.75	0.05〜0.30	各鋼種とも耐候性に有効な元素のMo, Nb, Ti, V, Zrなどを添加してもよい。ただし、これらの元素の総計は0.15%を超えないものとする。
	SMA 490 W A・B・C		0.18以下	0.15〜0.65	1.40以下	0.035以下	0.035以下	0.30〜0.50	0.45〜0.75	0.05〜0.30	
	SMA 570 W		0.18以下	0.15〜0.65	1.40以下	0.035以下	0.035以下	0.30〜0.50	0.45〜0.75	0.05〜0.30	

低減した鋼である。高強度で良好な溶接性と高いじん性を有する鋼である。

このほか，予熱低減鋼，大入熱溶接対策鋼，極厚鋼板，極軟鋼，低降伏比鋼，LP鋼板などが開発されている。

鉄筋およびPC鋼材の機械的性質のおもなものを表4.2および表4.3に示す。

〔2〕 設計計算に用いる物理定数　鋼材および鉄筋の物理定数は表4.4に示すものとする。

4.1 鋼材

表 4.1 (b) 構造用圧延鋼材の機械的性質（JIS G 3101, 3106, 3114）

種類, 記号		引張試験							衝撃試験
		降伏点の最小値 〔N/mm²〕			引張強さ 〔N/mm²〕	伸びの最小値〔％〕			シャルピー吸収エネルギー〔J〕
		鋼材の厚さ〔mm〕				鋼材の板厚〔mm〕			
		16以下	16を超え40以下	40を超え75以下[1]	75を超えるもの	16以下	16を超え50以下[2]	40を超えるもの[3]	
一般構造用圧延鋼材	SS 400	245	235	215	215	400〜510	17	21	23	—
溶接構造用圧延鋼材	SM 400 A, B, C	245	235	215	215	400〜510	18	22	24	B : 27 C : 47
	SM 490 A, B, C	325	315	295	295	490〜610	17	21	23	B : 27 C : 47
	SM 490 Y A, B	365	355	335	325	490〜610	15	19	21	B : 27
	SM 520 C	365	355	335	325	520〜640	15	19	21	C : 47
	SM 570	460	450	430	420	570〜720	19	26	20	47
溶接構造用耐候性熱間圧延鋼材	SMA 400 W A, B, C	245	235	215	—	400〜510	17	21	23	B : 27 C : 47
	SMA 490 W A, B, C	365	355	335	—	490〜610	15	19	21	B : 27 C : 47
	SMA 570 W	460	450	430	—	570〜720	19	26	20	47

注 1) SMA については 50 以下
2) SM 570，SMA 570 W については 16 を超えるもの
3) SM 570，SMA 570 W については 20 を超えるもの

　なお，プレストレスの減少量を算出する場合の PC 鋼材の見かけのリラクセーション率は，表 4.5 の値を標準とする．ここで，高温の影響を受ける場合とは，蒸気養生を行う場合または部材上縁に配置された PC 鋼材の純かぶりが 50 mm 未満で加熱混合型アスファルト舗装を行う場合とする．

　ただし，PC 材が高温の影響を受ける場合の PC 鋼材の見掛けのリラクセーション率は，表の値に，通常品で 2 ％ を，低リラクセーション品で 1 ％ を，それぞれ加算することを原則とする．

　温度変化に伴う鋼材の**線膨張係数**は，鋼橋では $\alpha=12\times10^{-6}$ とし，コンクリート橋では $\alpha=10\times10^{-6}$ を用いる．

表4.2(a) 鉄筋コンクリート用棒鋼の機械的性質 (JIS G 3101, 3106, 3114)

記号	引張試験				曲げ性	
	降伏点または0.2%耐力〔N/mm²〕	引張強さ〔N/mm²〕	引張試験片	伸び〔%〕	曲げ角度	内側半径
SR 235	235 以上	380〜520	2号	20 以上	180°	公称直径の1.5倍
			3号	24 以上		
SD 295 A	295 以上	440〜600	2号に準じるもの	16 以上	180°	D 16 以下 公称直径の1.5倍
			3号に準じるもの	18 以上		D 16 を超えるもの 公称直径の2倍
SD 295 B	295〜390	440 以上	2号に準じるもの	16 以上	180°	D 16 以下 公称直径の1.5倍
			3号に準じるもの	18 以上		D 16 を超えるもの 公称直径の2倍
SD 345	345〜440	490 以上	2号に準じるもの	18 以上	180°	D 16 以下 公称直径の1.5倍
						D 16 を超えD 41 以下 公称直径の2倍
			3号に準じるもの	20 以上		D 51 公称直径の2.5倍

(注) 異形棒鋼で,寸法が呼び名D 32を超えるものの伸びについては,呼び名が3を増すごとに表の値からそれぞれ2%減じるものとする。ただし,減じる限度は4%とする。

(b) 異形棒鋼の標準寸法および単位質量

呼び名	単位質量〔kg/m〕	公称直径 d〔mm〕	公称断面積 S〔cm²〕	公称周長 l〔cm〕
D 6	0.249	6.35	0.3167	2.0
D 10	0.560	9.53	0.133	3.0
D 13	0.995	12.7	1.267	4.0
D 16	1.56	15.9	1.986	5.0
D 19	2.25	19.1	2.865	6.0
D 22	3.04	22.2	3.871	7.0
D 25	3.98	25.4	5.067	8.0
D 29	5.04	28.6	6.424	9.0
D 32	6.23	31.8	7.942	10.0
D 35	7.51	34.9	9.566	11.0
D 38	8.95	38.1	11.40	12.0
D 41	10.50	41.3	13.40	13.0
D 51	15.90	50.8	20.27	16.0

4.1 鋼材

表4.3(a) PC鋼線およびPC鋼より線の機械的性質，公称断面積，単位質量

種類		記号	呼び名	0.2%永久伸びに対する荷重 [kN]	引張荷重 [kN]	伸び [%]	リラクセーション値 [%]		公称断面積 [mm²]	単位質量 [kg/m]
							N	L		
PC鋼線	丸線および異形線	SWPR1AN SWPR1AL SWPD1N SWPD1L	5 mm	27.9以上 (1.40以上)	31.9以上 (1.60以上)	4.0以上	8.0以下	2.5以下	19.64	0.154
			7 mm	51.0以上 (1.30以上)	58.3以上 (1.50以上)	4.5以上	8.0以下	2.5以下	38.48	0.302
			8 mm	64.2以上 (1.25以上)	74.0以上 (1.45以上)	4.5以上	8.0以下	2.5以下	50.27	0.395
			9 mm	78.0以上 (1.20以上)	90.2以上 (1.40以上)	4.5以上	8.0以下	2.5以下	63.62	0.499
		SWPR1BN SWPR1BL	5 mm	29.9以上 (1.50以上)	33.8以上 (1.70以上)	4.0以上	8.0以下	2.5以下	19.64	0.154
			7 mm	54.9以上 (1.40以上)	62.3以上 (1.60以上)	4.5以上	8.0以下	2.5以下	38.48	0.302
			8 mm	69.1以上 (1.35以上)	78.9以上 (1.55以上)	4.5以上	8.0以下	2.5以下	50.27	0.395
PC鋼より線	2本より線	SWPR2N SWPR2L	2.9 mm 2本より	22.6以上 (1.70以上)	25.5以上 (1.95以上)	3.5以上	8.0以下	2.5以下	13.21	0.104
	7本より線	SWPR7AN SWPR7AL	9.3 mm 7本より	75.5以上 (1.45以上)	88.8以上 (1.70以上)	3.5以上	8.0以下	2.5以下	51.61	0.405
			10.8 mm 7本より	102以上 (1.45以上)	120以上 (1.70以上)	3.5以上	8.0以下	2.5以下	69.68	0.546
			12.4 mm 7本より	136以上 (1.45以上)	160以上 (1.70以上)	3.5以上	8.0以下	2.5以下	92.90	0.729
			15.2 mm 7本より	204以上 (1.45以上)	240以上 (1.70以上)	3.5以上	8.0以下	2.5以下	138.7	1.101
		SWPR7BN SWPR7BL	9.5 mm 7本より	86.8以上 (1.60以上)	102以上 (1.85以上)	3.5以上	8.0以下	2.5以下	54.84	0.432
			11.1 mm 7本より	118以上 (1.60以上)	138以上 (1.85以上)	3.5以上	8.0以下	2.5以下	74.19	0.580
			12.7 mm 7本より	156以上 (1.60以上)	183以上 (1.85以上)	3.5以上	8.0以下	2.5以下	98.71	0.774
			15.2 mm 7本より	222以上 (1.60以上)	261以上 (1.85以上)	3.5以上	8.0以下	2.5以下	138.7	1.101
	19本より線	SWPR19N SWPR19L	17.8 mm 19本より	330以上 (1.60以上)	387以上 (1.85以上)	3.5以上	8.0以下	2.5以下	208.4	1.625
			19.3 mm 19本より	387以上 (1.60以上)	451以上 (1.85以上)	3.5以上	8.0以下	2.5以下	243.7	1.931
			20.3 mm 19本より	422以上 (1.60以上)	495以上 (1.80以上)	3.5以上	8.0以下	2.5以下	270.9	2.149
			21.8 mm 19本より	495以上 (1.60以上)	573以上 (1.80以上)	3.5以上	8.0以下	2.5以下	312.9	2.482
			28.6 mm 19本より	807以上 (1.50以上)	949以上 (1.80以上)	3.5以上	8.0以下	2.5以下	532.4	4.229

(注1) 記号およびリラクセーション値におけるNは通常品，Lは低リラクセーション品である。
(注2) 0.2%永久伸びに対する荷重および引張荷重の欄の( )内の値は規格値を公称断面積で除した値(単位：kN/mm²)である。

第4章 使用材料と許容応力度

表4.3(b) PC鋼棒の機械的性質 (JIS G 3109)

種　類	記　号	引　張　試　験			リラクセーション値〔%〕
		降伏点または耐力〔N/mm²〕	引張強さ〔N/mm²〕	伸び〔%〕	
丸棒A種　2号	SBPR 785/1 030	785 以上	1 030 以上	5 以上	4.0 以下
丸棒B種 1号	SBPR 930/1 080	930 以上	1 080 以上	5 以上	4.0 以下
丸棒B種 2号	SBPR 930/1 180	930 以上	1 180 以上	5 以上	4.0 以下

(c) PC鋼棒の種類

呼び名	基本形〔mm〕	ねじの呼び	ピッチ〔mm〕	計算用断面積〔mm²〕	単位質量〔kg/m〕
9.2 mm	9.2	M 10	1.25	66.5	0.52
11 mm	11.0	M 12	1.5	95.0	0.75
13 mm	13.0	M 14	1.5	132.7	1.04
17 mm	17.0	M 18	1.5	227.6	1.78
23 mm	23.0	M 21	2	415.5	3.26
26 mm	26.0	M 27	2	530.9	4.17
32 mm	32.0	M 33	2	804.2	6.31

表4.4 設計計算に用いる鋼材の物理定数

種　類	物理定数の値
鋼および鋳鋼のヤング係数	2.0×10^5 N/mm²
PC鋼線, PC鋼より線, PC鋼棒のヤング係数	2.0×10^5 N/mm²
鋳鉄のヤング係数	1.0×10^5 N/mm²
鋼のせん断弾性係数	7.7×10^4 N/mm²
鋼および鋳鋼のポアソン比	0.30
鋳鉄のポアソン比	0.25

表4.5 PC鋼材の見かけのリラクゼーション率　〔%〕

PC鋼材の種類	リラクゼーション率		備　考
	標準値	高温の影響を受ける場合	
PC鋼線, PC鋼より線	5	7	通常品
PC鋼線, PC鋼より線	1.5	2.5	低リラクセーション品
PC鋼棒	3	5	通常品

4.1.2 許容応力度

許容応力度設計法は，構造物に負載される荷重によって生じる部材の応力度

が材料の**許容応力度**（allowable stress）を超えないように設計するというものであり，わが国における設計法の主流をなすものである．設計荷重は種々の仮定に基づいて定められており，構造部材については材質の変動や寸法誤差などが生じることもあるため，材料強度に一定の**安全率**（safety factor）を考慮して許容応力度を定めている．鋼材では引張部材に関しては降伏点，圧縮部材では座屈応力度を基準にして安全率 S_F として 1.6〜1.8 を採用している．

構造用圧延鋼材の各種許容応力度を**表 4.6** に示す．ただし，鋼材の板厚が 40 mm 以下の場合に適用するものであり，40 mm を超えるときには道路橋示方書を参照する必要がある．降伏点一定鋼を使用する場合には，表を使用してよい．

鉄筋および PC 鋼材については**表 4.7** に示す．なお，ワイヤーで構成されるロープおよび平行線ストランドの許容値は，切断荷重を基準にして $S_F=3.0〜4.0$ で除して算出する．

〔1〕 **許容軸方向引張応力度**　　許容軸方向引張応力度は，鋼材の降伏点 σ_y を安全率 $S_F ≒ 1.7$ で除して求め，数値を有効けた数 2 けたで丸める．許容曲げ引張応力度としても使用する．

〔2〕 **許容軸方向圧縮応力度**　　細長い柱（長柱）の両端に圧縮力を加えると，材料が降伏する以前に横方向が曲がって破壊（**座屈**，buckling）する．Euler（オイラー）は，理想的な中心軸圧縮部材の座屈応力を弾性理論から導いた．Euler の座屈応力は次式

$$\sigma_{cr}=\frac{\pi^2 E}{(l/r)^2}=\frac{\pi^2 E}{\lambda^2} \tag{4.1}$$

で求められるように，**細長比** $\lambda=l/r$ によって支配される．すなわち，柱の長さが同じときには断面二次半径 $r=\sqrt{I/A}$ が大きいほど，座屈応力は大きくなる．また，l を**有効座屈長**と呼び，柱の材端支持条件に応じて定められた係数を柱の長さ（部材長）に乗じて求める．

式 (4.1) の両辺を降伏応力度 σ_y で除し，パラメータ $\bar{\lambda}$ を用いると Euler の弾性座屈応力は二次双曲線で表される．

$$\bar{\sigma}=\frac{\sigma_{cr}}{\sigma_y}=\frac{1}{\bar{\lambda}^2} \tag{4.2}$$

表 4.6 構造用圧延鋼材の各種許容応力度（道路橋）　　〔N/mm²〕

鋼材	基準降伏点	軸方向引張または曲げ引張応力度	局部座屈を考慮しない軸方向圧縮応力度	曲げ圧縮応力度 床版で固定，箱形π形断面	曲げ圧縮応力度 左記以外[1]	せん断応力度
SS 400 SM 400 SMA 400 W	235	140	$\dfrac{l}{r} \leq 18:\quad 140$ $18 < \dfrac{l}{r} \leq 92:$ $140 - 0.82\left(\dfrac{l}{r} - 18\right)$ $92 < \dfrac{l}{r}:$ $\dfrac{1\,200\,000}{6\,700 + (l/r)^2}$	140	$\dfrac{l}{b} \leq \dfrac{9}{K}:\quad 140$ $\dfrac{9}{K} < \dfrac{l}{b} \leq 30:$ $140 - 1.2\left(K\dfrac{l}{b} - 9\right)$	80
SM 490	315	185	$\dfrac{l}{r} \leq 16:\quad 185$ $16 < \dfrac{l}{r} \leq 79:$ $185 - 1.2\left(\dfrac{l}{r} - 16\right)$ $79 < \dfrac{l}{r}:$ $\dfrac{1\,200\,000}{5\,000 + (l/r)^2}$	185	$\dfrac{l}{b} \leq \dfrac{8}{K}:\quad 185$ $\dfrac{8}{K} < \dfrac{l}{b} \leq 30:$ $185 - 1.9\left(K\dfrac{l}{b} - 8\right)$	105
SM 490 Y SM 520 SMA 490 W	355	210	$\dfrac{l}{r} \leq 15:\quad 210$ $15 < \dfrac{l}{r} \leq 75:$ $210 - 1.5\left(\dfrac{l}{r} - 15\right)$ $75 < \dfrac{l}{r}:$ $\dfrac{1\,200\,000}{4\,400 + (l/r)^2}$	210	$\dfrac{l}{b} \leq \dfrac{7}{K}:\quad 210$ $\dfrac{7}{K} < \dfrac{l}{b} \leq 27:$ $210 - 2.3\left(K\dfrac{l}{b} - 7\right)$	120
SM 570 SMA 570 W	450	255	$\dfrac{l}{r} \leq 18:\quad 255$ $18 < \dfrac{l}{r} \leq 67:$ $255 - 2.1\left(\dfrac{l}{r} - 18\right)$ $67 < \dfrac{l}{r}:$ $\dfrac{1\,200\,000}{3\,500 + (l/r)^2}$	255	$\dfrac{l}{b} \leq \dfrac{10}{K}:\quad 255$ $\dfrac{10}{K} < \dfrac{l}{b} \leq 25:$ $255 - 3.3\left(K\dfrac{l}{b} - 10\right)$	145

l：有効座屈長またはフランジ固定点間距離，r：断面 2 次半径，b：フランジ幅，
$K = \sqrt{3 + A_w/(2 A_c)}$，$A_w$：腹板の断面積，$A_c$：圧縮フランジの断面積
（注 1）　$A_w/A_c > 2$ の場合について記した。$A_w/A_c \leq 2$ の場合には $K = 2$ として求めればよい。

4.1 鋼材

表4.7 (a) 鉄筋の許容応力度 〔N/mm²〕

応力度,部材の種類		鉄筋の種類	SR 235	SD 295 A SD 295 B	SD 345
引張応力度	荷重の組合せに衝突荷重あるいは地震の影響を含まない場合の基本値	1) 一般の部材	140	180	180
		2) 床版および支間10m以下の床版橋	140	140	140
	3) 荷重の組合せに衝突荷重あるいは地震の影響を含む場合の許容応力度の基本値		140	180	200
	4) 鉄筋の重ね継手長あるいは定着長を算出する場合の基本値		140	180	200
5) 圧　縮　応　力　度			140	180	200

(b) PC鋼材の許容引張応力度

応力度の状態	許容引張応力度	備　考
プレストレッシング中	$0.80\,\sigma_{pu}$ あるいは $0.90\,\sigma_{py}$ のうち小さいほうの値	σ_{pu}：PC鋼材の引張強さ〔N/mm²〕
プレストレッシング直後	$0.7\,\sigma_{pu}$ あるいは $0.85\,\sigma_{py}$ のうち小さいほうの値	σ_{py}：PC鋼材の降伏点〔N/mm²〕
設計荷重作用時など	$0.6\,\sigma_{pu}$ あるいは $0.75\,\sigma_{py}$ のうち小さいほうの値	

ここに

$$\bar{\lambda} = \frac{1}{\pi}\sqrt{\frac{\sigma_y}{E}} \cdot \frac{l}{r} \tag{4.3}$$

しかし,実構造部材では溶接組立などによる初期曲がり,部材断面内の残留応力,断面の形状・寸法のばらつきおよび荷重の偏心載荷などにより柱の座屈応力はEulerの座屈曲線を下回る。図4.1に示す道路橋示方書の**基準耐荷力曲線**は,ヨーロッパ鋼構造連合(ECCS)の4種類の耐荷力曲線を参考にし,柱の中央で部材長の1/1 000の初期曲がりと鋼材の降伏応力度の30~70%の圧縮残留応力を考慮して式(4.4)のように定められている。許容軸方向圧縮応力度は基準耐荷力曲線を安全率1.7で除して得られる。

$$\left. \begin{array}{ll} \bar{\sigma} = 1.0 & (\bar{\lambda} \leq 0.2) \\ \bar{\sigma} = 1\,109 - 0.545\,\bar{\lambda} & (0.2 < \bar{\lambda} \leq 1.0) \\ \bar{\sigma} = \dfrac{1.0}{0.773 + \bar{\lambda}^2} & (1.0 < \bar{\lambda}) \end{array} \right\} \tag{4.4}$$

表 4.7(c)　PC鋼材の許容引張応力度　〔N/mm²〕

PC鋼材の種類			許容引張応力度	プレストレッシング中	プレストレッシング直後	設計荷重作用時
鋼線	SWPR 1 AN SWPR 1 AL SWPD 1 N SWPD 1 L		5 mm	1 260	1 120	960
			7 mm	1 170	1 050	900
			8 mm	1 125	1 015	870
			9 mm	1 080	980	840
	SWPR 1 BN SWPR 1 BL		5 mm	1 350	1 190	1 020
			7 mm	1 260	1 120	960
			8 mm	1 215	108.5	930
鋼より線	SWPR 2 N SWPR 2 L		2.9 mm （2本より）	1 530	1 365	1 170
	SWPR 7 AN（7本より） SWPR 7 AL（7本より）			1 305	1 190	1 020
	SWPR 7 BN（7本より） SWPR 7 BL（7本より）			1 440	1 295	1 110
	SWPR 19 N SWPR 19 L （19本より）		17.8 mm	1 440	1 295	1 110
			19.3 mm	1 440	1 295	1 110
			20.3 mm	1 395	1 260	1 080
			21.8 mm	1 440	1 260	1 080
			28.6 mm	1 350	1 260	1 080
鋼棒	A丸種棒	2号	SBPR 785/1 030	706	667	588
	B丸種棒	1号	SBPR 930/1 080	837	756	648
		2号	SBPR 930/1 180	837	790	697

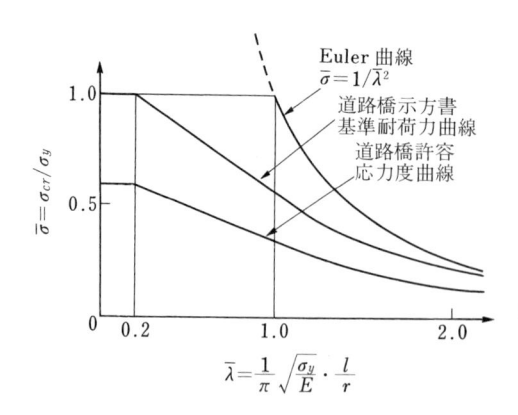

図 4.1　柱の耐荷力曲線と許容軸方向圧縮応力度

〔**3**〕 **許容曲げ圧縮応力度**　I形断面部材に曲げモーメントが作用すると，圧縮フランジは鉛直方向にたわむだけでなく，横方向の変形が大きくなって崩壊（**横倒れ座屈**，lateral buckling）する．横倒れ座屈が生じるときの圧縮フランジの応力度 σ_{cr} は，近似的に腹板と圧縮フランジの断面積比 A_w/A_c と圧縮フランジの固定点間距離と圧縮フランジ幅の比 l/b との関数で表すことができる．

$$\sigma_{cr} \fallingdotseq \frac{\pi^2 E}{4\{3+A_w/(2A_c)\}(l/b)^2} \tag{4.5}$$

降伏応力度 σ_y で除して，**座屈パラメータ** α を用いて表すと長柱の座屈と同形の関係式が得られる．

$$\bar{\sigma} = \frac{\sigma_{cr}}{\sigma_y} = \frac{1}{\alpha^2} \tag{4.6}$$

ここに

$$\alpha = \frac{2K}{\pi}\sqrt{\frac{\sigma_y}{E}}\cdot\frac{l}{b}, \qquad K = \sqrt{3+\frac{A_w}{2A_c}} \tag{4.7}$$

実構造部材では，非弾性座屈の領域において残留応力や初期不整の影響を受けやすく横倒れ座屈応力は式（4.6）より低下する．このため，道路橋示方書では多くの実験結果に基づいて次式に示すような横倒れ座屈に対する基準耐荷力曲線を定めている．

$$\left.\begin{array}{ll}\bar{\sigma}=1.0 & (\alpha \leq 0.2) \\ \bar{\sigma}=1.0-0.412(\alpha-0.2) & (\alpha > 0.2)\end{array}\right\} \tag{4.8}$$

ここに

$$\begin{array}{ll}K=2 & (A_w/A_c \leq 2) \\ K=\sqrt{3+A_w/(2A_c)} & (A_w/A_c > 2)\end{array}$$

〔**4**〕 **許容せん断応力度**　最大せん断ひずみエネルギーがある一定値に達すると材料の降伏がはじまるという von Mises（ミーゼス）の降伏条件式によって求められている．純せん断応力状態のもとでは，次式のように表され，許容せん断応力度はせん断応力 τ を安全率で除して得られる．

$$\tau = \frac{\sigma_y}{\sqrt{3}} \tag{4.9}$$

ここに，σ_y は各種鋼材の基準降伏応力度である．

〔5〕 **許容応力度の割増し**　従荷重および従荷重に相当する特殊荷重を考慮した場合の許容応力度は，表 4.6 および表 4.7 に規定する許容応力度に表 3.2 に示す割増し係数を乗じた値とする．ただし，施工時荷重に対する割増し係数は，施工時に対する諸条件が設計計算の前提となる施工条件と等しい精度を有する場合に適用される．

4.2　コンクリート

4.2.1　使用材料と物理定数

〔1〕 **コンクリート**　道路橋に使用されるコンクリートは，原則として，表 4.8 に示す最低設計基準強度以上のものを用いる．ただし，PC 部材で，プレストレスが比較的小さく，定着部を有しない現場打ちコンクリートの横桁などについては，設計基準強度を 24 N/mm² 程度まで，また，プレキャスト桁を並列し，桁間に間詰めコンクリートを打込み床版橋とするような場合の間詰めコンクリートなどの RC 部材については，設計基準強度を 21 N/mm² 程度までとしてよい．

なお，フレッシュコンクリート中に含まれる塩化物イオンの総量は 0.3 kg/m³ 以下とする．

〔2〕 **グラウト**　グラウトは，材齢 28 日の圧縮強度が 20 N/mm² 以上で，

表 4.8　コンクリートの最低設計基準強度

部材の種類		最低設計基準強度〔N/mm²〕
無筋コンクリート部材		18
RC 部材		21
PC 部材	プレテンション方式	35
	ポストテンション方式	30

かつPC鋼材とPC部材の間に十分な付着が得られるものでなければならない。"PCグラウト試験方法"によりその品質の検査が行われる。

そのほか，プレキャスト部材接合用のエポキシ樹脂に関する規定が土木学会のコンクリート標準示方書に示されている。

〔3〕 設計計算に用いる物理定数　　コンクリートのヤング係数は，つぎのとおりである。

（1）　RC部材の応力度の計算に用いるヤング係数は，1.4×10^4 N/mm² とする。すなわち $n=15$ とする。

（2）　RC構造物の不静定力あるいは弾性変形量の算定，およびPC部材の設計計算に用いるヤング係数は，表4.9に示す値とする。

表4.9（a）　コンクリートのヤング係数　　〔N/mm²〕

設計基準強度	21	24	27	30	40	50	60
ヤング係数	2.35×10^4	2.5×10^4	2.65×10^4	2.8×10^4	3.1×10^4	3.3×10^4	3.5×10^4

（b）　高強度コンクリートのヤング係数　　〔N/mm²〕

コンクリートの設計基準強度	70	80
ヤ ン グ 係 数	3.7×10^4	3.8×10^4

コンクリートのせん断弾性係数は，次式により算出するものとする。

$$G_c=\frac{E_c}{2.3} \tag{4.10}$$

ここに，G_c：コンクリートのせん断弾性係数，E_c：コンクリートのヤング係数

コンクリートのクリープ係数および乾燥収縮度は表3.11および表3.12による。また，設計に用いるコンクリートの線膨張係数は 10×10^{-6} とする。

4.2.2　許容応力度

〔1〕　道路橋一般　　主荷重および主荷重に相当する特殊荷重により部材断面に生じる応力度に対する許容応力度は，表4.10～4.12に示す値とする。終局荷重作用時の断面の検討用として表4.14（b），（c）に示す値が示されている。

従荷重および従荷重に相当する特殊荷重を考慮する場合には，表4.10～4.12に示す許容応力度を表3.2に示す割増し係数を用いて割り増してよい。

94　第4章　使用材料と許容応力度

〔2〕 **RC部材に対する許容応力度**　コンクリートの許容応力度を，表4.10，表4.11に示す。

表4.10　コンクリートの許容圧縮応力度および押抜きせん断応力度　〔N/mm²〕

応力度の種類		コンクリートの設計基準強度 21	24	27	30
圧縮応力度	1) 曲げ圧縮応力度	7.0	8.0	9.0	10
	2) 軸圧縮応力度	5.5	6.5	7.5	8.5
3) 押抜きせん断応力度		0.85	0.90	0.95	1.0

表4.11　コンクリートの許容付着応力度　〔N/mm²〕

鉄筋の種類	コンクリートの設計基準強度 21	24	27	30	40	50	60
1) 普通丸鋼	0.7	0.8	0.85	0.9	1.0	1.0	1.0
2) 異形棒鋼	1.4	1.6	1.7	1.8	2.0	2.0	2.0

ただし，直径32mm以下の鉄筋に適用する。

〔3〕 **PC部材に対する許容応力度**　コンクリートの許容応力度を**表4.12，表4.13**に示す。

表4.12(a)-1　コンクリートの許容圧縮応力度　〔N/mm²〕

応力度の種類			コンクリートの設計基準強度 30	40	50	60
プレストレッシング直後	曲げ圧縮応力度	1) 長方形断面の場合	15.0	19.0	21.0	23.0
		2) T形および箱形断面の場合	14.0	18.0	20.0	22.0
	3) 軸圧縮応力度		11.0	14.5	16.0	17.0
その他	曲げ圧縮応力度	4) 長方形断面の場合	12.0	15.0	17.0	19.0
		5) T形および箱形断面の場合	11.0	14.0	16.0	18.0
	6) 軸圧縮応力度		8.5	11.0	13.5	15.0

(a)-2　高強度プレキャストコンクリート梁部材の許容曲げ圧縮応力度　〔N/mm²〕

応力度の種類		コンクリートの設計基準強度 70	80
プレストレッシング直後	1) 長方形断面の場合	26.5	30.0
	2) T形および箱形断面の場合	25.5	29.0
その他	3) 長方形断面の場合	23.0	27.0
	4) T形および箱形断面の場合	22.0	26.0

表4.12（b） コンクリートの許容引張応力度　　　　　〔N/mm²〕

応力度の種類			コンクリートの設計基準強度			
			30	40	50	60
曲げ引張応力度	主荷重および主荷重に相当する特殊荷重	1) プレストレッシング直後	1.2	1.5	1.8	2.0
		2) 活荷重および衝撃以外の主荷重	0	0	0	0
		3) 床版およびプレキャストセグメント橋におけるセグメント継目	0	0	0	0
		4) その他の場合	1.2	1.5	1.8	2.0
5) 軸引張応力度			0	0	0	0

（c） コンクリートの許容斜引張応力度　　　　　〔N/mm²〕

応力度の種類	コンクリートの設計基準強度			
	30	40	50	60
1) せん断力のみまたはねじりモーメントのみを考慮する場合	0.8	1.0	1.2	1.3
2) せん断力とねじりモーメントをともに考慮する場合	1.1	1.3	1.5	1.6

表4.13　従荷重および従荷重に相当する特殊荷重を考慮する場合のPC部材のコンクリートの許容引張応力度　　　　　〔N/mm²〕

荷重の組合せ	コンクリートの設計基準強度			
	30	40	50	60
1. 主荷重 + 主荷重に相当する特殊荷重 + 温度変化の影響	1.7	2.0	2.3	2.5
2. 主荷重 + 主荷重に相当する特殊荷重 + 風荷重	2.2	2.5	2.8	3.0
3. 主荷重 + 主荷重に相当する特殊荷重 + 温度変化の影響 + 風荷重	2.2	2.5	2.8	3.0
4. 主荷重 + 主荷重に相当する特殊荷重 + 制動荷重	2.2	2.5	2.8	3.0
5. 主荷重 + 主荷重に相当する特殊荷重 + 衝突荷重				
6. 活荷重および衝撃以外の主荷重 + 地震の影響	—	—	—	—
7. 風荷重のみ	2.0	2.3	2.6	2.8
8. 架設時荷重	2.2	2.5	2.8	3.0

ただし，つぎの点に注意する必要がある．

（1） 従荷重および従荷重に相当する特殊荷重を考慮する場合のPC部材のコンクリートの許容引張応力度は，表3.2にかかわらず表4.13の値とする．

（2） プレストレッシング直後の許容応力度は，施工中の短期間の状態であ

ることを考慮してすでに割増しされた値が規定されているので，さらに表3.2の10.架設時荷重の割増し係数により割増しを行ってはならない。

（3） 表3.2の10.架設時荷重に対する割増し係数の値は，架設時荷重作用時に架設時の風荷重および地震の影響を考慮しない場合について規定している。

〔4〕 **コンクリート部材断面のせん断力に対する照査**　設計荷重および終局荷重作用時のコンクリート部材のせん断力の検討用として**表4.14**に示す値が最大値となっている。この値を超える場合には，最小鉄筋量以上の斜引張鉄筋の配置あるいは断面の変更が必要となる。

表4.14 (a) コンクリートが負担できる平均せん断応力度（設計荷重作用時） 〔N/mm²〕

設 計 基 準 強 度	21	24	27	30	40	50	60
コンクリートが負担できる平均せん断応力度	0.36	0.39	0.42	0.45	0.55	0.65	0.70

(b) コンクリートの平均せん断応力度の最大値（終局荷重作用時） 〔N/mm²〕

設 計 基 準 強 度	21	24	27	30	40	50	60
コンクリートの平均せん断応力度の最大値	2.8	3.2	3.6	4.0	5.3	6.0	6.0

(c) コンクリートのせん断応力度の最大値（終局荷重作用時） 〔N/mm²〕

応力度の種類 ＼ コンクリートの設計基準強度	21	24	27	30	40	50	60
ねじりモーメントによるせん断応力度	2.8	3.2	3.6	4.0	5.3	6.0	6.0
ねじりモーメントによるせん断応力度とせん断力による平均せん断応力度との和	3.6	4.0	4.4	4.8	6.1	6.8	6.8

4.3 耐久性の検討

4.3.1 鋼橋の耐久性

〔1〕 **防錆防食**　鋼材の腐食は，水と酸素が存在する環境で発生し，塩化物や硫黄酸化物の介在によって促進される。したがって，鋼橋を健全に維持するためには，適切な防錆防食対策が必要となる。防錆防食法の選定にあたって

は，架橋地点の環境，橋の部位および規模，部材の形状ならびに経済性を考慮する必要がある。

鋼材の代表的な防錆防食法には，塗装，亜鉛めっき，金属溶射，耐候性鋼材の使用がある。塗装は鋼部材の防錆防食性として現在最も一般的に用いられる方法であり，ブラスト処理等により鋼材表面の異物を取り除いた後，保護皮膜を形成して腐食を防止する。構造上の制約が少なく，屋外において容易に施工でき，色彩を自由に選択できることなどの特徴があるが，種々の要因で塗膜が劣化するため周期的な塗替えが必要である。

金属被覆には溶融亜鉛めっきと金属溶射がある。鋼材表面に亜鉛，アルミニウム，亜鉛アルミニウム合金等の金属被膜を形成し，環境中で表面に形成される酸化被膜による保護効果と犠牲防食効果により鋼材の腐食を抑制するものである。溶融亜鉛めっきは，440℃前後の溶融した亜鉛中に構造部材を浸す方法である。亜鉛めっき槽による構造部材寸法の制限や，めっき時の熱による変形に対する配慮が必要である。金属溶射は，溶解した金属を微粉化して鋼材面に吹き付けて被膜層を形成させる方法である。構造物の大きさや形に対する制約が少ない。

〔2〕 **疲労設計**　構造部材に応力を多数回繰り返して作用させると，その応力が材料の降伏点以下であっても，微細なき裂（crack）が発生・進展し破断に至る。この現象を**疲労破壊**あるいは**疲労**（fatigue）という。

疲労に影響を及ぼす因子は数多くあるが，なかでも**応力範囲**(stress range)，**繰返し回数**および**応力集中**（stress concentration）の影響が大きい。

図4.2に示すように，作用応力の上限値（上限応力）と下限値（下限応力）

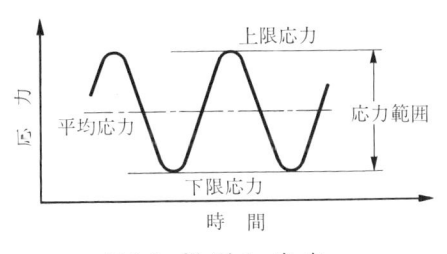

図4.2　繰返し応力

との差を応力範囲 σ_r, 両者の平均値を平均応力 σ_{mean} という。応力集中とは，構造部材・材質に局部的に高い応力が生じることであり，部材の形状・断面が急変することにより生じる。このほか，鋼材および溶接部の欠陥や表面状態などにも起因する。一般に，応力集中度が高いほど，その疲労強度は低くなる。

図 4.3 は，材料が疲労破断したときの繰返し回数 N と応力範囲 σ_r の関係を示したもので **S-N 線図** と呼ばれる。縦軸，横軸とも対数目盛で図示すると σ_r と N とは直線で近似できる。**疲労強度**（疲労破壊したときの応力範囲，fatigue strength）は，繰返し回数の増加とともに低下するのがわかる。また，応力範囲がある限度以下であれば破壊しないと考えられており，この限界を**疲労限**（endurance limit）と呼ぶ。疲労限に対する繰返し回数は $10^6 \sim 10^7$ 回ぐらいのことが多い。

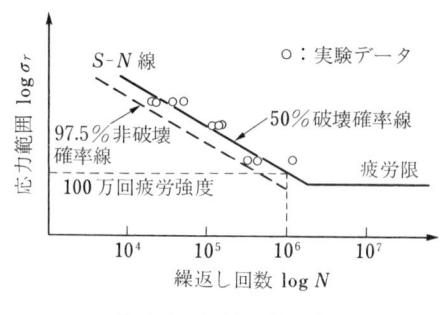

図 4.3　S-N　線　図

鉄道橋は列車荷重による応力変動およびその繰返しの影響が大きいため，古くから橋梁部材の疲労破壊に対する安全性の検討を設計に組み込んできた。

道路橋では，従来の道路橋示方書においては鋼床版ならびに軌道または鉄道を併用する場合などを除いて一般に疲労の影響を考慮しなくてもよいとされていた。しかし，近年，主桁および主桁への部材の取付け部，鋼製橋脚の隅角部等のさまざまな部材，部位で疲労き裂の発生が報告されており，また，厳しい重車両の交通実態より，将来の疲労損傷の増大が懸念されることから，平成 14 年の道路橋示方書の改訂で疲労の影響を考慮することとなった。

疲労設計にあたっては，疲労強度が著しく劣る継手や過去に疲労損傷が報告

されているかあるいはそれに類似する構造の採用をさけるとともに，基本的には活荷重等によって部材に生じる応力変動の影響を評価して，疲労耐久性が確保できる継手や構造となるように照査することである．鋼床版や鋼製橋脚等のように通常行われる設計計算によっては応力変動の適切な評価が困難な場合にも，過去の知見からより疲労耐久性に優れる継手や構造が明らかになっている場合には，それらを採用するのがよい（6.3.4項 鋼床版を参照）．

構造部材に実際に作用する応力（実働応力）は，大きさが不規則に変動する繰返し変動応力である．鋼道路橋の疲労設計指針（日本道路協会）による疲労照査は，最大応力範囲と一定振幅応力に対する打切り限界を用いる照査方法と，累積損傷度を考慮した照査方法からなる．ここでは直応力が作用する場合について示す．

最大応力範囲と一定振幅応力に対する打切り限界を用いる照査は，計算された作用応力範囲の最大値 $\varDelta\sigma_{max}$ と一定振幅応力に対する打切り限界 $\varDelta\sigma_{ce}$（図 4.4，表 4.15）を用いて，次式による照査を行う．この照査式を満足する場合は，その継手は疲労に対する安全性が確保されていると見なし，累積損傷度を考慮した照査を行う必要はない．

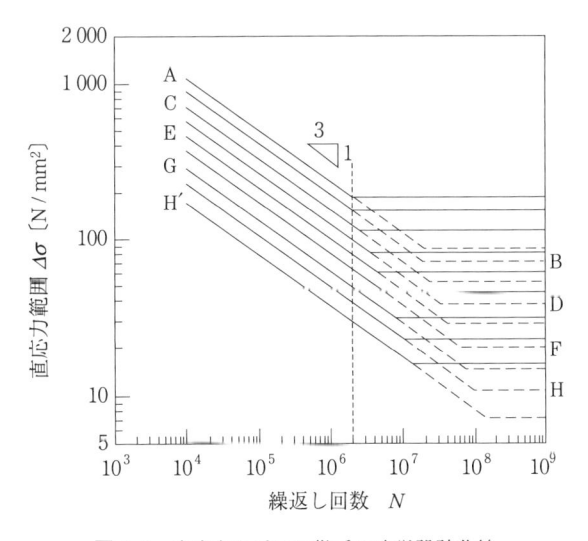

図 4.4 直応力を受ける継手の疲労設計曲線

表 4.15 直応力を受ける継手の強度等級と打切り限界　$m=3$

強度等級	2×10^6 回基本許容応力範囲 $\Delta\sigma_f$ 〔N/mm²〕	応力範囲の打切り限界〔N/mm²〕	
区分		一定振幅応力 $\Delta\sigma_{ce}$ 〔N/mm²〕	変動振幅応力 $\Delta\sigma_{ve}$ 〔N/mm²〕
A	190	190	88
B	155	155	72
C	125	115	53
D	100	84	39
E	80	62	29
F	65	46	21
G	50	32	15
H	40	23	11
H′	30	16	7

$$\Delta\sigma_{\max} \leq \Delta\sigma_{ce}\, C_R\, C_t \tag{4.11}$$

ここに，C_R：平均応力の影響を考慮した補正係数

$$\left.\begin{array}{ll} C_R=1.00 & (-1.00<R<1.00) \\ C_R=1.30\dfrac{1.00-R}{1.60-R} & (R\leq -1.00) \\ C_R=1.30 & (R>1.00) \end{array}\right\} \tag{4.12}$$

ここに，$R=\sigma_{\min}/\sigma_{\max}$：応力比，$\sigma_{\min}$：最小応力，$\sigma_{\max}$：最大応力

C_t：板厚の影響を考慮した補正係数

$$C_t=\sqrt[4]{\dfrac{25}{t}}$$

ここに，t：板厚〔mm〕

溶接継手の種類と強度等級分類の代表的なものを図 **4.5** に示す。

式（4.11）を満足しない場合には，次式による累積損傷度を考慮した照査を行う。この照査式を満足する場合は，その継手は疲労に対する安全性が確保されていると見なすことができる。このとき，変動振幅応力に対する応力範囲の打切り限界 $\Delta\sigma_{ve}$ 以下の応力範囲については，その影響を無視してよい。

4.3 耐久性の検討

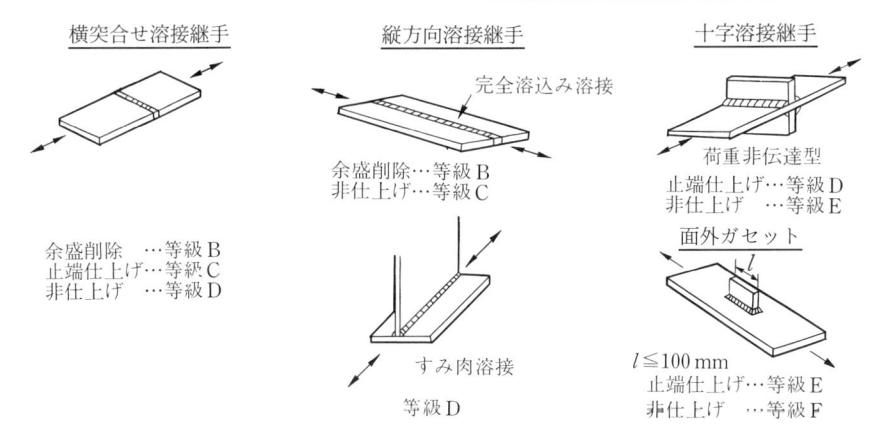

横突合せ溶接継手
余盛削除　…等級 B
止端仕上げ…等級 C
非仕上げ　…等級 D

縦方向溶接継手
完全溶込み溶接
余盛削除…等級 B
非仕上げ…等級 C

すみ肉溶接
等級 D

十字溶接継手
荷重非伝達型
止端仕上げ…等級 D
非仕上げ　…等級 E

面外ガセット
$l \leq 100$ mm
止端仕上げ…等級 E
非仕上げ　…等級 F

図 4.5　溶接継手の種類と強度等級分類の例

$$D \leq 1.00 \tag{4.13}$$

累積損傷度 D は，疲労設計曲線から求められる各応力範囲 $\varDelta\sigma_{i,j}$ に対応する疲労寿命 $N_{i,j}$ と，設計で考慮する期間内に生じる $\varDelta\sigma_{i,j}$ の載荷回数 nt_i から算出する。$\varDelta\sigma_{i,j}$ の頻度 $N_{i,j}$ は，設計で考慮する期間内に発生する一方向一車線（車線 i）当りの大型車交通量により求まる。

$$\left.\begin{aligned} D &= \sum_i D_i \\ D_i &= \sum_j \frac{nt_i}{N_{i,j}} \\ N_{i,j} &= C_0 \frac{(C_R\ C_t)^m}{\varDelta\sigma_{i,j}{}^m} \\ C_0 &= 2 \times 10^6\ \varDelta\sigma_f{}^m \end{aligned}\right\} \tag{4.14}$$

ここに，$\varDelta\sigma_f$ は直応力に対する 2×10^6 回基本許容応力範囲，$\varDelta\sigma_{i,j}$ は車線 i に対する疲労設計荷重一組の移動荷重によって得られる j 番目の応力範囲，m は疲労設計曲線の傾きを表す係数で，直応力が作用する場合は $m = 3$ となる。

4.3.2　コンクリート橋の耐久性

コンクリート橋の設計では，経年劣化に対して十分な耐久性が保持できるように配慮しなければならない。特に，コンクリートの劣化，鉄筋の腐食に伴う損傷により，所要の性能が損なわれないように耐久性の検討を行うものとする。

102　第 4 章　使用材料と許容応力度

コンクリート部材の経年的な劣化の原因には，化学的，物理的な種々のものがあるが，道路橋のコンクリート部材において損傷が顕著に見られる塩害に対してここでは記述する。これ以外の要因については，材料の品質および施工方法の規定によるので省略する。

塩害に対する検討

（1）　コンクリート構造物は，塩害により所要の耐久性が損なわれないようにする。

（2）　図 4.6，表 4.16，表 4.17に示す地域においては，かぶりの最小値を表

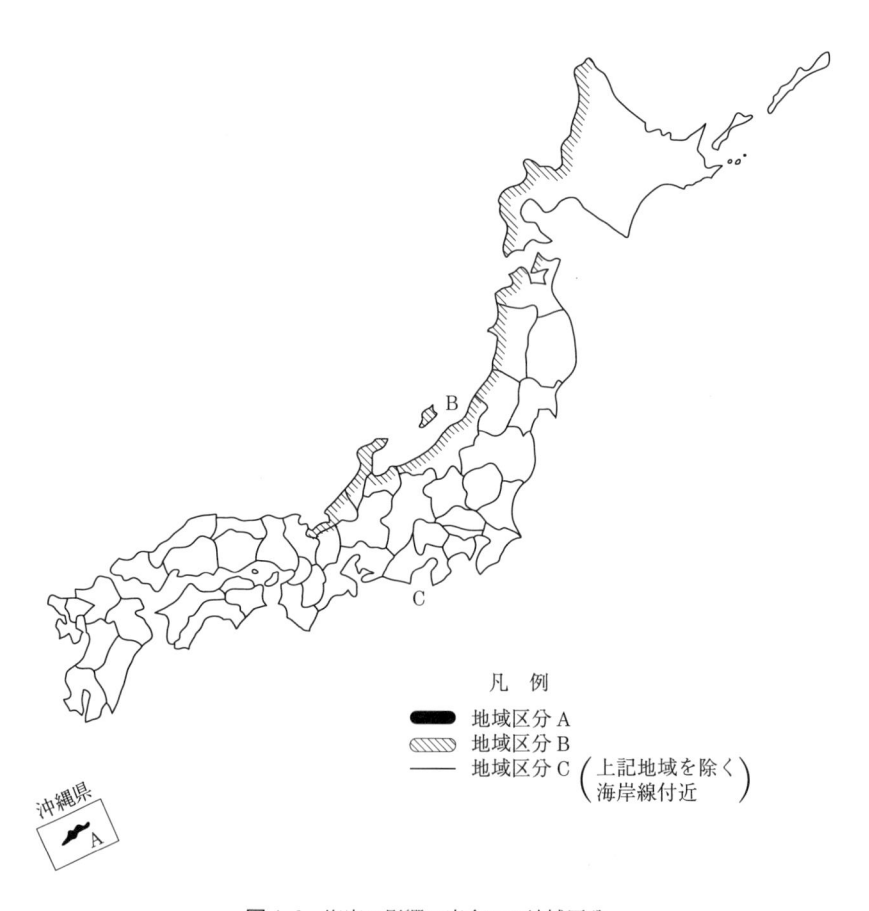

凡　例
■ 地域区分 A
▨ 地域区分 B
― 地域区分 C （上記地域を除く海岸線付近）

沖縄県 A

図 4.6　塩害の影響の度合いの地域区分

4.3 耐久性の検討

表 4.16 地域区分 B とする地域

北海道のうち，宗谷支庁の礼文町・利尻富士町・利尻町・稚内市・猿払村・豊富町，留萌支庁，石狩支庁，後志支庁，檜山支庁，渡島支庁の松前町 青森県のうち，蟹田町，今別町，平舘村，三厩村（東津軽郡），北津軽郡，西津軽郡，大間町，佐井村，脇野沢村（下北郡） 秋田県，山形県，新潟県，富山県，石川県，福井県

表 4.17 塩害の影響地域

地域区分	地域	海岸線からの距離	塩害の影響度合いと対策区分	
			対策区分	影響度合い
A	沖縄県	海上部および海岸線から 100 m まで	S	影響が激しい
		100 m を超えて 300 m まで	I	影響を受ける
		上記以外の範囲	II	
B	図 4.6 および表 4.16 に示す地域	海上部および海岸線から 100 m まで	S	影響が激しい
		100 m を超えて 300 m まで	I	影響を受ける
		300 m を超えて 500 m まで	II	
		500 m を超えて 700 m まで	III	
C	上記以外の地域	海上部および海岸線から 20 m まで	S	影響が激しい
		20 m を超えて 50 m まで	I	影響を受ける
		50 m を超えて 100 m まで	II	
		100 m を超えて 200 m まで	III	

表 4.18 塩害の影響による最小かぶり 〔mm〕

塩害の影響の度合い	対策区分	構造 (1) 工場で製作されるプレストレストコンクリート構造	(2) (1)以外のプレストレストコンクリート構造	(3) 鉄筋コンクリート構造
影響が激しい	S	70[*1]		
影響を受ける	I	50	70	
	II	35	50	70
	III			50
影響を受けない		表 7.4 鋼材の最小かぶり による		

[*1] 塗装鉄筋の使用またはコンクリート塗装を併用

4.18 に示す値以上とする等の対策を行うことにより(1)を満足すると見なしてよい。

以上の規定の基本となるコンクリートの想定している水セメント比は，表4.19 に示すものである。

表 4.19　水セメント比

構造	(1) 工場で製作されるプレストレストコンクリート構造	(2) (1)以外のプレストレストコンクリート構造	(3) 鉄筋コンクリート構造
想定している水セメント比	36 %	43 %	50 %

第5章 支承および付属設備

5.1 支　　承

橋の支承は上・下部構造の接点であり，上部構造から下部構造に荷重を伝達するとともに，載荷や温度変化，乾燥収縮，クリープなどによる上部構造の伸縮，回転を円滑に行わせる機構をもつ必要がある。

表5.1　支承の種類と機構

支承の名称		可動，固定の区別	形　状	支持機構	移動機構	移動方向	回転機構	回転方向
鋼・支承	線支承	可動および固定		平面と円柱面の線接触	滑り	1方向	転がり	1方向
	支承板支承	可動および固定		平面，円柱面，球面の面接触	滑り	1方向または全方向	滑り	1方向または全方向
				平面と平面の面接触	滑り	1方向または全方向	ゴムプレートの弾性変形	全方向
	ピン支承	固定		凹凸円柱面の面接触	—		滑り	1方向
	ピン複数ローラー支承	ピン複数ローラー支承		ピン支承＋複数の円柱面と平面の線接触	転がり	1方向	滑り	1方向
ゴム支承		可動，固定および反力分散		平面と平面の面接触	せん断弾性変形	全方向	弾性変形	全方向

第 5 章 支承および付属設備

1995 年に発生した阪神淡路大震災の震害調査結果から橋梁のゴム支承の有効性が認識され，最近においては，この支承の採用がコンクリート橋のみならず鋼橋にも行われてきている．したがって，ここでは表 5.1 に示す鋼支承および最近のゴム支承について説明を加えることにする．

支承の設計条件には，橋種，地盤条件，構造の固有周期，常時変形量，設計反力および回転角などが必要である．ここではこれらの算定については省略するので，日本道路協会「道路橋の耐震設計に関する資料」および「道路橋支承便覧」を参照されたい．

支承部の設計の流れは図 5.1 に示すものである．

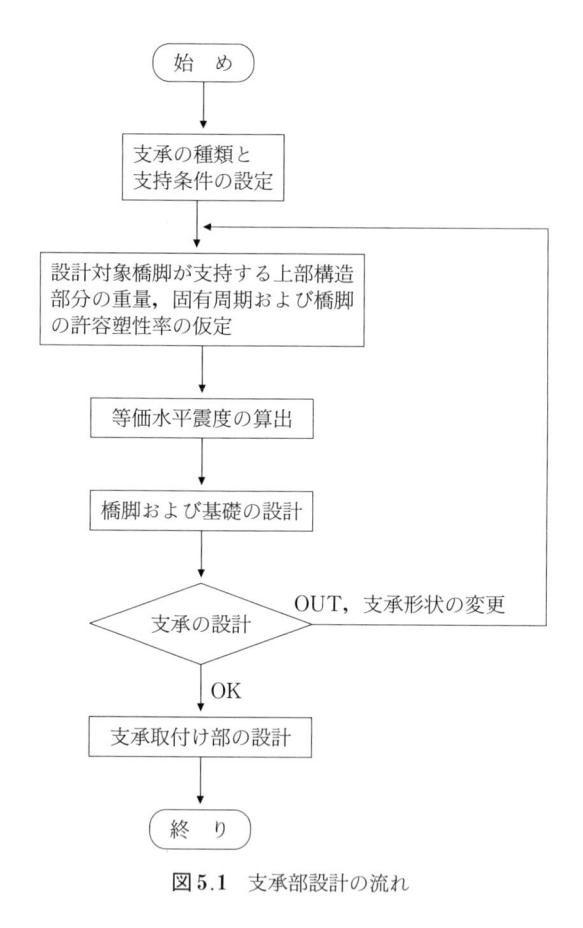

図 5.1 支承部設計の流れ

5.1.1 耐久性に対する配慮

支承部の耐久性に関しては，以下に示す6項目がある。

（1） 支承部は，鋼材の腐食やゴムの劣化による機能の低下が生じないよう配慮するものとする。

（2） （3）から（6）までの規定による場合は，（1）を満足するものと見なしてよい。

（3） ゴム支承本体の外気と接する面には，内部のゴムと同等以上の耐久性を有する厚さ5mm以上の被覆ゴムを設けるものとする。鋼製支承本体及びその他の鉄鋼部材には適切な防錆防食を施すものとする。

（4） ゴム支承本体と上下鋼板の接合面近傍は，適切な防錆防食を施すものとし，両者には相対変位が生じないようにする。

（5） 支承を設置する沓座面は，支承の防錆防食上の配慮から水はけのよい構造とする。

（6） 鋼製支承の主要部の厚さは25mm以上とする。

5.1.2 支承の種類と機能

支承は一般に固定と可動支承に大別される。固定支承は一種のヒンジであり，垂直荷重と水平力を伝達するが，橋軸方向の回転は自由であり曲げモーメントは伝達しない。一方，可動支承は垂直荷重のみを伝達し，橋軸方向の水平移動および回転は自由である。

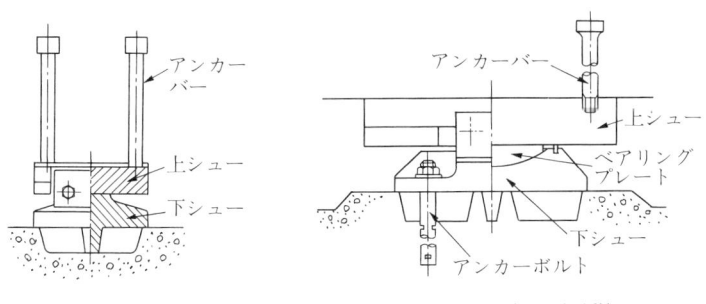

図5.2 線・支承板支承（可動）

（a）線支承（固定）　（b）支承板支承（可動）

〔1〕 **線支承**　　線支承は，図 5.2（a）に示すように，接触部分の一方を平面，他方を円柱面とし，線接触させた単純な形式の支承であり，固定および支間 30 m 以下程度の可動支承で，支点反力が 100 t 以下の桁橋に用いられている。

〔2〕 **支承板支承**　　この分類には，ベアリングプレート支承と密閉ゴム支承板支承がある。前者は，接触面の一方を平面，他方を円柱面あるいは球面としたベアリングプレートを上シューおよび下シューとそれぞれ面接触させて，平面接続部で伸縮を行い，曲面部で回転するようにした支承である（図（b）参照）。固定，可動の区別は，上シューと下シューとのかみ合い部の移動量を見込むか否かによっている。ベアリングプレートは，高力黄銅鋳物の摩擦面に黒鉛などの固体潤滑材を埋め込んだものであり，最小肉厚は 20 mm 程度である。

密閉ゴム支承板支承の使用の例は少なく，一般に高価である。ここでは説明は省略する。

〔3〕 **ピン支承**　　反力の大きい桁橋，大支間のアーチ橋の固定支承として用いられている。この支承には，支圧形ピン支承（図 5.3）と，せん断形ピン支承の 2 種がある。一般に用いられているのは前者であり，ピンの直径は，摩耗，腐食などを考慮して 75 mm 以上としている。後者は，上・下シューがピンによって連結されているので，負反力などに対して信頼のおける構造である。

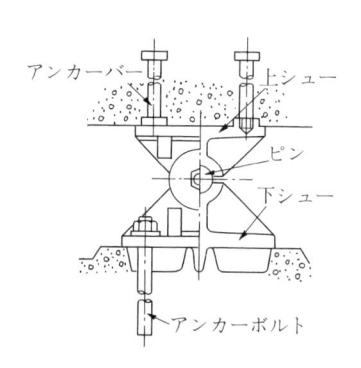

図 5.3　支圧形ピン支承（固定）　　図 5.4　ピンローラー支承（可動）

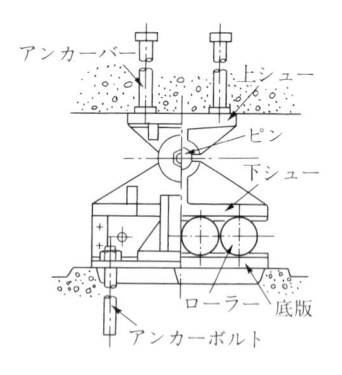

〔4〕 **ローラー支承**　　ローラー支承は，図 5.4 に示すように，平面と円柱の転がり作用を応用した可動支承であり，ローラーの数により 1 本ローラー支

承と複数ローラー支承とがある。小規模な桁橋から大規模なトラス，箱桁橋まで用途が広い。上部構造が曲線，斜橋などの場合，図に示すピンのかわりにピボット支承を用い，回転がいかなる方向でも可能なようにすることもある。

〔5〕 **ゴム支承** 　　金属性の支承が桁の変形を転がりまたは滑り機構で逃しているのに対して，この支承は桁の変位を図5.5に示すゴムの変形により吸収

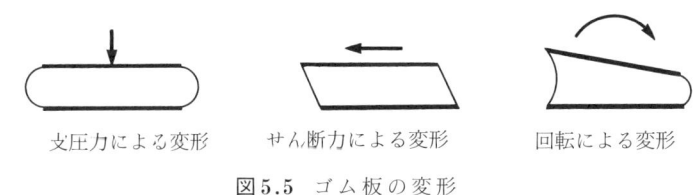

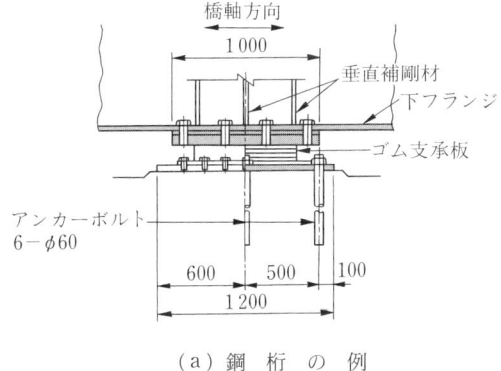

　　　支圧力による変形　　　　せん断力による変形　　　　回転による変形

図5.5　ゴム板の変形

(a) 鋼桁の例

(c) ゴム支承板の例
(オイレス㈱提供)

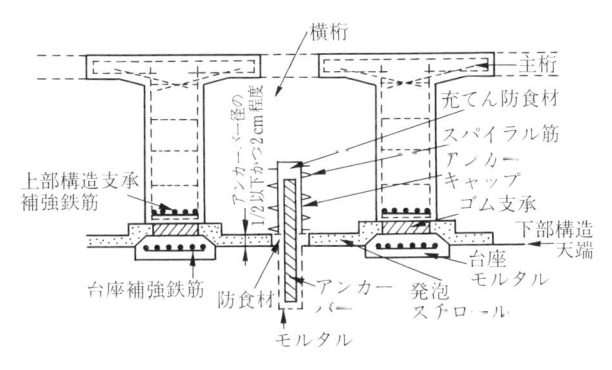

(b) コンクリート橋の例

図5.6　ゴム支承の据付け標準図

するものである.ゴムの支圧面積,厚さを適当に選ぶことにより,地震時の水平力の分散も可能であり,半固定支承の機能も果たすことができる.最近はコンクリート橋のみならず鋼橋にも多用されてきている.この支承の機能からあらゆる方向の伸縮,回転も吸収できるので,斜橋,曲線橋,広幅員の橋などに容易に適用できる.図5.6(a)に鋼桁に使用されている例を,図(b)にコンクリート橋に使用された例を,さらに図(c)にゴム支承板の一例を示す.

5.1.3 支承の配置

支承の配置は,上部構造の伸縮,回転を円滑に下部構造に伝達できるように決めなければならない.一般に,可動支承の移動方向は固定支承と可動支承を直線で結んだ方向であり,回転軸は桁の接線に対して直角方向である(図5.7).しかし,スラブ橋や,横方向の剛性の大きい斜橋の場合など,可動支承における移動方向と回転軸の関係は複雑になる.このような場合,どちらか一方しか満足しえない場合には,これらにより桁や支承が損傷を受けないように注意を払う必要がある.

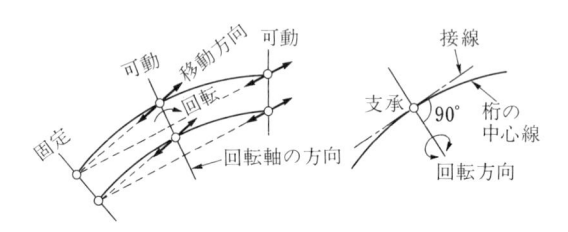

図5.7 移動および回転[3]

5.1.4 設計荷重

支承の設計荷重は,基本的には,上部構造の設計より算出された支点反力を使用する.しかし,曲線や斜橋あるいは広幅員のスラブ橋などの場合には,計算方法によって支点反力が異なるので,支承の設計荷重には多少の余裕をみておくことが望ましい.

5.1.5 移動量

可動支承は,上部構造の温度変化,たわみ,コンクリートのクリープ,乾燥収縮などによる伸縮やPC橋の場合には,さらにプレストレスによるコンクリ

5.1 支承　　***111***

ートの弾性変形により移動する。

　支承の設計において，上述の因子により求められた移動量を計算移動量と呼び，これに，施工誤差（30 mm 程度）を加えたものを設計移動量とし，支承の設計で考慮する。可動支承の全移動可能量としては，設計移動量にさらに付加余裕量として，通常 40 mm 程度を加算する。

5.1.6　材　　　料

　支承に使用されるおもな材料について，その性質，用途を**表 5.2，表 5.3** にその例を示す。

表5.2　材料と用途

種　　類	規格番号	記　号	使用される支承部材名
一般構造用圧延鋼材	JIS G 3101	SS 400	上シュー，ローラー，ロッカー，アンカーボルト，アンカー筋，座金など
機械構造用炭素鋼鋼材	JIS G 4051	S 35 CN S 45 CN	ピン，アンカーボルト，アンカー筋
鋳　鋼　品	JIS G 5101	SC 450	支承本体

表5.3　支承に用いられるゴムの種類

使用箇所	使用ゴムの種類	規　　格
ゴム支承	クロロプレン系合成ゴム　（CR）	JIS K 6386 C 08, C 10
	天　然　ゴ　ム　　　　　　（NR）	JIS K 6386 A 08, A 10

5.1.7　許容応力度

　支承も一般部材と同様に，引張り，圧縮，曲げおよびせん断などの応力を受ける。このほかに支承特有の応力状態として支圧応力がある。**表 5.4** に各種の許容支圧応力度の一例を示す。

表5.4 (a)　鋼材の許容支圧応力度

鋼　材　の　種　類		Hertz の公式を用いた場合の許容支圧応力度〔N/mm²〕
圧延品	SS 400，SM 400	600
	SM 490	700
	S 35 CN	720
	S 45 CN	800

表5.4(b)　アンカーボルトおよびピンの許容応力度　〔N/mm²〕

応力度の種類	鋼種 部材の種類	SS 400	S 35 CN	S 45 CN
せん断応力度	アンカーボルト	60	80	80
	ピン	100	140	150
曲げ応力度	ピン	190	260	290

(c)　ゴム支承の許容値

項　目		照査式	許容量	備　考
圧縮応力度	最大圧縮応力度	$\sigma_{max} \leqq \sigma_{maxa}$	$\sigma_{maxa} = 8.0 \text{ N/mm}^2$	有効支圧面積考慮
	最小圧縮応力度	$\sigma_{min} \geqq \sigma_{mina}$	$\sigma_{mina} = 1.5 \text{ N/mm}^2$	
	応力振幅	$\Delta\sigma \geqq \Delta\sigma_a$	$\Delta\sigma_a = 5.0 \text{ N/mm}^2$	
せん断ひずみ	常　時	$\gamma_s \leqq \gamma_a$	$\gamma_a = 70\%$	
	地震時	$\gamma_{se} \leqq \gamma_{ae}$	$\gamma_{ae} = 150\%$	

5.1.8　摩擦係数

支承の摩擦には，転がり摩擦と滑り摩擦とがあり，摩擦係数は接触部の材質，潤滑材の種類などにより大きく異なるので，通常実験値を参考に定めている。

移動時の水平力の算出に用いる摩擦係数の値の例を**表5.5**に示す。

表5.5　可動支承の摩擦係数

摩擦機構	支承の種類	摩擦係数
転がり摩擦	ローラーおよびロッカー支承	0.05
滑り摩擦	ふっ素樹脂支承板支承	0.10
	高力黄銅鋳物支承板支承	0.15
	鋼の線支承	0.25

5.1.9　アンカーボルト

桁あるいは支承を桁，橋脚，橋台に固定するためにアンカーボルトを用いる。アンカーボルトの設計は，桁の反力に水平震度を乗じた水平力に対してアンカーボルトのせん断力で抵抗するものとする。この場合許容応力度は表3.2を適用して割増しできる。

5.2 落橋防止装置および桁の連結

支承には，移動制限装置や浮上り防止装置などの落橋防止装置を設けるのが原則となっている。

図 5.8 は道路橋における移動制限装置の一例を示すもので，地震時などの大きな水平力が衝撃的に作用する場合，桁の橋脚，橋台からの落下を防ぐ装置の一つであり，設計荷重は死荷重に 50 % 増しの水平震度を乗じたものとする。

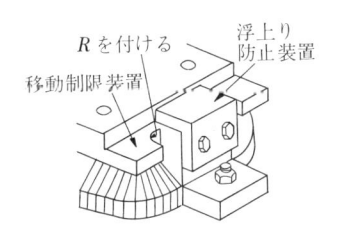

図 5.8 支承の移動制限装置

浮上り防止装置の一例は，図に示すように耐震上の用心として設置されるものであり，死荷重反力等の 10 % の上揚力に耐えられるように設置する。

地震時に上部桁が橋脚あるいは橋台から落下することは，橋梁自身はもとより，ほかに与える影響が大きいことから，落橋防止装置に対する基準の整備がなされ，新しい落下防止装置の考案がなされてきている。

道路橋については，道路橋示方書 V および文献〔46〕〔47〕に基づき設計が行われている。鉄道橋については，以下のような特殊条件下にある構造物では設置するのが望ましいとされている。

(1) 重要幹線（鉄道，道路）をまたぐ構造物
(2) 地震時に地盤が大変位を生じる場合
(3) 背の高い構造物（25 m 以上）
(4) 長大支間（単純桁）
(5) 極端な架け違い部がある場合
(6) 両側の橋脚の高さが極端に違う場合
(7) 合力の作用位置が基礎の中心から大きく偏心している場合
(8) 基盤が傾斜している場合

落下を防止するための方策としては，図 5.9 に示すような方法があり，桁と端横桁と突起の組合せによるものと，桁の連結，桁がかりの長さ（S_E）を十分に取るなどの方策がある．

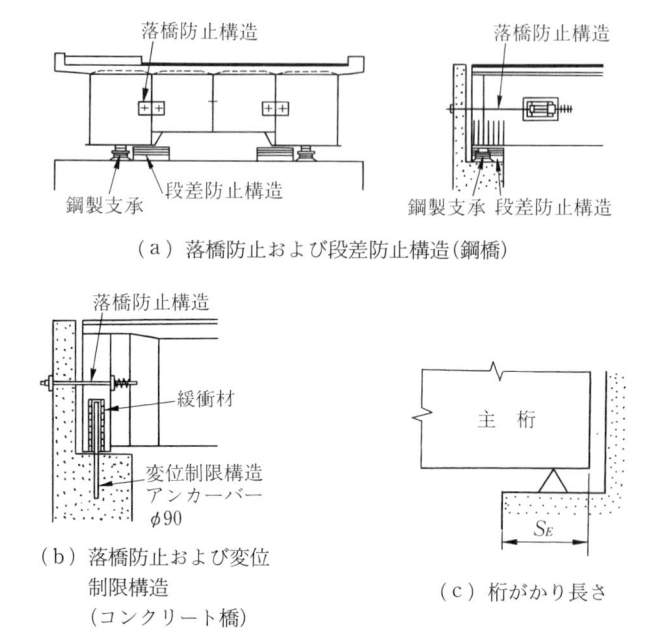

図 5.9 落橋防止装置（道路橋）[5],[33]

(a) 落橋防止および段差防止構造（鋼橋）

(b) 落橋防止および変位制限構造（コンクリート橋）

(c) 桁がかり長さ

5.3 伸 縮 装 置

伸縮装置は，桁の温度変化による伸縮，コンクリートのクリープおよび乾燥収縮による桁の移動と回転などによって起こる，桁端間と桁と橋台の間の不連続な部分の交通に対する悪影響を少なくするために設ける装置である．

鉄道橋においては，橋梁上にレールを敷き，その上を列車が走行するために，桁端における伸縮量とか回転量が，直接，列車の走行性に与える影響度は少ないためにそれほど問題とならない．一方，道路橋では，伸縮装置が直接自動車荷重を受けることになるので，伸縮装置は桁の変形に十分追従できることが基本であり，平坦で走行性良好，耐久性，防水性に富み経済的でなければならな

5.3 伸　縮　装　置

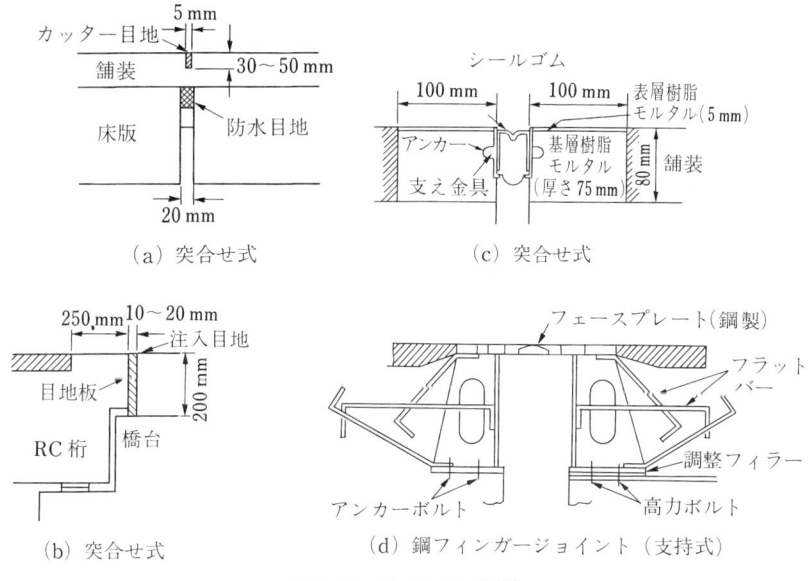

図 5.10　伸 縮 装 置[33]

い。図 5.10 に代表的な伸縮装置を示す。

5.3.1　設　　　計

〔1〕　**温度変化による伸縮量**　　一般に，温度変化による伸縮量が全体に占める割合ではいちばん大きいが，この温度変化による伸縮量は次式で求められる．

$$\Delta l_1 = (T_{max} - T_{min}) \alpha l \tag{5.1}$$

ここに，Δl_1 は温度変化による伸縮量，T_{max} は設計最高温度，T_{min} は設計最低温度，α は膨張係数，l は伸縮桁長である．

鋼橋の温度変化の範囲は $-10 \sim +40\,°C$（下路橋，鋼床版橋では $-10 \sim +50\,°C$）を標準とし，寒冷な地方では $-20 \sim +40\,°C$ とする．コンクリート橋では，普通の地方で $-5 \sim +35\,°C$，寒冷な地方で $-15 \sim +35\,°C$ とする．

〔2〕　**クリープおよび乾燥収縮による縮み量**　　コンクリートのクリープおよび乾燥収縮による縮み量は，一般に次式で求められる．

$$\Delta l_2 = 20 \times 10^{-5} l\beta, \qquad \Delta l_3 = \frac{\sigma_p}{E_c} \varphi l\beta \tag{5.2}$$

ここに，Δl_2 は乾燥収縮による桁の縮み量，Δl_3 はクリープによる桁の縮み量，E_c はコンクリートの弾性係数，σ_p はプレストレスなどによる平均軸応力度，φ はコンクリートのクリープ係数（=2.0），β はクリープ，乾燥収縮の低減係数，l は桁長である．

以上のほかに，各種荷重による桁のたわみによって，図 5.11 に示すように，桁端が水平，鉛直方向に変化するので，桁が大きい場合や，たわみやすい桁の場合には伸縮装置の設計，選択に十分留意しなければならない．

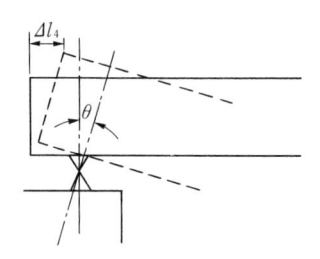

Δl_4：桁のたわみによる桁の水平移動量

図 5.11 桁のたわみによる水平移動

桁のたわみによる回転量の算出等，その算出が煩雑となる場合には，表 5.6，表 5.7 に示す簡易算定式が参考になる．この方法による基本伸縮量には，縦断勾配，桁の回転，活荷重によるたわみの影響を含まないため，伸縮量算定の誤差として実際の桁の温度および線膨張係数の差や乾燥収縮，クリープ変位の差等による誤差と施工誤差を基本伸縮量の 20 % としている．

表 5.6　伸縮量簡易算定式　　　　　（単位：mm）

	橋　種	鋼　橋	鉄筋コンクリート橋	プレストレストコンクリート橋
伸縮量	①温度変化	$0.6\,l$ $(0.72\,l)$	$0.4\,l$ $(0.5\,l)$	$0.4\,l$ $(0.5\,l)$
	②乾燥収縮	—	$0.2\,l\beta$	$0.2\,l\beta$
	③クリープ	—	—	$0.4\,l\beta$
	基本伸縮量 (①+②+③)	$0.6\,l$ $(0.72\,l)$	$0.4\,l+0.2\,l\beta$ $(0.5\,l+0.2\,l\beta)$	$0.4\,l+0.6\,l\beta$ $(0.5\,l+0.6\,l\beta)$
	余裕量	基本伸縮量×20 %，ただし，最小 10 mm（施工誤差等が大きい場合は別途考慮）		

l = 伸縮桁長〔m〕，β = 低減係数（表 5.7）
表中の（ ）内は，寒冷な地域に適用

表5.7 伸縮装置に用いる乾燥収縮およびクリープ簡易低減係数

コンクリートの材令（月）	1	3	6	12	24
低減係数（β）	0.6	0.4	0.3	0.2	0.1

また，斜橋や曲線橋の場合には，橋軸方向のみならず接線方向にも適切な余裕量を見込む必要がある．

5.3.2 形式およびその選択

伸縮装置は，現在のところ完全といわれるものがないので多くのものが提案され，作製されている．そのうちのおもなものは，図5.10のように突合せ式と支持式に分類されている．

盲目地形式のものは伸縮量5 mm未満，突合せ先付け形式のものは伸縮量10 mm未満，突合せ後付け形式のものは，伸縮量50 mm未満，ゴムジョイント形式のものは，伸縮量10～80 mmの間で採用される．また，鋼製形式のものは，フィンガージョイントと呼ばれるものが多いが，一般に鋼橋で採用され，特殊形式のものは長大橋に用いられるので，伸縮量が1 000 mm以上になるものもある．

5.4 橋梁用防護柵

道路橋の橋面上の歩道などと車道との区別がある場合には，地覆に高欄を，区別のない場合には，車両防護柵を地覆に設ける（図5.12）．

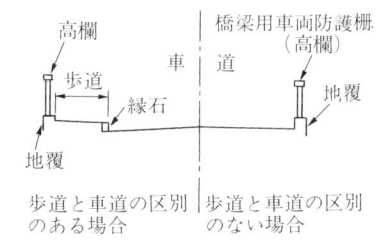

図5.12 高欄，橋梁用車両防護柵の配置

5.4.1 高　　　欄

高欄は歩道などの路面から110 cm以上の高さとし，その側面に直角に2.5 kN/mの推力が頂部に作用するものとして設計を行う（図5.13）．この場合，

床版に与える影響について，その推力，歩道に作用する等分布荷重の組合せに対して安全性を照査しなければならない。

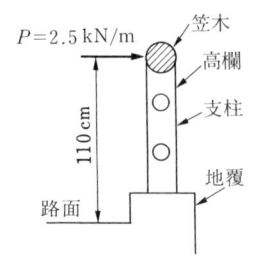

図5.13　高欄の設計荷重

この場合，許容応力度の割増しは行わない。

5.4.2　橋梁用車両防護柵

歩車道の区別がない橋梁および自動車専用橋の地覆には，走行車両の橋面外逸脱を防ぐために橋梁用車両防護柵を設ける必要がある。

橋梁用車両防護柵は「防護柵設置要綱・資料集（日本道路協会）」によって設計を行うものとする。高欄型の防護柵を用いる場合は，その機能がガードレール形の防護柵に類似しているので，笠木・支柱とも前述に規定されているガードレールの諸元（ビームおよび支柱の断面係数，主柱間隔）に準じたものでなければならない。高欄型の防護柵の構造は笠木の前面が支柱より前に出ているブロックアウト形とするのが望ましい（図5.14）。

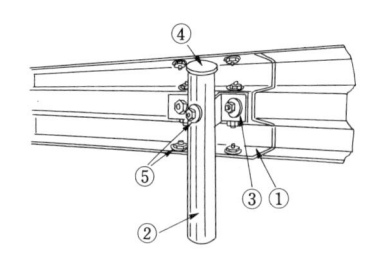

① ビーム，② 支柱，③ ブラケット
④ キャップ，⑤ ボルトナット

図5.14　路側用ガードレール[18]

歩車道の区別のない橋梁の場合は，防護柵は高欄としての機能，強度を併せてもたなければならない。

橋梁用車両防護柵に衝突する車両が橋の床版部分に与える影響を考える。防護柵がガードレールなどのように支柱式の場合には，支柱最下端断面の支柱の

抵抗モーメントを支柱間隔で割った値のモーメントが床版に均等に端モーメントとして作用するものとする。RC壁式の場合は，単位長さ当りのモーメントを床版に作用する端モーメントとして設計を行う。

5.4.3 地覆・縁石

図 5.12, 5.13 に示すように，橋の幅員方向の両側には，地覆または縁石などを設ける必要がある。

5.5 排水装置

橋面には，排水を速やかに行うために必要な横断勾配を付け，路肩には必要な間隔に十分な大きさの排水ますを設けるものとする。その一例を図 **5.15**, 図 **5.16** に示す。排水ますの間隔は 20 m 以下とするのがよい。排水管の内径は最小部で 15 cm 以上とし，ごみ・泥などを除去しやすい構造とするものとする。箱桁・トラス部材などの閉断面で，構造上水のたまりやすい場所には水抜き孔を設けるのがよい。

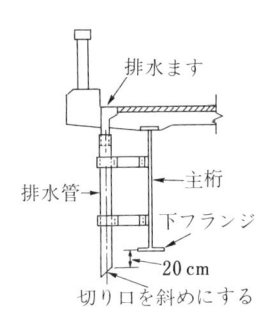

図 5.15　河川上の排水管[17] 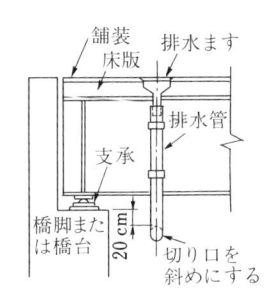　　図 5.16　橋脚および橋台部の排水管[17]

橋面の横断勾配は 1.5～2.0％ を標準とし，特に橋梁前後の縦断勾配の関係で橋面が凹になる場合には，必ずその凹部の最底部に排水ますを設けなければならない。その付近では排水ますの間隔を 3～5 m 程度とするのがよい。また，伸縮装置の近くには排水ますを設けて伸縮装置への流入を極力減ずるなどの配慮をすることが望ましい。

5.6 付属施設等

照明・標識等の付属施設を橋梁に設ける場合には，これらが，橋梁の構造に与える影響を考慮しなければならない。

照明の設置については，「道路照明施設設置基準（日本道路協会）」によるものとする。設置位置は，構造上から一般に橋脚あるいは橋台の付近とするのがよい。

5.7 添架物

水道管，ガス管，送電線などの管路を橋梁に添架する場合が最近非常に増加している。これらは，橋梁の計画段階より十分に検討を加え，橋梁構造に対する影響が少ない添架位置を選定することと，さらに，維持管理の面も重要であるので，これらの点に留意する必要がある。

図 5.17 にその一例を示す。

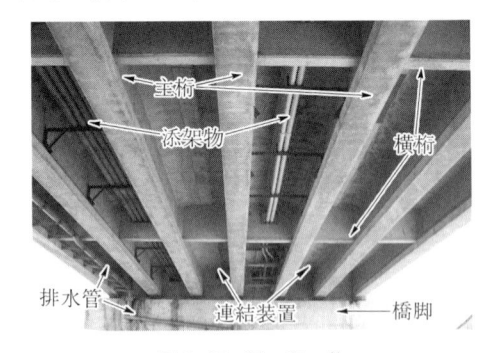

図 5.17 添架物

5.8 点検施設等

維持・管理，点検のために，大規模な橋あるいは完成後点検などが困難な構造の橋には点検用の通路，ゴンドラ等の設備が必要である。したがって，設計の段階よりこれらの荷重を考慮しておかなければならない。

図 5.18 に一例を示す。

図 5.18 検査路

第6章 鋼橋の設計

6.1 概説

桁橋とは，曲げモーメントとせん断力に抵抗する梁構造を主体とする橋梁で，主桁の形式によってI形鋼やH形鋼を用いた**I桁橋**，**H桁橋**と鋼板をI形断面に集成した**プレートガーダー**（plate girder）**橋**および箱形断面に集成した**箱桁**（box girder）**橋**に分類される[†]。

主桁断面は，図6.1に示すように**フランジ**（flange plate）と**腹板**（web plate）によって構成される。現在では，主桁断面の集成にはほとんど溶接が用いられ，鋼板と山形鋼を組み合わせリベットで結合したプレートガーダーは，数多く供用されてはいるが，近年は製作されなくなった。

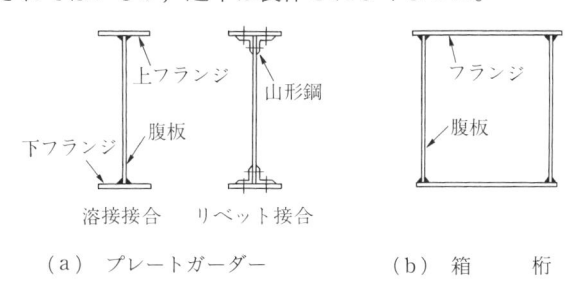

(a) プレートガーダー　　　(b) 箱桁

図6.1 主桁断面

支間が25mくらいまでの小径間の桁橋には圧延H形鋼の主桁が比較的多く用いられる。この場合，支間中央の最大曲げモーメントにより決定した断面が

---
† I桁，箱桁を総称してプレートガーダーと呼ぶこともある。

支間全長にわたって同一となり，桁端部では設計曲げモーメントに対する余裕が大きく不経済な断面となる。しかし，比較的厚肉断面のため局部座屈の心配がなく，補剛材の省略など工場における加工度が少なくなる。

支間が大きくなると，設計曲げモーメントの大きさに応じて主桁断面を変化させたプレートガーダーが用いられる。板厚の薄い鋼板を溶接接合するため鋼重は軽くなるが，図6.2に示すように補剛材による腹板の補強など，工場での製作工数が増大する。

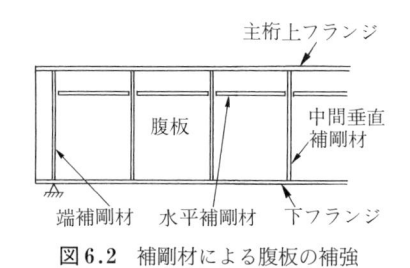

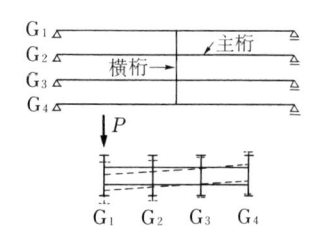

図6.2 補剛材による腹板の補強   図6.3 格子桁の骨組とたわみ性状

道路橋では，一般に並列した主桁の上にRC床版を有する上路形式のプレートガーダーとするが，この形式は地震などの水平力によって床版と鋼主桁の位置がずれない程度に**スラブ止め**（slab clamp）により連結された橋梁（**非合成桁**）と，コンクリート床版と鋼主桁を強固な**ずれ止め**（shear connector）で結合し両者が一体となって働く形式の橋梁（**合成桁**, composite girder）とに分類される。

主桁の配置方法は，図6.3に示すように並列主桁に交差して横桁を結合し，格子状の骨組とすることが多い。このような構造を**格子桁**（grillage bridge）という。格子桁では，ある主桁上に荷重がある場合でも，横桁が存在するため載荷主桁が単独で荷重を受けもつのではなく，全主桁が共同して分担（横桁の**荷重分配作用**）する。

箱桁橋は，図6.1（b）のような箱形閉断面構造の主桁をもつことから，曲げ剛性とともにねじり剛性が大きい特性を利用して，長支間橋に用いられる。このほか，活荷重の偏心載荷に対して荷重分配の効率が高いため，単一箱桁橋

6.1 概　説

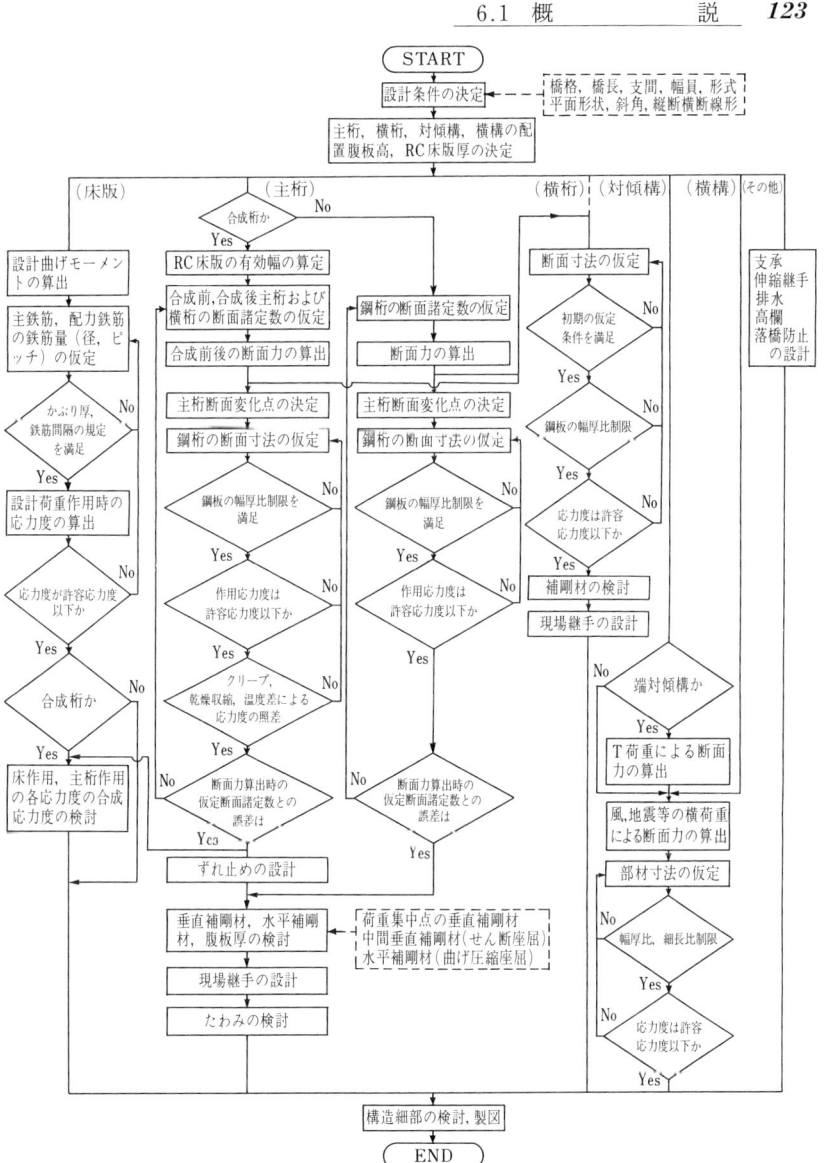

図 6.4　鋼桁橋（RC床版）の設計フローチャート

（図1.5）として用いることができ，大きなねじりモーメントが生じる曲線橋や斜橋にも多く採用される。

また，箱桁橋は桁高を低くすることが可能[†]であり，特に橋床に鋼床版構造を用いた鋼床版連続箱桁橋は，通常，大支間橋梁であり，しかも構造全体が細長く景観的にも優れたものとなる。

鋼桁橋の設計は，一般には図 6.4 に示すフローチャートに従って行われる。

6.2 鋼材の接合

6.2.1 概説

鋼部材の接合方法は，高力ボルト，ボルト，リベットあるいはピンを用いる機械的方法と，金属を溶融して結合する溶接（冶金的方法）に大別される。

接合は，部材または材片をつなぎ合わせることの総称として用いられる。一般に，同一部材内の添板接合を**添接**（splice），部材相互の接合を**連結**（connection）といい，添接または連結される構造部を**継手**（joint）と呼ぶ。

6.2.2 高力ボルト接合

〔1〕 **概 説**　　高力ボルト接合は，力の伝達方式によって図 6.5 の 3 種類に分類される。

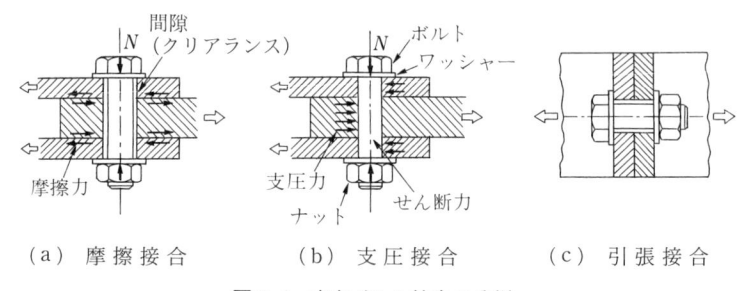

図 6.5 高力ボルト接合の分類

（a）**摩擦接合**　　**高力ボルト**（high strength bolt）によって鋼板を締め付け，鋼板の接触面に作用する摩擦力によって力を伝達する方式で，最も多く用いられている。摩擦接合用高力ボルト（F 8 T，F 10 T）およびトルシア形高力ボルト（S 10 T）が使用される。ここに，8 T および 10 T は引張強さ（tensile

---

[†] 道路橋の桁高と支間の比 (h/l) は，プレートガーダーでは $h/l=1/15 \sim 1/20$ であるのに対し，箱桁橋では $h/l=1/20 \sim 1/30$ となる。

strength) がそれぞれ $\sigma_u=800\sim1\,000\,\text{N/mm}^2$ ($\sigma_y\geqq640\,\text{N/mm}^2$), $\sigma_u=1\,000\sim1\,200\,\text{N/mm}^2$ ($\sigma_y\geqq900\,\text{N/mm}^2$) であることを示す。

　かつては F 11 T, F 13 T といった高強度の高力ボルトが実用化されたが，**遅れ破壊**[†] (delayed fracture) が生じたため現在では使用されていない。

　（b） 支圧接合　　高力ボルト軸部とボルト孔壁間との支圧力およびボルト軸部のせん断力によって外力を伝達する。摩擦接合と同等にボルトを締め付けるが，ボルト軸部分とボルト孔とに間隙（クリアランス，clearance）があると摩擦抵抗が切れた後にずれが生じるため，軸部に凹凸をつけてボルト孔との間隙をなくした**打込み式高力ボルト**が用いられる。道路橋では B 8 T, B 10 T, 鉄道橋では B 6 T が使用される。ここに，B は支圧接合用（shear and bearing bolt）を意味する。ボルト 1 本当りの許容伝達力は摩擦接合より大きいが，ボルト孔の加工に高い精度が要求される。

　（c） 引張接合　　ボルト軸方向に作用する引張力を伝達する継手形式である。高力ボルトで締め付けることにより継手材片間に圧縮力を生じさせ，ボルト軸方向に作用する引張外力と打ち消し合って力の伝達が行われる。引張接合は，継手面がある板を直接締め付ける短締め形式（図 6.5（c））と継手面をリブプレート等を介して接合する長締め形式に区分される。引張接合に使用されるボルトは，摩擦接合に用いられる F 10 T, S 10 T, またはこれらと同等の材質の鋼ロッドを用い，ナットおよび座金は F 10 T 用のナット・座金セットを使用する。ボルトの締付けは，導入軸力が弾性範囲内にあるトルク法によって行うのを原則とし，ナット回転法，耐力点法は採用しない。

　使用される高力ボルトの寸法は M 20, M 22, M 24 が一般的であり，M 20 とはボルト軸部の呼び径が 20 mm であることを示す。

　〔2〕**摩擦接合用高力ボルトの許容伝達力**　　摩擦力は高力ボルトの締付け力に比例して大きくなるが，遅れ破壊，材料の変形性能および締付けに伴うねじりなどを考慮して，高力ボルトに導入する軸力を次式で求める。

[†]　高張力鋼材に一定の引張応力が持続的に作用していると，ある時間経過ののち突然破壊する現象。一般に，鋼材の強度が高くなるほど発生しやすくなり，引張強さよりかなり低い応力であっても破壊することがある。

$$N = \alpha A_e \sigma_y \tag{6.1}$$

ここに，α は低減係数で F 8 T に対して 0.85, F 10 T に対して 0.75 としている．A_e はねじ部の有効断面積，σ_y はボルト耐力である．

ボルト 1 本当りの許容力 ρ_a は，すべり係数 μ，安全率 ν と摩擦面の数 m (図 6.6) を用いて次式で計算される．

$$\rho_a = m \frac{1}{\nu} \mu N \tag{6.2}$$

(a) 重ね継手 ($m=1$)　　(b) 突合せ継手 (添接板1枚) ($m=1$)　　(c) 突合せ継手 (添接板2枚) ($m=2$)

図 6.6　高力ボルト継手形式

すべり係数 μ は一般に 0.4 が用いられ，安全率 ν は道路橋で 1.7 が採用されている．道路橋の設計ボルト軸力および高力ボルト1本（1摩擦面）当りの許容伝達力は**表 6.1** のようになる．

表 6.1　摩擦接合高力ボルトの設計ボルト軸力と許容伝達力（道路橋）

呼び径	有効断面積 [cm²]	設計ボルト軸力 [kN]		許容伝達力（1摩擦面）[kN]	
		F 8 T	F 10 T S 10 T	F 8 T	F 10 T S 10 T
M 24	3.525	192	238	45	56
M 22	3.034	165	205	39	48
M 20	2.248	133	165	31	39

〔3〕**所要ボルト本数**　　圧縮力または引張力が作用する場合には，部材断面内の垂直応力が均等に分布しており，すべての高力ボルトが等分して力を伝達するものと仮定する．ボルトの所要本数 n は，継手に作用する力を P，ボルト 1 本当りに働く力を ρ_P，許容伝達力を ρ_a とすると式 (6.3) で得られる．図 **6.7** の突合せ継手においては，接合線の片側当りの所要本数である．

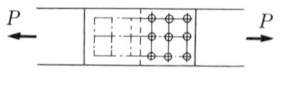

図 6.7　軸方向力を受ける高力ボルト継手

$$\rho_P = \frac{P}{n} \leqq \rho_a \tag{6.3}$$

曲げモーメントもしくは曲げモーメントと軸力が作用して断面内の応力分布が不均等な場合は，図 6.8 に示すように応力分布に基づいてボルト各列の所要ボルト本数 n_i を算定する。

$$\rho_P = \frac{P_i}{n_i} \leqq \rho_a \tag{6.4}$$

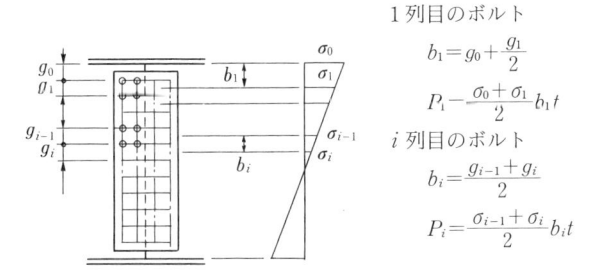

1 列目のボルト
$$b_1 = g_0 + \frac{g_1}{2}$$
$$P_1 = \frac{\sigma_0 + \sigma_1}{2} b_1 t$$

i 列目のボルト
$$b_i = \frac{g_{i-1} + g_i}{2}$$
$$P_i = \frac{\sigma_{i-1} + \sigma_i}{2} b_i t$$

図 6.8 曲げモーメントを受ける摩擦接合ボルト継手

せん断力 S が作用する場合には，全ボルトが等分して受けもつと考える。

$$\rho_S = \frac{S}{n} \leqq \rho_a \tag{6.5}$$

軸方向力，曲げモーメントおよびせん断力が同時に作用する場合は，その合力がボルトの許容伝達力以内であるように設計する。

$$\rho = \sqrt{\rho_P{}^2 + \rho_S{}^2} \leqq \rho_a \tag{6.6}$$

〔4〕 **連結板**　軸方向力が作用する継手の連結板は式 (6.7)，曲げモーメントが作用する場合には式 (6.8) を満足するように設計する。

$$\sigma = \frac{P}{A} \leqq \sigma_a \tag{6.7}$$

$$\sigma = \frac{M}{I} y \leqq \sigma_a \tag{6.8}$$

ここに，A は連結板の断面積，I は連結板の断面二次モーメントである。

〔5〕 **純断面積とボルトの配置**　軸方向引張力が作用する継手(図 6.7)では，母材および連結板の有効断面積はボルト孔によって減少する。一般に，引

張部材の継手の有効断面積は，材片の**総断面積**（gross sectional area）からボルト孔の断面積を控除した**純断面積**（net sectional area）とする。

高力ボルトの配置が，図 **6.9**（a）のように並列の場合は，各列のボルト本数分の孔径を控除して純幅を求め，板厚を乗じて純断面積を計算する。

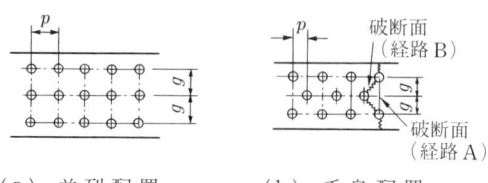

（a）並列配置　　　（b）千鳥配置

図 **6.9**　高力ボルト配置の分類

図（b）のような千鳥配置のときには，着目ボルト列に隣接するボルト孔の影響を受けることもある。この場合，式(6.9)を用いて算定する。

$$w = d - \frac{p^2}{4g} \tag{6.9}$$

ここに，d はボルト孔径，p は応力方向のボルト中心間隔（ピッチ），g は応力直角方向のボルト中心間隔（ゲージ）である。

$w \leqq 0$ のときは隣接するボルト孔の影響はなく，並列配置と同様に着目ボルト列のボルト本数分だけ控除する(破断経路A)。純幅 b_n は次式で求められる。

$$b_n = b - 2d \tag{6.10}$$

$w > 0$ であれば，最初のボルト孔についてはボルト孔径 d を控除し，2 番目以降のボルト孔に関しては，順次，式 (6.9) による w を減じて純幅を求める（破断経路B）。

$$b_n = b - d - \left(d - \frac{p^2}{2g}\right) - \left(d - \frac{p^2}{2g}\right) \tag{6.11}$$

この結果，破断経路A，Bのうち小さいほうの純幅を用いる。控除すべきボルト孔径 d は，設計上ボルトの呼び径に 3 mm を加えた値とする。

ボルト配置を決定するにあたり，ボルトの中心間隔やボルト孔から鋼板の縁までの距離（**縁端距離**）に注意する必要がある。すなわち，ボルトの中心間隔

6.2 鋼材の接合

が小さすぎるとボルト締め作業が困難となり，間隔が大きすぎる場合には，ボルト間での材片の局部座屈や材片間にすき間が生じる原因となる。また，ボルト孔の縁端距離が小さいときには，縁端部での破断が先行してボルト自体の強度が十分発揮されないこともある。そこで，鋼橋では，表6.2，表6.3に示すようにボルト中心間隔，縁端距離の規定が定められている。

表6.2 ボルト中心間隔　〔mm〕

ボルトの呼び	最小中心間隔	最大中心間隔		
			p	g
M 24	85	170	$12\,t$ 千鳥の場合は $15\,t - \dfrac{3}{8}g$ ただし，$12\,t$ 以下	$24\,t$ ただし，300以下
M 22	75	150		
M 20	65	130		

t：外側の板厚，p：ボルトの応力方向の間隔，g：ボルトの応力直角方向の間隔

表6.3 ボルト孔中心から板の縁までの距離　〔mm〕

ボルトの呼び	最小縁端距離		最大縁端距離
	せん断縁手動ガス切断縁	圧延縁，仕上げ縁自動ガス切断縁	
M 24	42	37	外側の板層の8倍，ただし150以内
M 22	37	32	
M 20	32	28	

〔6〕**高力ボルトの締付け**　高力ボルト摩擦接合では，材片の接触面のすべり係数0.4以上を確保するため，工場製作時の接合面の処理のほか，材片の締付け時における接触面の浮錆, 油, 泥などの清掃が必要である。また，接合する部材板厚の食違いなどにより母材と連結板とに肌すきが生じる場合には，テーパーを付けるなどして母材と連結板とを密着させなければならない。

高力ボルトの締付けは，表6.1に示す設計ボルト軸力が得られればよいが，すべり係数や締付け力のばらつきおよびリラクセーションによる締付け力の減少などの影響を考慮して，施工時のボルト導入軸力は設計ボルト軸力の10％増を標準としている。

ボルトの締付け方法は，ボルトに導入される軸力の制御方法によってトルク

法，ナット回転法および耐力点法に大別される。

トルク法（torque method）による場合は，ナットを回転させる締付けトルクを管理して施工する。トルク T とボルト導入軸力 N との間には，次式に示す関係がある。

$$T = kdN \tag{6.12}$$

ここに，k はトルク係数，d はボルトの呼び径である。トルク係数は，ねじのピッチや摩擦（ナットとボルト軸部，ナットと座金など）によって影響されるため，ボルト製造ロットごとに測定されたトルク係数により締付けトルクの管理を行わなければならない。

トルシア形高力ボルトは，締付け作業および締付けトルクの管理を容易にしたボルトである。ボルト軸部先端にピンテール（つかみ部）と破断溝が設けられており，ボルト頭部は半球形の形状となっている。専用の締付け機を用いて，ナットを回転させて締付けトルクを与えるとともに，ピンテールを保持して締付けトルクの反力を支える。締付けトルクが，破断溝の破断トルクに達すると切断し，所定の軸力が導入される。

ナット回転法（turn-of-nut method）は，締付けによる導入軸力をナットの回転角（ボルトの伸び）によって制御する方法であり，ボルトの径と長さに応じた所定の回転角を与える。この場合，ボルト軸部の応力は降伏点を越える程度まで達するので，遅れ破壊に対する安全性を考慮して8Tボルトのみに適用される。

耐力点法は，高力ボルト締付け時の導入軸力とナット回転量の関係が耐力点付近では非線形となる性質を締付け機がとらえることによって管理し，所定の軸力を導入する締付け方法である。施工管理が容易であり，導入軸力の変動が小さいが，トルク法に比較して導入軸力が高くなるため，耐遅れ破壊特性の良好なボルトを使用する必要がある。

6.2.3 溶 接 接 合

〔1〕**概　説**　　溶接方法には数多くの種類があるが，溶接の原理は接合面を清浄に保ち，溶融，軟化あるいは加圧して金属を結合することである。接合

6.2 鋼材の接合

方法によって分類すると，融接，圧接およびろう接に大別される。**融接**(fusion welding) とは接合部を溶融状態にして融合する方法であり，**圧接**（pressure welding）とは接合部を室温のままもしくは加熱した状態で圧力を加えて融合する方法である。**ろう接**(brazing) は母材を溶融させることなく，接合面に別の金属を溶融添加して接合する方法である。鋼橋には主として融接が適用され，その中でも**被覆アーク溶接**（shielded arc welding），**サブマージアーク溶接**(submerged arc welding) および**ガスシールドアーク溶接**(gas shielded arc welding) が最も広く使われている。その概要を図 6.10～図 6.12 に示す。

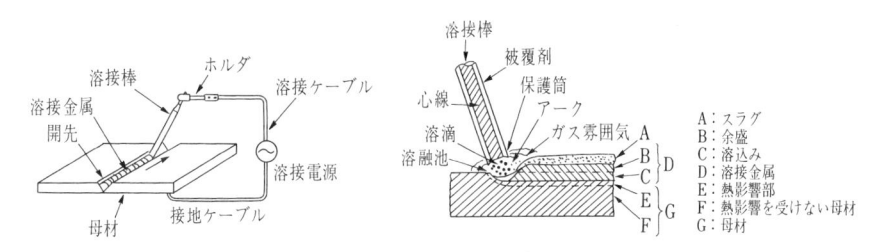

図 6.10 被覆アーク溶接法[41]

図 6.11 サブマージアーク溶接法の原理

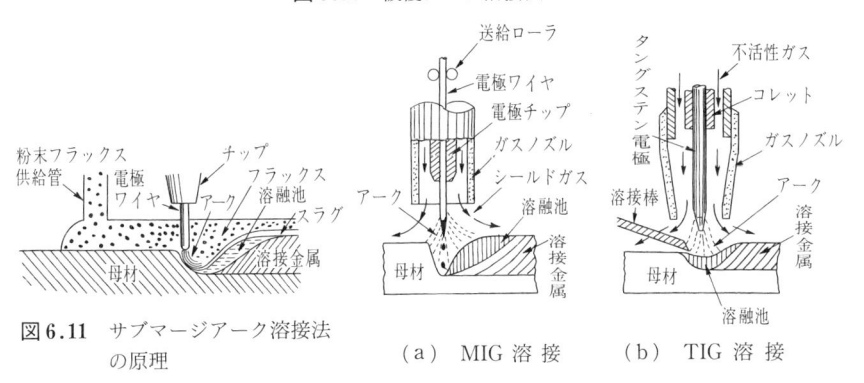

(a) MIG 溶接   (b) TIG 溶接

図 6.12 ガスシールドアーク溶接法の原理[41]

〔2〕 **溶接継手の種類**　溶接継手は，溶着金属の形状によって突合せ溶接継手（グルーブ溶接継手）とすみ肉溶接継手に分けられる。

(a) **突合せ溶接**　突合せ溶接（グルーブ溶接，butt welding, groove welding)は，鋼板の端面を溶接しやすい形状に加工し溶接金属を置く溶接である。この端面を加工した形状を**開先**（groove) といい，その形状からレ形，V

形，K形，X形などの形式に分類する。図 6.13 に示すように，開先の中で左右の板端部が最も接近している部分を**ルート**（root）といい，母材表面と溶着金属との交点を**止端**（weld toe）と呼ぶ。一般に，薄板ではレ形やV形の開先を，厚板ではX形やK形の開先を用いる。のど厚の方向は少なくとも一方の母材の面と直角をなしている。

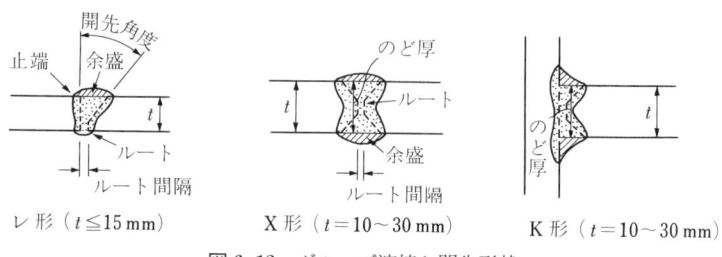

図 6.13 グルーブ溶接と開先形状

突合せ溶接継手部は図 6.14 に示すような断面となる。溶加材と母材の一部が融合した**溶接金属部**（weld metal），**熱影響部**（heat affected zone，**HAZ**）および熱影響を受けない**母材部**（base metal）により構成される。溶接金属部と熱影響部との境界を**ボンド**（bond）と称するが，ボンドのすぐ外側は焼入れ効果により金属組織が変質し，硬度は増すが延性が不足するため，割れの発生など弱点となりやすい部分である。

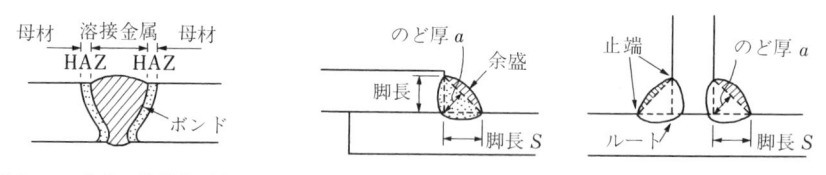

図 6.14 突合せ溶接継手部の構成　　図 6.15 すみ肉溶接

（b）**すみ肉溶接**　　すみ肉溶接（fillet welding）は，図 6.15 に示すように2枚の鋼板を重ねるか交差して組み立てるときに，その隅角部分に溶接金属を置いて接合する方法で，のど厚の方向は母材の面と 45° もしくは 45° に近い角度をなしている。

（c）**溶接記号**　　橋梁関係のおもなものを**表 6.4** に示す。

6.2 鋼材の接合

表6.4 溶接記号

溶接の種類		記 号	記 載 方 法
グループ溶接	V 形	∨	
	X 形	×	
	K 形	K	
すみ肉溶接		△	
現場溶接 全周溶接 現場全周溶接		▶ ○ ◉	

〔3〕 溶接継手の設計

（a） のど厚と有効長　のど厚（throat）とは，力の伝達が行われる溶接部の有効厚で，強度計算の基本寸法となる。全断面溶込みグループ溶接では，継手母材の厚さをのど厚とする。母材の板厚が異なる場合には薄いほうの板厚をのど厚とする。すみ肉溶接では，図6.16に示すように，すみ肉溶接金属の断面に内接する直角二等辺三角形を仮定し，この三角形の辺の長さをすみ肉溶接

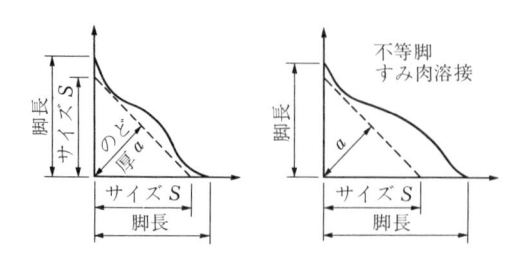

図 6.16 すみ肉溶接の
のど厚

のサイズ S といい，ルートを通る三角形断面の最小厚をのど厚 a と呼ぶ．したがって，すみ肉溶接ののど厚は $a = S/\sqrt{2} \fallingdotseq 0.707S$ となる．鋼橋で用いるすみ肉溶接継手のサイズは，母材の板厚 $t_{\max}$，$t_{\min}$ との関係から次式によって計算される値を用いる．

$$\sqrt{2t_{\max}} \leqq S \leqq t_{\min} \tag{6.13}$$

有効長 l は，完全なのど厚を有する溶接長である．

（b）軸方向力またはせん断力が作用する場合　軸方向やせん断力が作用するとき，溶接部の応力度の検討は次式によって行う．

$$\sigma = \frac{P}{\sum al} \leqq \sigma_a \tag{6.14}$$

$$\tau = \frac{P}{\sum al} \leqq \tau_a \tag{6.15}$$

ここに，σ_a, τ_a は溶接金属の許容垂直応力度および許容せん断応力度，P は軸方向力またはせん断力，a はのど厚，l は有効長である．

すみ肉溶接または部分溶込み溶接継手では，作用力の種類にかかわらず，のど断面のせん断抵抗により力を伝達すると考え，式 (6.11) によって計算する．

（c）曲げモーメントが作用する場合　曲げモーメント M が作用するときには，中立軸からの距離 y の位置での応力度の照査は次式による．

全断面溶込みグルーブ溶接： $\sigma = \dfrac{M}{I} y \leqq \sigma_a \tag{6.16}$

すみ肉溶接： $\tau = \dfrac{M}{I} y \leqq \tau_a \tag{6.17}$

断面二次モーメント I は，全断面溶込みグルーブ溶接では母材の I と同一となる．すみ肉溶接の場合には，図 **6.17** に示すように，のど厚断面を接合部に展開した平面図形について断面二次モーメントを計算する．

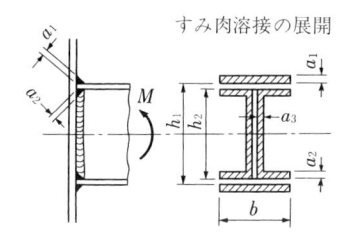

図 **6.17** 曲げモーメントを受けるすみ肉溶接継手

軸力，曲げモーメントおよびせん断力が組み合わされて作用する場合には別途の照査が必要となる．

〔**4**〕 溶接欠陥と検査

（**a**） **溶接欠陥**　溶接は鋼材の接合部に局部的なエネルギーを与えて冶金的に接合する方法であるため，ときには溶接部に欠陥を生じることがある．図 **6.18** に示すように**溶接欠陥**（weld defect）には，**表面欠陥**として溶接止端部のアンダーカット（undercut），オーバーラップ（overlap），余盛不足，余盛過剰などがあり，**内部欠陥**としてブローホール（blow hole），スラグ巻込み（slag inclusion），融合不良（lack of fusion）および溶接割れ（weld crack）などがある．いずれの欠陥も，脆性破壊や疲労破壊の起因である応力集中源となるため，使用部材の用途や欠陥の種類と大きさに応じて補修を行う必要がある．

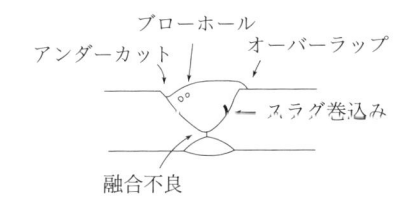

図 **6.18** 溶　接　欠　陥

（**b**） **検　査**　表面欠陥については目視によって観察し判定することができるが，内部欠陥については各種の非破壊試験が行われている．

その代表的なものとして**放射線透過試験**（radiographic test，JIS Z 3104）がある．図 **6.19** に示すように，溶接部に欠陥があるとX線が容易に透過するた

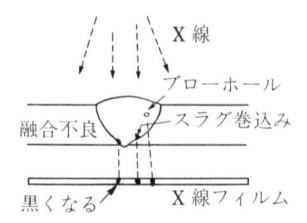

図 6.19 放射線透過試験

めフィルムが強く感光し，ほかの部分より黒くなる。

超音波探傷試験法（ultrasonic test，JIS Z 3060）は，超音波が欠陥によって反射される性質を利用して欠陥の存在や大きさを知る方法で，おもにパルス反射法が用いられる。1～5 MHz 程度の超音波パルスを探触子から試験材に投入すると，超音波パルスの一部は欠陥で反射（欠陥エコー）され，欠陥に当たらなかった超音波パルスは試験材の底面で反射（底面エコー）し，探触子に受信される。

そのほかの非破壊試験として，**磁粉探傷試験**（magnetic particle test）や**浸透探傷試験**（penetrant test）が使用されている。

6.3 床版および床組

6.3.1 概　　　説

橋床は交通車両を直接支持する部分であり，床組は橋床を支え荷重を主桁に伝える機能をもつ。

道路橋の橋床は**床版**（slab）とその上に施された厚さ 5～8 cm 程度の舗装（pavement）とからなり，橋面には**横断勾配**と**縦断勾配**を付ける。横断勾配は主として橋面排水を目的としたもので，通常 1.5～2.0 ％ 程度の放物線勾配とするが，一方通行の道路では片勾配を付ける。縦断勾配は前後の接続道路の勾配に関連し，直線勾配であったり，上方に凸または凹の曲線であったりする。

床版として最も一般的に使用されるのは **RC 床版**（reinforced concrete slab）であり，図 6.20 に示すように，I 桁橋では床版は直接主桁に支持されるが，主桁間隔の大きい箱桁橋などでは主桁の中間に縦桁，床桁の床組を設けて床版を支持する構造となる。この RC 床版は，ほかの材質のものに比べて低廉

6.3 床版および床組

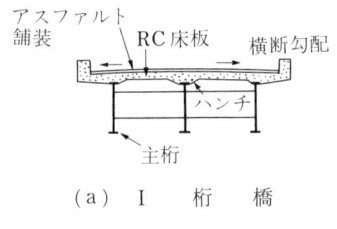

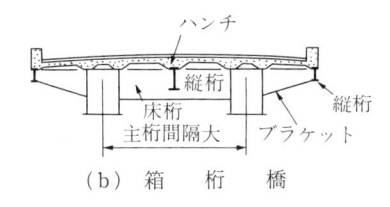

図 6.20 RC 床版の支持

(a) I 桁橋
(b) 箱桁橋

で，施工が比較的容易であることなどの長所をもつが，自重が大きいという欠点のため，長支間の橋梁では RC 床版に代わって軽量の鋼床版が用いられる。

PC 床版（prestressed concrete slab）の採用により図 6.21 に示すように，床版支持間隔を拡大し，主桁数を削減することができる。箱桁橋では，縦桁を省略した構造も可能となる。PC 床版にはプレキャスト PC 床版と場所打ち PC 床版がある。プレキャスト PC 床版は，輸送可能な大きさのブロックを工場で製作し，建設現場に搬入して架設（図 6.21）するため現場施工の省力化と工期短縮が図れる。幅員構成，線形，輸送，架設等の条件によりプレキャスト PC 床版の採用が困難な場合には，場所打ち PC 床版工法が用いられる。

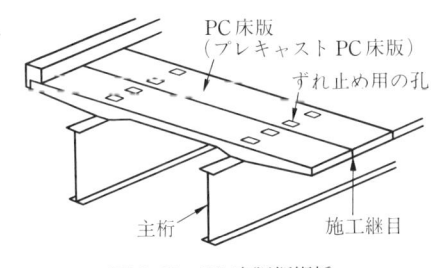

図 6.21 PC 床版鋼桁橋

鋼床版（steel deck plate）は，通常，図 6.22 に示すようにデッキプレートと呼ばれる鋼板の下面に，橋軸方向および橋軸直角方向にリブ（rib）を溶接して補剛し，上面に舗装を施した床版である。鋼床版は長支間の橋梁や，空間的制約条件から桁高が著しく制限される橋梁に用いる場合にその特性を発揮する。

鉄道橋の橋床は**開床式**（open floor）と**閉床式**（solid floor）とに分けられるが，これまで開床式が多く使用されてきた。開床式は，主桁もしくは縦桁の上

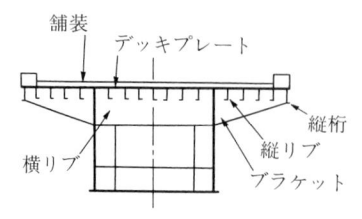

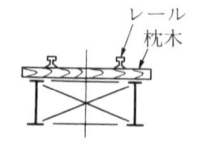

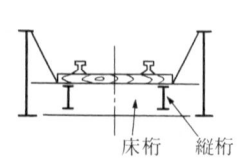

図6.22 鋼床版箱桁の断面

図6.23 開床式橋床

に直接枕木を設けレール (rail) を敷設する形式である (図6.23)。これに対し，閉床式は図6.24のように，主桁または床組の上にバックルプレート (buckle plate)，鋼床版またはRC床版を設け，その上に道床をおき軌道を敷設したものである。最近では道床を用いないで，レールを直接鋼桁に締結する直結軌道式上路箱桁 (図6.25) の採用も多くなっている。

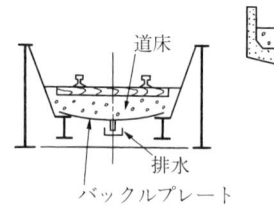

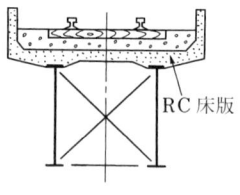

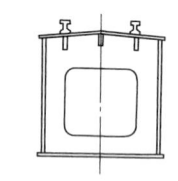

図6.24 閉床式橋床

図6.25 直結軌道式路上箱桁

以上のほかにI形鋼格子床版と呼ぶ合成床版が用いられる。これは，図6.26に示すように主桁と直角方向に並べたI形鋼と配力鉄筋を格子状に組み，型枠の役目をなす薄い鋼板をI形鋼に溶接して製作されたパネルに，現場でコンクリートを打設した床版である。RC床版に比べ経済的に劣るが，床版工事のプレ

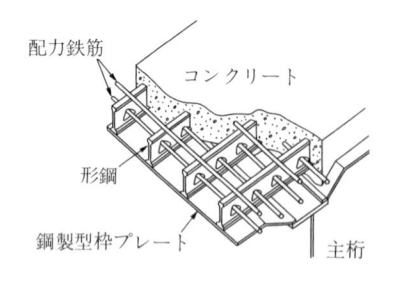

図6.26 I形鋼格子床版

ハブ化，工期の短縮が可能となり，既設橋の補修，型枠や支保工が困難な跨線橋や高架橋などに用いられる．また，コンクリートを充てんしないオープンタイプの鋼格子床版（open grating）は，死荷重の軽減や耐風安定性の向上を目的として，長大吊橋や可動橋の床版として用いられる．

6.3.2 RC 床 版

床版の支持方式には，版の全周4辺を支持する二方向版と相対する2辺を支持する一方向版の2種類が考えられるが，一般に橋梁の床版は，主桁もしくは縦桁で支持され橋軸方向に無限に長い一方向版と仮定して設計する．

床版厚，設計曲げモーメントの算出は，主として床版の支間長に応じて行われるが，このほか大型車両の交通量，補修作業の難易，床版を支持する部材の特徴などを考慮して定められる．

〔1〕 **床版の支間，床版厚** 床版の設計は，床版が主桁位置で支持される単純版，連続版および片持版として行う．単純版と連続版のT荷重と死荷重に対する**床版の支間**は，主鉄筋方向に測った支持桁の中心間隔とする．ただし，図6.27に示すように，単純版において主鉄筋方向に測った純支間に支間中央の床版の厚さを加えた長さが上記の支間より小さい場合は，これを支間とすることができる．片持版のT荷重および死荷重に対する支間は，支点となる桁のフランジの突出幅の1/2の点から主鉄筋方向にそれぞれ図に示すように測った値とする．

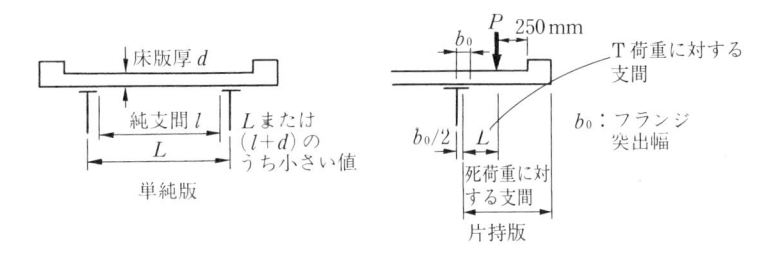

図6.27 床版の支間

車道部の**床版厚**は，床版の支間が車両進行方向に直角の場合，次式によって求められる．

$$d = k_1 k_2 d_0 \tag{6.18}$$

$$d_0 = \begin{cases} 40\,L + 110 & \text{(単純版)} \\ 30\,L + 110 & \text{(連続版)} \\ 280\,L + 160 & \text{(片持版,}\ 0 \leq L \leq 0.25) \\ 80\,L + 210 & \text{(片持版,}\ L > 0.25) \end{cases} \tag{6.19}$$

ここに，d は床版厚（第1位を四捨五入〔mm〕），d_0 は最小全厚（小数第1位を四捨五入，$d_0 \geq 160$ mm 以上），L は T 荷重に対する床版の支間〔m〕である。片持版の床版厚は，ハンチ高を加えた値である。また，k_1 は**表 6.5** に示す大型車両の交通量に関する係数であり，k_2 は床版を支持する桁の不等沈下によって生じる付加曲げモーメントの係数である。

表 6.5　係　数　k_1

1方向当りの大型車の 計画交通量〔台/日〕	係数　k_1
500 未満	1.10
500 以上 1 000 未満	1.15
1 000 以上 2 000 未満	1.20
2 000 以上	1.25

床版の不等沈下は支持桁の剛性が著しく異なることにより生じ，剛性の小さい縦桁と I 桁や箱桁などの主桁との併用により床版を支持する場合〔例えば，図 6.20（b）〕を除いて $k_2 = 1.0$ とすることができる。なお，歩道部床版の最小全厚は 140 mm を標準とする。

〔2〕 **床版の設計曲げモーメント**　　T 荷重による床版の曲げモーメントは，荷重の載荷位置，荷重の数および床版の支間など多くの組合せについて算出しなければならないが，道路橋示方書ではこれらの計算結果から誘導した設計公式を示している。**表 6.6** の設計公式は，床版が不等沈下しない桁に支えられた等方性無限板を仮定している。

B 活荷重で設計する橋では，T 荷重（衝撃を含む）による床版の設計曲げモーメントは表 6.6 に示す式で算出する。大型車交通量が多いことを考慮して，耐久性の向上の観点から床版の支間が 2.5 m を超える場合には，床版の支間が

6.3 床版および床組

表 6.6 T荷重による床版の単位幅(1m)当りの設計曲げモーメント〔kN・m/m〕

版の区分	曲げモーメントの種類		床版の支間の方向 適用範囲〔m〕	曲げモーメントの方向	車両進行方向に直角の場合	
					主鉄筋方向の曲げモーメント	配力鉄筋方向の曲げモーメント
単純版			$0 < L \leq 4$		$+(0.12L+0.07)P$	$+(0.10L+0.04)P$
連続板	支間曲げモーメント	中間支間	$0 < L \leq 4$		$+(単純版の80\%)$	$+(単純版の80\%)$
		端支間				
	支点曲げモーメント	中間支点			$-(単純版の80\%)$	
片持版	支点		$0 < L \leq 1.5$		$-\dfrac{PL}{(1.30L+0.25)}$	
	先端付近					$+(0.15L+0.13)P$

$P = 100 \text{ kN}$

車両進行方向に直角の場合の主鉄筋方向の設計曲げモーメントを割り増す(**表6.7**)。A活荷重で設計する橋では,大型車交通量が少ないと考えられるため,表6.6に示す値を20%低減して用い,表6.7の割増しは考慮しない。等分布死荷重については,**表6.8**により設計曲げモーメントが算出される。また,支持桁の剛度が著しく異なるときは,付加曲げモーメントを考慮しなければならない。

表 6.7 床版の支間方向が車両進行方向に直角の場合の単純版および連続版の主鉄筋方向の曲げモーメントの割増し係数

支間 L〔m〕	$L \leq 2.5$	$2.5 < L \leq 4.0$
割増し係数	1.0	$1.0+(L-2.5)/12$

表 6.8 等分布死荷重による床版の単位幅(1m)当りの設計曲げモーメント〔kN・m/m〕

版の区分	曲げモーメントの種類		主鉄筋方向の曲げモーメント	配力鉄筋方向の曲げモーメント
単純板	支間曲げモーメント		$+wL^2/8$	無視してよい
片持板	支点曲げモーメント		$-wL^2/2$	
連続版	支間曲げモーメント	端支間	$+wL^2/10$	
		中間支間	$+wL^2/14$	
	支点曲げモーメント	2支間の場合	$-wL^2/8$	
		3支間以上の場合	$-wL^2/10$	

w:等分布死荷重〔kN/m²〕

〔3〕 配　筋　　床版に用いるコンクリートの設計基準強度 σ_{ck} は，一般のRC構造物の下限値 21 N/mm² より大きい 24 N/mm² 以上のものが使用される。鋼とコンクリートとの合成作用を考慮する設計の場合は 27 N/mm² 以上が用いられる。許容曲げ圧縮応力度は $\sigma_{ck}/3$（合成桁では $\sigma_{ck}/3.5$）とし，10 N/mm² を超えてはならない。

床版には 2 方向に鉄筋を配置するが，一般に主桁直角方向の鉄筋を**主鉄筋**，主桁方向のものを**配力鉄筋**という。鉄筋には異形鉄筋 SD 295 A，SD 295 B を用い，その直径は 13, 16, 19 mm を標準とする。許容引張応力度は SD 295 A，SD 295 B とも $\sigma_{ta}=140$ N/mm² とする。なお，鉄筋の応力度は許容応力度 140 N/mm² に対して 20 N/mm² 程度余裕を持たせるのが望ましい。

鉄筋のかぶりは 3 cm 以上とし，鉄筋の中心間隔は 10 cm 以上床版厚（もしくは 30 cm）以下とする。連続版では，曲げモーメントに対応させ図 6.28 に示す位置で主鉄筋を折り曲げて配筋する。ただし，支間中央部の引張鉄筋量の 80 % 以上および支点上の引張鉄筋量の 50 % 以上は，それぞれ折り曲げないで連続させて配置しなければならない。

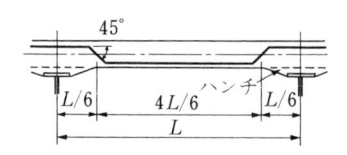

図 6.28　連続版の主鉄筋の折曲げ位置

桁端部の車道部分の床版は，通過輪荷重の衝撃によって損傷しやすいため，床版厚をハンチ高だけ増厚して補強し，端対傾構の上弦材などによって支持させる。

6.3.3　PC 床版

〔1〕 床版の支間，床版厚　　PC 床版の設計は，RC 床版と同様に主桁位置で支持される単純版，連続版および片持版として行う。床版の支間は，単純版と連続版では主鉄筋の方向に測った支持桁の中心間隔とし，片持版の支間は，RC 床版では図 6.27 に示すように支点となる桁のフランジ突出幅の 1/2 の点を基準としているのに対し，PC 床版では支点となる桁の中心位置から主鉄筋

の方向に測った値とする。

車道部分の床版の全厚は，160 mm または表7.2に示される値のうち大きい値とする。片持版の床版先端の厚さは，160 mm 以上で，かつ式(6.19)の片持版の最小全厚の 50 % 以上とする。

〔2〕 **床版の設計曲げモーメント**　　PC 床版の T 荷重および死荷重についての設計曲げモーメントは，表7.3 に示す値を用いる。A 活荷重で設計する橋では，表7.3 の値を 20 % 低減して用いる。

6.3.4　鋼　床　版

鋼床版はその自重が RC 床版のはば 1/2 と軽く，橋床として使われるばかりでなく主桁や横桁の一部として効果的に利用でき，しかも終局耐力が高いなどの特徴をもつ。その構成は，図 **6.29** に示すようにデッキプレートと呼ぶ鋼板とそれを補剛する縦リブおよび横リブとからなる。

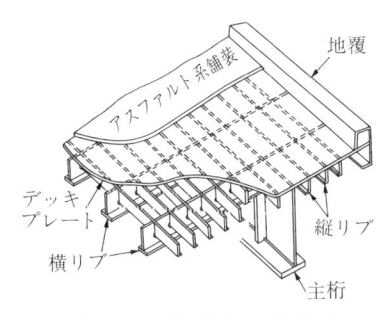

図 6.29　鋼床版の構成[11]

図 6.30　開断面縦リブ

図 6.31　閉断面縦リブ

車道部分のデッキプレートの板厚 t は 12 mm 以上で，縦リブ間隔 b に応じて，B 活荷重では $t \geqq 0.037b$，A 活荷重では $t \geqq 0.035b$ で求められる。

縦リブの断面形状は，基本的には図 6.27 および図 **6.30** の **開断面縦リブ** と図 **6.31** に示す **閉断面縦リブ** の 2 種類に分類される。

一般に，開断面縦リブは形状が簡単であり，製作ならびに現場継手の構造と施工において閉断面縦リブに勝る。これに対し，閉断面縦リブはねじり剛性が大きいことから開断面縦リブを用いる場合より横リブ間隔を大きくすることができる。このため，大支間橋梁では閉リブが用いられることが多い。また，デ

ッキプレートとの溶接は外側のみから行うため，1縦リブ壁当りの溶接量が開断面縦リブに比べて約半分になる。

縦リブ間隔（閉断面縦リブにあっては縦リブ壁間隔）は，通常 30 cm 程度である。縦リブの最小板厚は 8 mm を原則とするが，腐食に対して十分な配慮を行う場合にかぎり閉断面縦リブの最小板厚を 6 mm とすることができる。

鋼床版の設計計算は，一般に直交異方性版理論もしくは格子桁理論に基づいて行われる。このうち直交異方性版理論を応用した Pelikan-Esslinger (ペリカン・エスリンガー）の方法は標準的な設計方法の一つとしてとり上げられ，土木研究所報告（No. 137, 1969）に詳細な説明がなされている。

T荷重に対する衝撃係数は縦リブでは $i=0.4$，横リブではその支間 L に応じて $i=20/(50+L)$ で計算される値を用いる。また，B活荷重で設計する橋においては，横リブの設計に用いる断面力は，上記の衝撃係数のほかに，横リブの支間および横リブの間隔（縦リブの支間）に応じて割増しが行われる。横リブ間隔が広くなるほどこの割増しは大きくなるが，鋼床版の耐久性を向上させるためには，横リブの断面を増すよりも横リブを密に配置して版の剛性を高めるのが望ましい。

応力度の検算は，縦リブまたは横リブと共同するデッキプレートの有効幅を考慮して行う。鋼床版は床版作用のみならず，主桁の上フランジとしての機能をもつため，床版作用および主桁作用に対してそれぞれ安全であることを照査するとともに，二つの作用を同時に受けるものとして設計する。この場合には，許容応力度の割増しを考慮することができる。

鋼床版は直接輪荷重を支持するため作用応力度の変動（応力振幅）が大きく，道路橋のうちで最も疲労被害を受けやすい部材の一つである。また，鋼床版では，自動車荷重によって生じる応力に対する舗装の剛性，輪荷重のばらつき，輪荷重走行位置の分布などの影響が大きく，設計計算で得られる応力範囲を基にした疲労安全性の照査で適切な評価を行うことは一般に困難である。そこで「鋼道路橋の疲労設計指針」（日本道路協会）では，疲労耐久性が確保できる細部構造等の構造詳細に関する事項を規定している。

6.3 床版および床組

縦リブと横リブまたは横桁の交差部では，縦リブ，および縦リブとデッキプレートの縦方向溶接を連続させることを原則としている．従来，縦リブとデッキプレートの縦方向溶接を連続させ，複数の溶接ビードが重なることを防ぐために，**図 6.32**（a）に示すように横リブまたは横桁の腹板に**スカラップ**（scallop）を設けていた．しかし，図に示すような疲労き裂の発生事例が多く報告されたため，疲労設計指針ではスカラップをなくすこととなった．

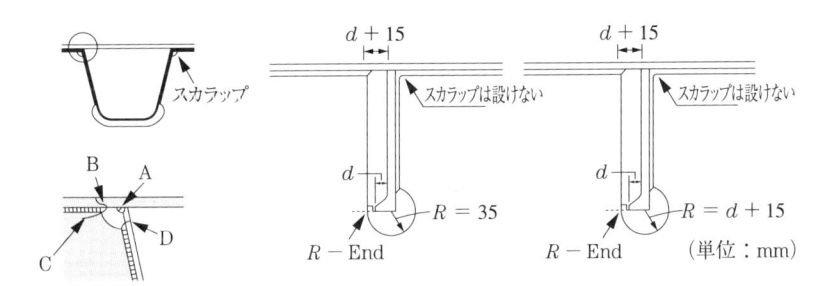

（a）スカラップと疲労き裂

（b）平板リブ，バルブプレートと横リブとの交差部

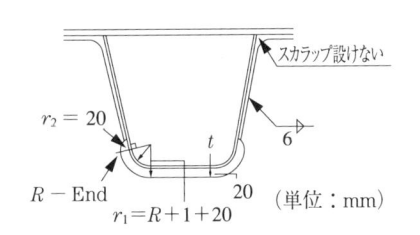

（c）閉断面リブと横リブとの交差部

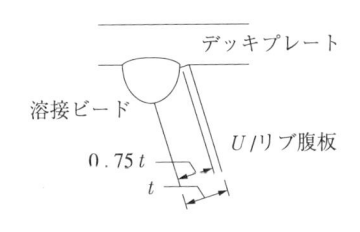

（d）閉断面リブとデッキプレートの溶接

図 6.32　縦リブ溶接部の詳細
（日本道路協会：鋼道路橋の疲労 設計指針，丸善（2002）より）

交差部は，図（b），（c）に示す構造を標準とし，縦リブとデッキプレートの縦方向溶接を連続させるために設けられる横リブまたは横桁の腹板のコーナーカット部には埋戻し溶接を行う．縦リブが貫通する横リブおよび横桁では開口部の影響により剛性が低下するが，横リブの腹板高を 600〜700 mm 程度以上にすることで必要な面内剛性を確保することができる．閉断面リブとデッキプレートの縦方向溶接継手は，図（d）に示すように必要なのど厚を確保する

とともに，リブ板厚の75％以上の溶込み量を確保する必要がある。

6.3.5 床　　　組

床組（floor system）は格子状に組んだ**縦桁**（stringer）と**床桁**（floor beam）とから構成される。橋床や枕木に作用する荷重は，縦桁によって支持され，床桁は縦桁からの反力を主桁へ伝達する。

〔1〕**縦　桁**　　縦桁は，一般に床桁の中心間隔を支間とする単純桁または連続桁として設計される。単純桁として設計する場合には，縦桁と床桁との連結部をヒンジ構造と仮定する。しかし，実際には縦桁の腹板が複数の高力ボルトにより床桁に連結され，さらに床版を有するときには，縦桁の上フランジがスラブ止めによって床版に連結されることから縦桁と床桁の連結部は半固定の状態にあり，せん断力のみならず曲げモーメントも作用する。したがって，単純桁として設計すると連結部が構造上弱点となりやすいため，縦桁の上下フランジの連続性が保たれた連続桁構造とするのが望ましい。

縦桁には，圧延H形鋼または溶接組立てI桁が使用される。縦桁の支間は，桁橋では6m以下とするが，トラスやアーチ橋では10mを超える場合もある。また，縦桁間隔は3m程度までが多く用いられている。

道路橋の縦桁の設計には，通常T荷重が用いられる。しかし，縦桁の支間が大きくなるとL荷重の影響が大きくなり，15m以上ではL荷重によって設計するのが普通である。

連続縦桁の設計曲げモーメントは，表6.9に示すように単純桁と仮定した場合の支間中央点の曲げモーメント M_0 に係数を乗じて算出し，設計せん断力は単純桁と仮定して求めたせん断力をそのまま用いる。

〔2〕**床　桁**　　床桁は縦桁からの反力を受ける単純桁として設計すること

表 6.9　道路橋における連続縦桁の設計曲げモーメント

端　　支　　間	$0.9\,M_0$
中　間　支　間	$0.8\,M_0$
中　間　支　点	$-0.7\,M_0$

ここに，M_0：単純桁としての支間中央の曲げモーメント〔kN・m〕

が多い。しかし，箱桁などのようにねじり剛性の大きい主桁に連結された床桁では連結部に固定端モーメントが生じるため，連結部の設計にはこの曲げモーメントを考慮するほか，箱桁内部にダイヤフラム（6.7.2項参照）を設けるなど力の伝達が確実に行われるよう注意する必要がある。

6.4 主　　　桁

6.4.1 支間と腹板高

　主桁の断面寸法は，おもにフランジの曲げ応力度によって決定され，腹板のせん断応力度は特別な場合を除いて余裕があるのが普通である。したがって，腹板高が高く板厚が薄いほど曲げモーメントに対して効率よく抵抗できるため経済的な断面となるが，腹板の座屈防止のため所定の板厚を確保する必要がある。

　一方，桁下空間の確保や取付け道路高との関係など，架設地点の制約条件により腹板高が制限されるような場合には，フランジ断面が大きくなり鋼重が増大する傾向にある。腹板高が低くなると桁の曲げ剛性の低下に伴ってたわみが大きくなり，**たわみ制限**を満足しないこともある。この場合にはフランジ断面をさらに大きくする必要があり，許容応力度に対して余裕の大きい不経済な断面となる。

　プレートガーダーの経済性には，主桁断面積のほかに補剛材，現場継手および対傾構なども関連し，輸送や架設を含めて考えるとさらに複雑になる。一般に，単純桁の経済的な腹板高と支間との関係は，多くの実例から式（6.20）に示す値が適当と考えられている。なお，連続桁の腹板高は多少低くなる。

$$\left.\begin{array}{ll}\text{道路橋：} & h/l = 1/15 \sim 1/20 \\ \text{鉄道橋：} & h/l = 1/10 \sim 1/15\end{array}\right\} \tag{6.20}$$

ここに，h は腹板高，l は支間である。

6.4.2 主桁の断面力

　多数の主桁が並列している橋梁では，各主桁の荷重分担の割合をどのように仮定するかによって計算方法が異なる。**慣用計算法**（1-0法）は，横桁などによる荷重分配作用を考慮しない方法の代表的なものであり，計算方法が簡略で

あるため主として概略設計に用いられる。荷重分配計算法には，格子理論によるLeonhardt（レオンハルト）やHomberg（ホンベルグ）の方法およびコンピュータを利用した応力法，変形法による解析法がある。

〔1〕 **荷重分配を考慮しない計算法**　慣用計算法（1-0法）では，床版は主桁位置で支持され，主桁間隔を支間とする単純版（単純梁）であると仮定している。すなわち図6.33に示すように，外主桁G_1が分担する荷重は，主桁位置G_1, G_2を支点とする単純梁の支点G_1の反力の影響線を利用し，また中主桁G_2が分担する荷重は二つの単純梁$\overline{G_1G_2}$, $\overline{G_2G_3}$の支点G_2の反力の影響線を利用して求められる。

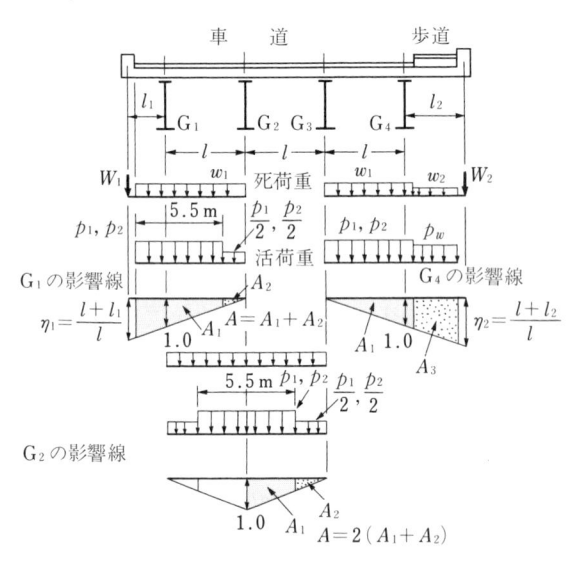

図6.33　慣用計算法による荷重横分布影響線

死荷重として地覆W_1, W_2〔kN/m^2〕と舗装w_1, w_2〔kN/m^2〕を考え，L荷重を2種類の等分布荷重p_1（kN/m^2, 橋軸方向の載荷長D），p_2〔kN/m^2〕および群集荷重をp_w〔kN/m^2〕とすると，影響線縦距ηおよび影響線面積Aから各主桁が分担する荷重強度は式(6.21)で計算される。L荷重は，着目主桁の負担する荷重強度が最大となるように，橋の幅5.5mまでは等分布荷重p_1およびp_2（主載荷荷重）を載荷し，残りの部分には$p_1/2$, $p_2/2$（従載荷荷重）を載荷する。

6.4 主　桁　**149**

G_1 桁： $w_d = W_1\eta_1 + w_1 A$

$\qquad p_{l1} = p_1\left(A_1 + \dfrac{A_2}{2}\right)$

$\qquad p_{l2} = p_2\left(A_1 + \dfrac{A_2}{2}\right)$

G_2 桁： $w_d = w_1 A$

$\qquad p_{l1} = p_1(2A_1 + A_2)$ \hfill (6.21)

$\qquad p_{l2} = p_2(2A_1 + A_2)$

G_4 桁： $w_d = W_2\eta_2 + w_1 A_1 + w_2 A_3$

$\qquad p_{l1} = p_1 A_1$

$\qquad p_{l2} = p_2 A_1$

$\qquad p_{wl} = p_w A_3$

　主桁の曲げモーメントおよびせん断力は，上記の荷重強度と主桁の断面力の影響線を利用して求められる．死荷重は支間全長にわたって載荷されるが，活荷重は移動荷重のため着目点（断面力を求めようとする点）の断面力の絶対値が最大になるように載荷する．このうち等分布荷重強度 p_{l1} は，橋軸方向の任意の点に 1 箇所（載荷長 D）のみに載荷する．

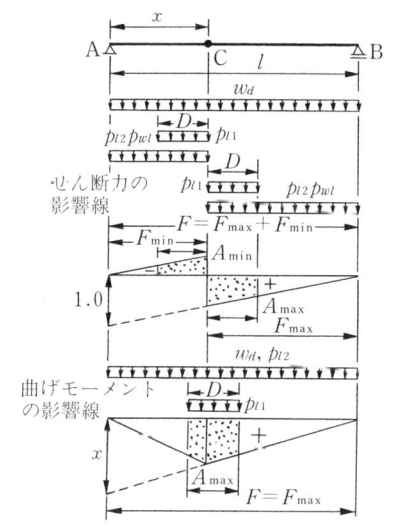

図 **6.34**　曲げモーメントおよびせん断力の影響線

150　第6章　鋼橋の設計

単純桁の任意の点Cの曲げモーメント，せん断力の影響線を図 6.34 に示す。曲げモーメントおよびせん断力は次式によって算定される。

$$\left.\begin{array}{l} M_{C\max} \\ S_{C\max} \end{array}\right\} = w_d F + (p_{l1} A_{\max} + p_{l2} F_{\max})(1+i) + p_{wl} F_{\max} \\ S_{C\min} = w_d F + (p_{l1} A_{\min} + p_{l2} F_{\min})(1+i) + p_{wl} P_{\max} \right\} \quad (6.22)$$

ここに，i は衝撃係数であり，群集荷重には衝撃の影響は考慮しない。

〔2〕**荷重分配を考慮した計算法**　図 6.35 に示すような支間 l，主桁間隔 a で横桁 1 本を有する 3 主桁橋を考える。ただし，主桁と横桁のねじり剛性を無視する。

この格子桁の結合点（格点）b を切り離して静定基本形（図 6.36）に分解す

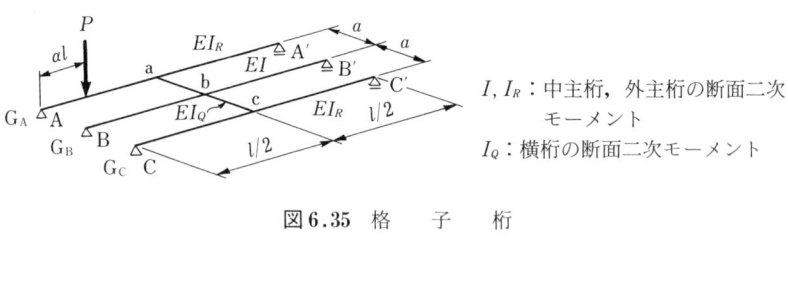

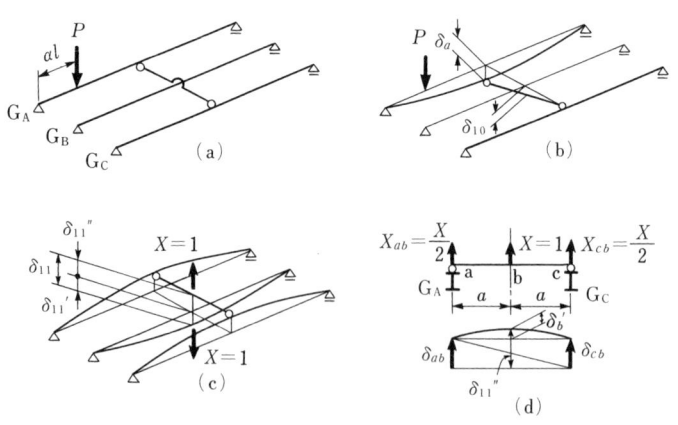

I, I_R：中主桁，外主桁の断面二次モーメント
I_Q：横桁の断面二次モーメント

図 6.35　格　子　桁

図 6.36　静定基本形と変形図[†]

[†] 図 6.36 (b)，(c) で，荷重 P と不静定力 $X\uparrow$ による横桁の格点 b のたわみ ($\delta_{10} - \delta_{11}'' X$) と不静定力 $X\downarrow$ による中桁の格点 b のたわみ ($\delta_{11}' X$) から**変形の適合条件式**は ($\delta_{10} - \delta_{11}'' X = \delta_{11}' X$) となる。

る。荷重が外桁 G_A に作用したときの変形図を図（b）に，不静定力 $X=1$ が格点bに作用したときの変形図を図（c）に示す。δ_{10} は静定基本形に荷重のみが作用する場合の格点bのたわみ，δ_{11} は不静定力 $X=1$ による格点bの変形の拡大量を示す。

不静定力を求める弾性方程式は次式で表される。

$$\left.\begin{array}{l}\delta_{10}+\delta_{11}X=0 \\ \delta_{11}=-(\delta_{11}'+\delta_{11}'')\end{array}\right\} \quad (6.23)^{\dagger}$$

主桁が等間隔に配置されているため，δ_{10} は格点aのたわみ δ_a の 1/2 となる。

$$\delta_{10}=\frac{Pa(3-4a^2)l^3}{96EI_R} \quad (6.24)$$

図（d）に示すように，横桁を格点aおよびcで支持される単純梁と見なすと，不静定力 X による反力と同じ大きさで方向が反対の力 X_{ab}, X_{cb} が主桁 G_A, G_C に作用する。したがって，不静定力によるたわみ δ_{11}'' は X_{ab} と X_{cb} による格点 a，c におけるたわみ δ_{ab}, δ_{cb} の 1/2 と横桁自体のたわみ δ_b' の合計となる。

$$\left.\begin{array}{l}\delta_{11}'=\dfrac{l^3}{48EI} \\ \delta_{11}''=\dfrac{1}{2}(\delta_{ab}+\delta_{cb})+\delta_b'=\dfrac{l^3}{96EI_R}+\dfrac{(2a)^3}{48EI_Q}\end{array}\right\} \quad (6.25)$$

外桁に荷重が載荷される場合の不静定力 X は式（6.23）～（6.25）より次式となる。

$$X=-\frac{\delta_{10}}{\delta_{11}}=\frac{Pa(3-4a^2)z}{2jz+2j+z} \quad (6.26)$$

ここに

$$\left.\begin{array}{l}j=\dfrac{I_R}{I} \\ z=\left(\dfrac{l}{2a}\right)^3\dfrac{I_Q}{I}\end{array}\right\} \quad (6.27)$$

z を**格子剛度**といい，通常 $z=10$～15 とする。中桁に荷重が載荷される場合も同様にして計算される。

$$X=-\frac{2Pa(3-4a^2)jz}{2jz+2j+z} \quad (6.28)$$

---

† 前ページの脚注を参照。

つぎに各主桁の**荷重分配係数** q_{ij} を求める。この q_{ij} は単位荷重が格点 j に載荷されたときの点 i に配分される格点力である。式 (6.26),(6.28) において $P=1$, $\alpha=1/2$ とおいて求めた不静定力 X はつぎのようになる。

外桁載荷: $\quad X = \dfrac{z}{2\,jz + 2\,j + z}$ \hfill (6.29)

中桁載荷: $\quad X = -\dfrac{2\,jz}{2\,jz + 2\,j + z}$ \hfill (6.30)

したがって,格点力は次式で計算される。

外桁載荷:
$$\left.\begin{aligned}
q_{aa} &= 1 - \frac{X}{2} = \frac{4\,jz + 4\,j + z}{4\,jz + 4\,j + 2\,z} \\
q_{ba} &= X = \frac{z}{2\,jz + 2\,j + z} \\
q_{ca} &= -\frac{X}{2} = -\frac{z}{4\,jz + 4\,j + 2\,z}
\end{aligned}\right\} \quad (6.31)$$

表6.10 Leonhardt の荷重分配係数[27]

(a) 主桁 3 本

分母 $N = 4\,J/z + (4\,j + 2)$

$q_{11} - 1 = -1/N = q_{13}$	
$q_{12} \quad\;\; = +2\,j/N$	
$q_{22} - 1 = -4\,j/N$	
$q_{21} = q_{12}/j,\; q_{23} = q_{21}$	

(b) 主桁 4 本

分母 $N_1 = 10\,j/z + (2\,j + 2)$
分母 $N_2 = 6\,j/z + (18\,j + 2)$

上 欄	分母 N_1		分母 N_2	下 欄
$q_{11} - 1 =$	$[-1]$	$\pm$	$[-1]$	$= q_{14}$
$q_{12} \quad\;\; =$	$[+j]$	$\pm$	$[+3\,j]$	$= q_{13}$
$q_{22} - 1 =$	$[-j]$	$\pm$	$[-9\,j]$	$= q_{23}$

$q_{21} = q_{12}/j,\; q_{24} = q_{13}/j$

(c) 主桁 5 本

分母 $N_1 = 14\,j/z + (64\,j + 4) + (4\,j + 6)z$
分母 $N_2 = 8\,j/z + (8\,j + 2)$

上 欄	分母 N_1		分母 N_2	下 欄
$q_{11} - 1 \;\;=$	$[-2 - 3\,z]$	$\pm$	$[-1]$	$= q_{15}$
$q_{12} \quad\;\;\;\; =$	$[+5 + 2\,z]\,j$	$\pm$	$[+2\,j]$	$= q_{14}$
$q_{13} \quad\;\;\;\; =$	$[-6 + 2\,z]\,j$	$\pm$	0	
$q_{22} - 1 \;\;=$	$[-16\,j - (2\,j + 1)z]$	$\pm$	$[-4\,j]$	$= q_{24}$
$q_{23} \quad\;\;\;\; =$	$[+22\,j + 2\,z]$	$\pm$	0	
$q_{33} - 1 \;\;=$	$[-32\,j - (4\,j + 4)z]$	$\pm$	0	

$q_{21} = q_{12}/j,\; q_{31} = q_{13}/j,\; q_{34} = q_{32}$
$q_{25} = q_{14}/j,\; q_{32} = q_{23},\quad q_{35} = q_{31}$

6.4 主　　　桁　**153**

中桁載荷： $\quad q_{ab}=q_{cb}=-\dfrac{X}{2}=\dfrac{jz}{2\,jz+2\,j+z}$

$\qquad\qquad q_{bb}=1+X=\dfrac{2\,j+z}{2\,jz+2\,j+z}$ 　　　　　(6.32)

　Leonhardt と Homberg は，簡便な方法により格子桁の格点のたわみを解き，実用計算に必要な数値，係数を与えている。**表 6.10** は，その成果の一例で，支間中央に横桁が 1 本ある場合の Leonhardt の荷重分配係数である。上欄，下欄と示されているのは，正負の複号のうち上側または下側の符号を用いることを意味する。

　図 6.37 は Leonhardt の計算法によって求めた荷重横分配影響線であり，各主桁の荷重分担が慣用計算法（図 6.33）と異なることがわかる。計算例を 6.8.7 項に示す。

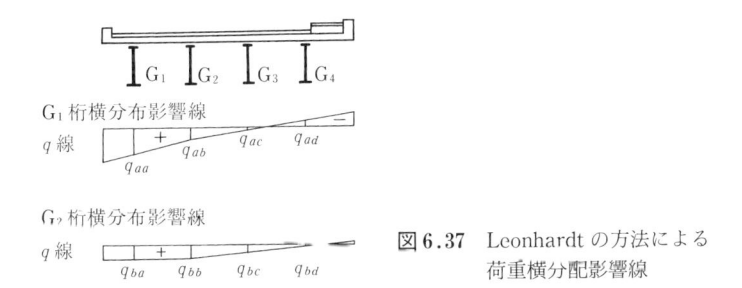

図 6.37 Leonhardt の方法による荷重横分配影響線

6.4.3　断面の算定

〔1〕**応力計算**　　曲げモーメントが作用する場合の垂直応力度（**図 6.38**）は次式で算出される。

$$\sigma_b=\dfrac{M}{I}y \qquad\qquad (6.33)$$

ここに，σ_b は曲げモーメントによる垂直応力度，M は曲げモーメント，I は総断面の中立軸まわりの断面二次モーメント，y は中立軸から着目点までの距離である。

　腹板の曲げに伴うせん断応力度は次式によって近似的に求めることができる。

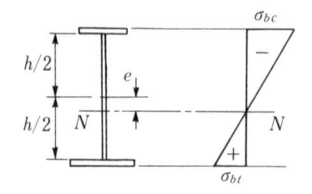

図 6.38 曲げモーメントによる垂直応力分布

$$\tau_b = \frac{S}{A_w} \tag{6.34}$$

ここに，τ_b はせん断応力度，S は曲げに伴うせん断力，A_w は腹板の総断面積である。

比較的板厚の厚い断面のせん断応力度の分布は，**梁理論**（beam theory）に基づいて式 (6.35) により求められる。また，プレートガーダーのような薄肉断面の梁において最も厳密な値を与えると考えられる**せん断流理論**（shear flow theory）によれば，式 (6.36) で算定される。

梁理論： $\quad \tau_b = \dfrac{SQ}{tI} \tag{6.35}$

せん断流理論（$y \geq 0,\ z \geq 0$）：

$$\left. \begin{array}{l} \tau_b = \dfrac{S}{I} \cdot \dfrac{h}{2}\left(\dfrac{b}{2} - z\right) \quad （フランジ） \\[2mm] \tau_b = \dfrac{1}{2} \cdot \dfrac{S}{I}\left\{\left(\dfrac{h^2}{4} - y^2\right) + \dfrac{t_f}{t_w}bh\right\} \quad （腹\quad 板） \end{array} \right\} \tag{6.36}$$

ここに，Q は着目点（せん断応力度を求める点）より外側部分の桁総断面の中立軸に関する断面一次モーメント，t は着目点での断面の幅である。y，z は**図 6.39** の図心 G から着目点までの距離で，そのほかの記号は図中に示す。

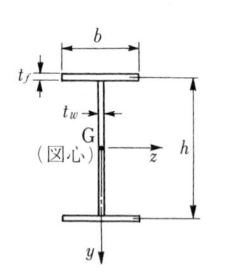

図 6.39 I 形 断 面

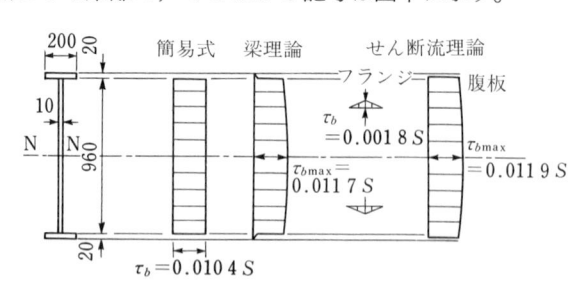

図 6.40 せん断応力度分布の相違

いま，フランジ幅 $b=20$ cm，フランジ板厚 $t_f=2$ cm，桁高 100 cm（$h=98$ cm），腹板厚 $t_w=1$ cm として式（6.34）〜（6.36）によってせん断応力分布を求めると図 **6.40** のようになる。

梁理論またはせん断流理論によるとせん断力の大部分は腹板で受け持たれ，最大せん断応力度は断面の中立軸の位置に生じる．この最大せん断応力度と，全せん断力が腹板内に均一に分布すると仮定した簡易式による値との誤差が小さいことから，プレートガーダーでは式（6.34）によってせん断応力度を算出してもよい．

曲げモーメントおよびせん断力が作用する場合で垂直応力度 σ_b およびせん断応力度 τ_b がともに大きいときには，両者の合成応力度について検算を行う．道路橋では σ_b，τ_b がそれぞれの許容応力度の 45 ％ を超えるとき次式により検算する．

$$\left(\frac{\sigma_b}{\sigma_a}\right)^2+\left(\frac{\tau_b}{\tau_a}\right)^2\leq 1.2 \tag{6.37}$$

ただし，$\sigma_b\leq\sigma_a$，$\tau_b\leq\tau_a$ である．

〔2〕 **フランジ断面**　　フランジの必要断面積は，許容曲げ応力度（図 **6.41**）と設計曲げモーメントにより次式で概算される[22],[25],[26]．

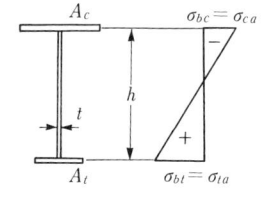

図 **6.41**　I 形断面桁の曲げ応力分布

$$\left.\begin{aligned}A_c&=\frac{M}{\sigma_{ca}h}-\frac{ht}{6}\cdot\frac{2\sigma_{ca}-\sigma_{ta}}{\sigma_{ca}}\\ A_t&=\frac{M}{\sigma_{ta}h}-\frac{ht}{6}\cdot\frac{2\sigma_{ta}-\sigma_{ca}}{\sigma_{ta}}\end{aligned}\right\} \tag{6.38}$$

ここに，A_c，A_t は圧縮および引張フランジの必要断面積，M は設計曲げモーメント，h は上下フランジの板厚中心距離，σ_{ca}，σ_{ta} は許容曲げ圧縮，引張応力

度であり，表 4.6 により算定する。

この必要断面積の概算値に基づいてフランジの板幅と板厚を仮定したのち，詳細な応力度の照査を行う。断面の仮定にあたってはフランジ板厚が薄いと，溶接によって変形したり，フランジ内の応力分布が不均一になるなどから，**幅厚比制限**を設けて所定の板厚を確保する。引張フランジ，圧縮フランジとも鋼種にかかわらず次式の幅厚比制限を設けている。

$$t \geqq \frac{b_1}{16} \tag{6.39}$$

ここに，t および b_1 は図 6.42 に示すように，フランジ板厚と自由突出幅である。

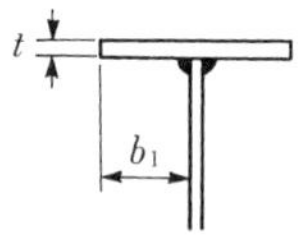

表 6.11 局部座屈による許容応力度の低減を考慮しない場合の圧縮フランジの最小板厚(道路橋)

鋼材の板厚〔mm〕	SS 400 SM 400 SMA 400 W	SM 490	SM 490 Y SM 520 SMA 490 W	SM 570 SMA 570 W
40 以下	$\dfrac{b_1}{12.8}$	$\dfrac{b_1}{11.2}$	$\dfrac{b_1}{10.5}$	$\dfrac{b_1}{9.5}$
40 を超え 75 以下	$\dfrac{b_1}{13.6}$	$\dfrac{b_1}{11.5}$	$\dfrac{b_1}{10.9}$	$\dfrac{b_1}{9.7}$
75 を超え 100 以下			$\dfrac{b_1}{11.0}$	$\dfrac{b_1}{9.8}$

図 6.42 フランジの自由突出幅

b_1：自由突出路

圧縮フランジでは，板厚が式 (6.39) に示す幅厚比制限を満足していても，**表 6.11** に示す鋼種別の板厚を下回る場合には，**局部座屈** (local buckling) を考慮した設計を行う必要がある。この場合の局部座屈に対する許容応力度 σ_{cal} は，鋼種にかかわらず次式で計算される。

$$\sigma_{cal} = 23\,000 \left(\frac{t}{b_1}\right)^2 \tag{6.40}$$

式 (6.40) で求めた局部座屈に対する許容応力度が，表 4.6 で計算される許容曲げ圧縮応力度より小さい場合には，式 (6.40) の値が許容曲げ圧縮応力度となる。

〔3〕 **腹板厚**　腹板は曲げモーメントとせん断力の作用を受けるが，腹板のせん断応力度は許容応力度に対してかなり低いこと，およびフランジの曲げ応力度に及ぼす腹板厚の大小の影響は小さいことなどから，一般に腹板の板厚が薄いほど経済的になる。しかし，あまり薄くすると，支点付近では**せん断座屈**が生じ，支間中央部では**曲げ圧縮座屈**が生じることになる。このような腹板の座屈を防止するため，腹板の板厚を一定値以上に制限したり，補剛材を設けて腹板の補強を行う。図 6.2 に示すようにせん断座屈に対しては**垂直補剛材**を配置し，曲げ座屈に対しては主として**水平補剛材**を配置する。

　腹板厚の規定は，垂直補剛材の間隔や水平補剛材との関連を考慮して，曲げモーメントとせん断力を同時に受ける板の座屈照査を行い，**表 6.12** に示すように定められている。腹板高の大きいプレートガーダーでは，水平補剛材を設けて腹板厚をなるべく薄くするのが経済的となるが，溶接施工上の面から 10 mm 以下の腹板厚に対して 2 段の水平補剛材を設けることは好ましくない。

表 6.12　道路橋プレートガーダーの最小腹板厚　　　〔cm〕

鋼種	SS 400 SM 400 SMA 400 W	SM 490	SM 490 Y SM 520 SMA 490 W	SM 570 SMA 570 W
水平補剛材のないとき	$\dfrac{b}{152}$	$\dfrac{b}{130}$	$\dfrac{b}{123}$	$\dfrac{b}{110}$
水平補剛材を1段用いるとき	$\dfrac{b}{256}$	$\dfrac{b}{220}$	$\dfrac{b}{209}$	$\dfrac{b}{188}$
水平補剛材を2段用いるとき	$\dfrac{b}{310}$	$\dfrac{b}{310}$	$\dfrac{b}{294}$	$\dfrac{b}{262}$

b：上下両フランジの純間隔

〔4〕 **フランジと腹板の溶接**　フランジと腹板とを結合する溶接は，通常，図 6.43 のようにすみ肉溶接が用いられる。この場合，すみ肉溶接継手に生じるせん断応力度は次式によって計算される。

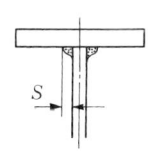

図 6.43　フランジと腹板の溶接

$$\tau = \frac{SQ}{\sum aI} \leq \tau_a \tag{6.41}$$

ここに，τ はすみ肉溶接部のせん断応力度，$\sum a$ はすみ肉溶接ののど厚の合計，I は主桁の断面二次モーメント，S はせん断力，Q はフランジの主桁中心軸に関する断面一次モーメントである。

力を伝達するすみ肉溶接のサイズ S は式 (6.13) により求められるが 6 mm 以上とする。

〔5〕 **断面変化** プレートガーダーの断面変化は，図 6.44 (a) に示すように，フランジの板幅，板厚あるいは両者の増減による方法が一般的であるが，連続桁などでは中間支点付近で曲げモーメントやせん断力が大きくなることなどを考慮して，桁高を変化させる場合もある。

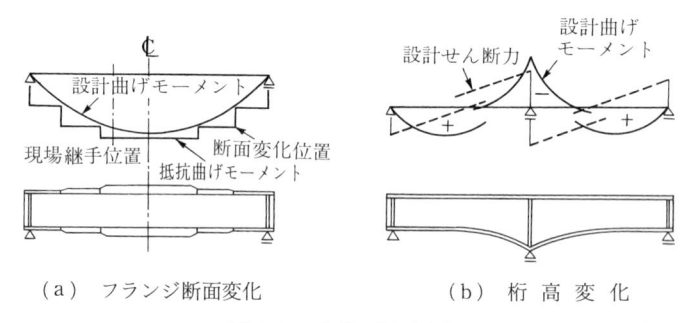

　　(a) フランジ断面変化　　　　(b) 桁高変化

図 6.44 主桁の断面変化

フランジプレートの接合には，全断面溶込み突合せ溶接が用いられる。板厚または板幅の異なるフランジの突合せ継手においては，断面の急変による応力集中を避けるため，図 6.45 に示すように長さ方向に傾斜を付け，板厚・板幅を徐々に変化させる。

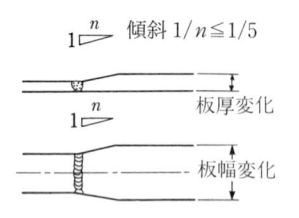

図 6.45 断面の異なるフランジの突合せ継手

6.4 主桁

　図 6.44 (a) に示したように，主桁の抵抗曲げモーメントと設計曲げモーメントの差が小さいほど，すなわち断面変化の数が多いほど鋼重を減少させることができ，支間に応じて 2～4 の断面数とすることが多かった。しかし，近年の材料費に比して人件費の割合が高い状況から，製作加工度を減少させることが重視され，鋼板の加工や突合せ溶接など製作工数の多いフランジ接合部の省力化が検討されてきた。

　現在では，図 6.46 に示すように，断面変化数を減らすとともに，断面変化位置と現場継手位置を一致させ，1 部材（1 ブロック）当り 1 断面とすることが主流となっている。I 桁では，フランジ幅を桁全長で同一幅とし，断面変化は板厚の変化で対応する。このため，現場継手部で，フランジ板厚差に応じて**フィラー**（フィラープレート）を使用する（6.4.5 現場継手参照）。

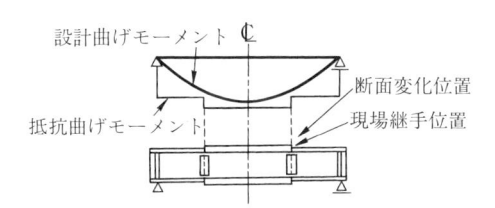

図 6.46　主桁フランジの断面変化

〔6〕 **スラブ止め**　　RC 床版を有するプレートガーダーでは，床版と鋼桁とを密着させ，風や地震などの水平力に対して床版が所定の位置を確保できるように上フランジに**スラブ止め**（slab clamp）を設ける。スラブ止めは図 6.47 に示すような構造とし，1 m 以下の間隔で設ける。ただし，スラブ止めによる床版と鋼桁との合成効果は期待できない。

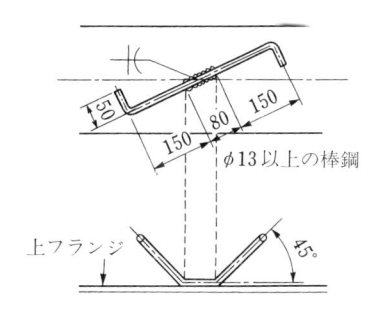

図 6.47　スラブ止め

6.4.4 補　剛　材

〔1〕 **荷重集中点の補剛材**　主桁の支点や横桁，対傾構の取付け部のような荷重集中点には垂直補剛材（vertical stiffener）を設ける。この垂直補剛材は，集中荷重を腹板に分散（支点上では腹板のせん断力を支承に伝達）すると同時に局部的に曲げを受ける腹板を補剛する機能をもつ。一般に，荷重集中点の補剛材は，軸方向圧縮力を受ける柱として設計される。この場合，下フランジと腹板は溶接接合されているため腹板の一部も垂直補剛材と共同して働く。

図 6.48 に示すように補剛材の取付け部から両側に腹板厚の 12 倍が有効であるとして計算する。ただし，全有効断面積は補剛材の断面積の 1.7 倍以内とし，許容軸方向圧縮応力度の算出に用いる有効座屈長は腹板高の 1/2 とする。荷重集中点の補剛材の突出部の板厚は，圧縮フランジの板厚（表 6.9）と同様の幅厚比制限を受ける。

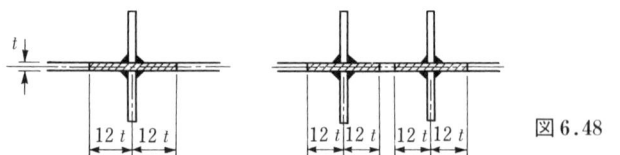

図 6.48　腹板の有効幅

〔2〕 **垂直補剛材**　荷重集中点の補剛材は腹板の両側に設けられるが，腹板座屈防止のための垂直補剛材は片側に設けられることが多い。垂直補剛材の間隔は，水平補剛材の有無に応じて**表 6.13** によって検討する。

また，腹板厚が比較的厚いときには，垂直補剛材がなくても腹板の座屈が生じなくなる。上・下フランジの純間隔が**表 6.14** の値以下の場合には，垂直補剛材を省略することができる。

腹板の座屈解析は，腹板がフランジや補剛材取付け位置において単純支持されていると仮定して行われ，前述の最小腹板厚や垂直補剛材間隔の規定が定められている。補剛材取付け部が腹板の座屈に対して節（単純支持）となるためには，補剛材はある一定値以上の剛度をもつ必要があり，道路橋では，垂直補剛材の断面二次モーメントは次式で求めた値以上とする。

6.4 主桁

表 6.13 垂直補剛材の間隔（道路橋）

1) 水平補剛材を用いない場合

$$\left(\frac{b}{100\,t}\right)^4\left[\left(\frac{\sigma}{345}\right)^2+\left\{\frac{\tau}{77+58(b/a)^2}\right\}^2\right]\leq 1 \quad \left(\frac{a}{b}>1\right)$$

$$\left(\frac{b}{100\,t}\right)^4\left[\left(\frac{\sigma}{345}\right)^2+\left\{\frac{\tau}{58+77(b/a)^2}\right\}^2\right]\leq 1 \quad \left(\frac{a}{b}\leq 1\right)$$

2) 水平補剛材を1段用いる場合

$$\left(\frac{b}{100\,t}\right)^4\left[\left(\frac{\sigma}{900}\right)^2+\left\{\frac{\tau}{120+58(b/a)^2}\right\}^2\right]\leq 1 \quad \left(\frac{a}{b}>0.80\right)$$

$$\left(\frac{b}{100\,t}\right)^4\left[\left(\frac{\sigma}{900}\right)^2+\left\{\frac{\tau}{90+77(b/a)^2}\right\}^2\right]\leq 1 \quad \left(\frac{a}{b}\leq 0.80\right)$$

3) 水平補剛材を2段用いる場合

$$\left(\frac{b}{100\,t}\right)^4\left[\left(\frac{\sigma}{3\,000}\right)^2+\left\{\frac{\tau}{187+58(b/a)^2}\right\}^2\right]\leq 1 \quad \left(\frac{a}{b}>0.64\right)$$

$$\left(\frac{b}{100\,t}\right)^4\left[\left(\frac{\sigma}{3\,000}\right)^2+\left\{\frac{\tau}{140+77(b/a)^2}\right\}^2\right]\leq 1 \quad \left(\frac{a}{b}\leq 0.64\right)$$

ここに，a：垂直補剛材間隔〔cm〕，b：腹板高〔cm〕，t：腹板厚〔cm〕，σ：腹板の縁圧縮応力度〔kN/mm²〕，τ：腹板のせん断応力度〔kN/mm²〕
ただし，$a/b\leq 1.5$ でなければならない．

表 6.14 垂直補剛材を省略できるフランジ純間隔の最大値（道路橋）

鋼種	SS 400 SM 400 SMA 400 W	SM 490	SM 490 Y SM 520 SMA 490 W	SM 570 SMA 570 W
上下両フランジ純間隔	70 t	60 t	57 t	50 t

t：腹板厚

$$I=\frac{bt^3}{11}\gamma, \quad \gamma=8.0\left(\frac{b}{a}\right)^2 \tag{6.42}$$

ここに，a は垂直補剛材間隔，b は上下フランジの純間隔（腹板高），t は腹板厚であり，γ を**必要剛比**と呼ぶ．また，垂直補剛材の幅 b_s は，腹板高の 1/30 に 50 mm を加えた値以上とし，板厚は $t_s\geq b_s/13$ とする．

補剛材が腹板の片側のみに取り付けられる場合の断面二次モーメントは，腹板の表面に関して計算する．垂直補剛材には，一般に腹板の鋼種にかかわらず SS 400 の鋼種が用いられる．

〔3〕**水平補剛材**　水平補剛材（horizontal stiffener）の断面二次モーメントは次式で求めた値以上とする．

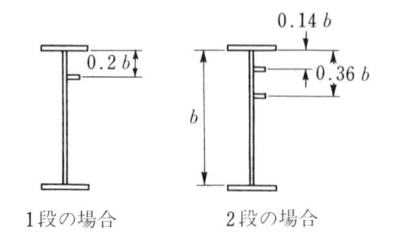

図6.49 水平補剛材の取付け位置

$$I = \frac{bt^3}{11}\gamma, \quad \gamma = 30\left(\frac{a}{b}\right) \tag{6.43}$$

水平補剛材の取付け位置を図6.49示す。水平補剛材は，その取付け位置の腹板の応力と同じ大きさの応力が生じるものとして鋼種を決定する。

〔4〕 **補剛材の溶接** 補剛材の接合には主としてすみ肉溶接が用いられ，そのサイズ S は式（6.13）により算出された値とする。ただし，荷重集中点の垂直補剛材および鉄道橋の水平補剛材は6mm以上のサイズとする。

支点上の垂直補剛材は，力を円滑に腹板に伝達させる必要があることから，その上下両端をフランジに溶接することを原則とする。この場合，補剛材と腹板，補剛材とフランジの2本の交差するすみ肉溶接が重ならないように，図6.50に示すようにスカラップを設ける。

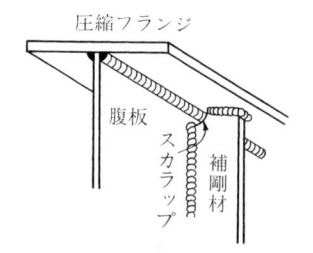

図6.50 補剛材端部の詳細

横桁，対傾構の取付け部のような荷重集中点の垂直補剛材は，圧縮フランジ側では支点上の補剛材と同様の構造とするが，引張フランジには溶接を行わず，端部をフランジに密着させるにとどめる。これは，垂直補剛材を取り付けるすみ肉溶接線が，フランジに作用する曲げ応力の方向と直角になるため，溶接止端部の応力集中によってフランジの疲労強度が低下するためである。

荷重集中点以外の垂直補剛材は，引張フランジに密着させなくても特に支障がないため，防錆に配慮して引張フランジと適当な間隔をあけて取り付ける。

疲労の影響が大きい鉄道橋では，図 6.51 に示すように腹板と補剛材のまわし溶接部の設計作用応力範囲を用いて疲労照査を行わなければならない。

水平補剛材も中間垂直補剛材と同じく腹板の片側に設けることが多いが，垂直補剛材と同じ側に設ける場合には，補剛材の交差部は図 6.52 に示す構造とする。鉄道橋では交差部をすみ肉溶接で結合する。

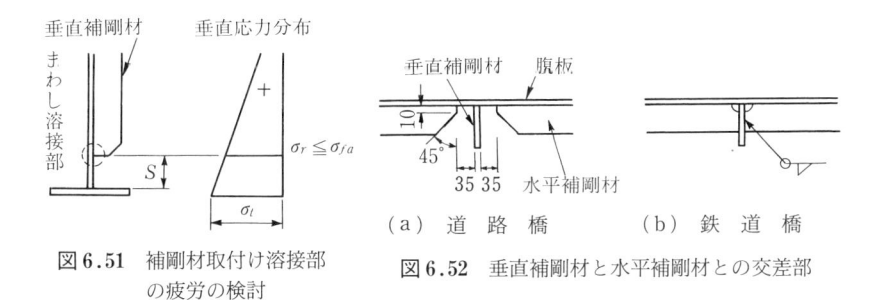

図 6.51 補剛材取付け溶接部の疲労の検討

図 6.52 垂直補剛材と水平補剛材との交差部

6.4.5 現場継手

鋼橋は，その架設方法や架設地点までの部材の輸送手段を考慮していくつかのブロックに分けて工場製作され，架設現場で組み立てられるのが一般的である。この**現場継手**（field joint）には，現在のところ高力ボルト摩擦接合が最も多く用いられている。現場継手は，図 6.46 に示したように断面変化位置と同じ位置に設ける。

継手の設計は，継手位置の設計曲げモーメントから計算された作用応力度に基づいて行うことを原則とするが，主要部材の継手は少なくとも母材の全強の 75％以上の強度をもつようにしなければならない。ただし，せん断力については作用応力度を用いて設計する。**全強**（full strength）とは，設計上部材が耐えられる最大の力のことで次式によって求められる。

$$\begin{aligned}圧縮部材：\quad & P = \sigma_{ca} A_g \\ 引張部材：\quad & P = \sigma_{ta} A_n\end{aligned} \right\} \tag{6.44}$$

ここに，P は全強，σ_{ca} は許容圧縮応力度，σ_{ta} は許容引張応力度，A_g は総断面

積，A_n は純断面積である．

〔1〕**フランジの継手**　板厚の異なるフランジを連結する場合には，図 6.53 に示すように部材間に**フィラー**を挿入する．フィラーの板厚は，厚い側のフランジ板厚の 1/2 程度を限度とし，最小厚を 2.3 mm とする．板厚差が 1 mm の場合には，フィラーを設けない．フィラーの材質は，摩擦接合においては，母材の鋼種にかかわらず，一般構造用鋼材（SS 400）を用いてよい．

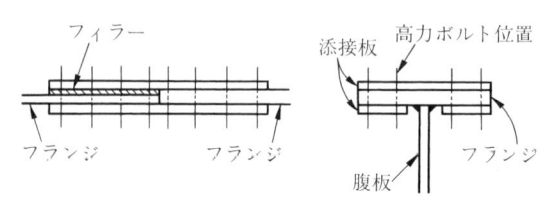

図 6.53　フランジの継手部断面

添接板（splice plate）は，フランジの両面に用い，式 (6.45) を満足するように断面を定める．

$$\sigma = \frac{P}{A} \leq \sigma_a \tag{6.45}$$

ここに，P は伝達すべき力，A は添接板の断面積で圧縮フランジにおいては総断面積，引張フランジでは純断面積とする．

添接板の設計では，表 6.2，表 6.3 に示したボルト配置の規定を遵守する．設計計算例を 6.8.5 項に示した．

〔2〕**腹板の継手**　腹板の継手は，図 6.54 に示すように 2 種類の添接板の用い方があるが，いずれの場合も添接板の最縁端での応力度が次式を満足するように設計しなければならない．

$$\left. \begin{array}{l} \sigma = \dfrac{M_w}{I_s} y \leq \sigma_a \\[6pt] M_w = M \dfrac{I_w}{I} \end{array} \right\} \tag{6.46}$$

ここに，M は継手位置における設計曲げモーメント，M_w は腹板が受けもつ曲げモーメント，I は主桁の断面二次モーメント，I_w は主桁断面の中立軸に関する腹板の断面二次モーメント，I_s は主桁断面の中立軸に関する添接板の断面

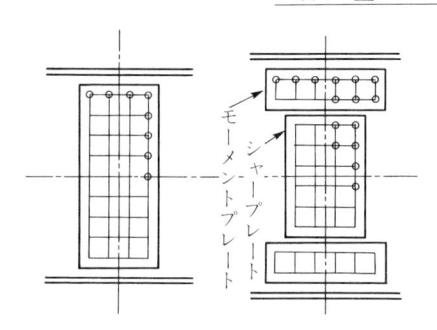

図 6.54　腹板継手の添接板

二次モーメント，y は主桁の中立軸から添接板の最縁距離である。

6.4.6　たわみ

〔1〕 **たわみの計算**　プレートガーダーでは，一般に断面変化させて鋼重の軽減を図るため，主桁のたわみ (deflection) は厳密には弾性荷重法などにより変化する断面二次モーメントとその長さを考慮して算出する必要がある。特に精密な計算を必要としない場合には，つぎの簡略式を用いてたわみの算定を行う。

$$\delta = \frac{5}{48} \frac{Ml^2}{EI} \tag{6.47}$$

ここに，δ は支間中央のたわみ，l は支間，M は支間中央での最大曲げモーメント，I は平均断面二次モーメントである。Beleich（ブライヒ）の平均法によって平均断面二次モーメントを算出すると多くの場合，$I \fallingdotseq 0.9\,I_m$（$I_m$：支間中央の断面二次モーメント）となる。

〔2〕 **死荷重たわみ**　支間が大きい場合には死荷重によるたわみが大きくなるので，所定の縦断勾配を確保するため，図 6.55 に示すように工場製作時にあらかじめ死荷重たわみだけ上げ越しておく。この上げ越し量をそり（キャンバー，camber）と呼び，プレートガーダーの場合，道路橋では支間が 25 m 以上，鉄道橋では 30 m 以上のときにそりを付ける。

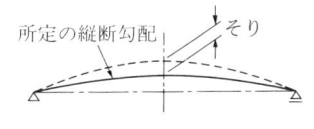

図 6.55　死荷重たわみとそり

〔3〕活荷重たわみ 橋梁各部の設計応力度が許容応力度を満足している場合でも，橋の剛性が小さくたわみが大きいと変形に伴う二次応力の発生，過大な振動，車両走行性の悪化および通行者の不快感などの差し障りが生じることになる。このため，橋梁全体としてある程度以上の剛度が必要と考えられ，活荷重による**たわみ制限**が設けられている。表 6.15 に道路橋の制限値を示す。なお，活荷重たわみの算定には衝撃の影響は考えない。

表 6.15 たわみの許容値

橋の形式		桁の形式	単純桁および連続桁	ゲルバー桁の片持部
プレートガーダー形式	RC 床版をもつプレートガーダー	$L \leq 10$	$L/2\,000$	$L/1\,200$
		$10 < L \leq 40$	$\dfrac{L}{20\,000/L}$	$\dfrac{L}{12\,000/L}$
		$40 < L$	$L/500$	$L/300$
	その他の床版をもつプレートガーダー		$L/500$	$L/300$

6.5 横構，対傾構および横桁

6.5.1 概　説

橋梁には鉛直方向の荷重のほか，風荷重や地震荷重などの水平方向の荷重が作用する。このような横荷重に対して，橋梁全体の横方向の剛性を保持し，横荷重を円滑に支承に伝達させると同時に偏心荷重による主桁のねじれを防止する目的で，主桁間に**対傾構**（sway bracing）や**横構**（lateral bracing）を設ける。

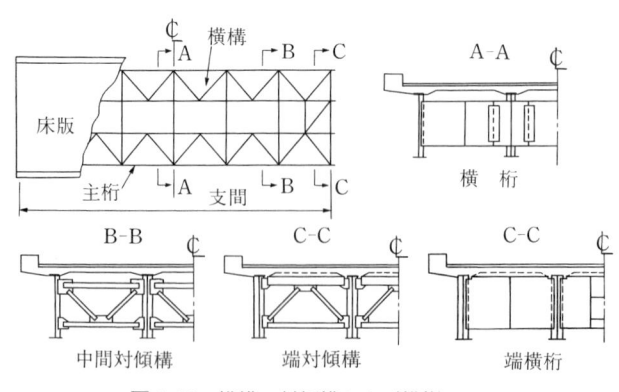

図 6.56　横構，対傾構および横桁

また，各主桁に共同して荷重を分担させる目的（荷重分配作用）で**横桁**（cross beam）が設けられる．図 **6.56** に横桁，横構および対傾構の配置と概略の構造を示す．

6.5.2 横　　　構

横構は，水平荷重を支点に伝達する役目をもち，上フランジ付近に上横構を，下フランジ付近には下横構を設ける．RC 床版のような強固な床版をもつ上路プレートガーダーでは上横構が省略される．また，支間が道路橋で 25 m 以下，鉄道橋で 16 m 以下の直線橋の場合には，下横構も省略される．

主桁が 3 本以上の場合には，少なくとも 2 列の横構を配置する必要があり，支点付近では水平荷重をすべての支承に均等に分散させるため全主桁間に配置する．4 主桁の場合の配置例を図 6.56 に示している．

地震荷重および風荷重は，橋軸直角方向に作用する等分布荷重として取り扱う．地震荷重は支間全長にわたって作用するものとし，風荷重は移動荷重と考えて着目する部材の断面力が最大となるように作用するものと考える．

RC 床版を有する橋梁では横構と床版が等分して受けもつと考える．横構が 2 列配置される場合には，地震荷重に対しては 2 列の横構が等分に分担すると考えるが，風荷重に対しては風上側の横構が単独で抵抗すると考えるのがよい．

横構の部材力は影響線を用いて求めるが，横構が二次部材であるためトラス橋のように厳密に算定する必要はない．図 6.56 に示した横構の配置例の場合には，図 **6.57** のように簡略化して考える．したがって，部材力はつぎのようになる．

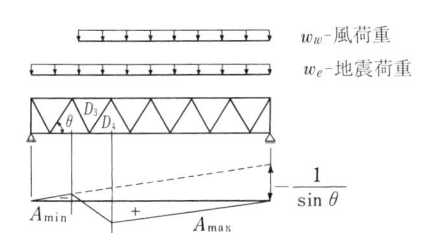

図 **6.57**　横構の部材力の算定

$$\left.\begin{array}{ll}風荷重： & D_3 = w_w A_{\max}, \qquad D_4 = -D_3 \\ 地震荷重： & D_3 = w_e(A_{\max} + A_{\min}), \quad D_4 = -D_3\end{array}\right\} \qquad (6.48)$$

横構の設計にあたっては細長比 l/r の制限を受けるが，二次部材の最大細長比は表6.16のように緩和される。横構部材には，山形鋼やT形鋼が使用されることが多いが，この場合には図6.58に示すように部材の取付け面と重心軸がずれるため，偏心による付加曲げモーメントが作用する。計算を簡単にするため，引張材では図中の斜線の部分を有効断面積と考えて応力照査を行い，圧縮材では次式により設計する。

$$\sigma_c = \frac{D}{A_y} \leq \sigma_{ca}\left(0.5 + \frac{l/r_x}{1\,000}\right) \qquad (6.49)$$

ここに，l は有効座屈長，r_x は重心軸（x-x）まわりの断面二次半径である。

表6.16　部材の最大細長比（l/r）

	圧縮部材	引張部材
道路橋	120 (150)	200 (240)
鉄道橋	100 (120)	200

（注）（　）内は二次部材

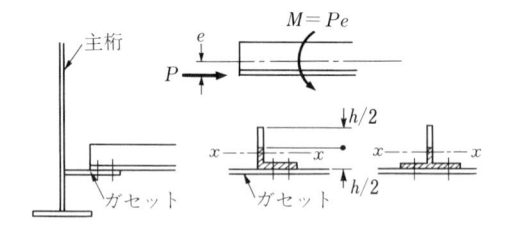

図6.58　形鋼の偏心曲げ

6.5.3　対　傾　構

〔1〕　**端対傾構**　　主桁の支点位置に設けられる対傾構で，主桁のねじれを防ぎ，横荷重を支承に伝達する機能をもつ。地震または風による横荷重を H とすると，部材力は図6.59に示すようなトラス骨組として算定される。

一般に，床版端部は輪荷重による衝撃の影響が大きいため，床版の厚さを増して端対傾構の上弦材で直接支持している。このため，上弦材は輪荷重を直接支持できるように設計する。通常，図6.60に示すように主桁および斜材と上弦材との結合点を支点と考えた単純梁として取り扱う。この場合には，輪荷重が作用していることから一次部材として考える必要がある。

〔2〕　**中間対傾構**　　中間対傾構は主桁の相対変位を抑制するとともに主桁

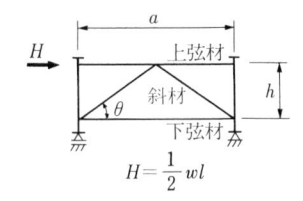

図 6.59　端対傾構のトラスモデル

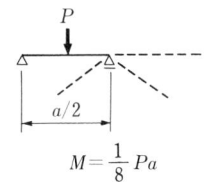

$$H = \frac{1}{2} wl$$

図 6.60　上弦材の設計曲げモーメント

$$M = \frac{1}{8} Pa$$

の横倒れ座屈に対して横方向変位の固定点となる．道路橋では 6 m 以内で，圧縮フランジ幅の 30 倍以下の間隔に配置する．

中間対傾構に作用する横荷重は，各中間対傾構が等分して受けもつと考えるが，通常，対傾構の各部材に作用する力は小さく，部材断面は細長比制限によって決まることが多い．

6.5.4　横　　　桁

〔1〕荷重分配横桁　　格子桁の横桁（荷重分配横桁）は，道路橋の場合 L 荷重によって設計されるが，その断面は一般に作用応力度が小さく許容応力度に対して余裕のあることが多い．しかし，横桁は本来，主桁の荷重分配作用を主目的として設けられる部材であるため，格子桁計算で仮定された格子剛度 z（6.4.2 項参照）を満足するように横桁の断面を決定することが重要である．

プレートガーダーでは，主桁のねじり剛性が非常に小さいため横桁と外主桁との格点はピン結合と仮定することが多い．すなわち，連結部ではせん断力のみが伝達されると考え，一般に図 6.61 に示すように，横桁の腹板を外主桁の

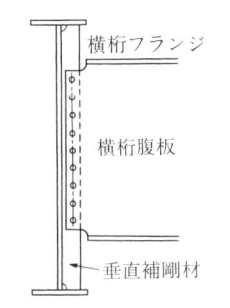

図 6.61　外主桁と横桁との連結

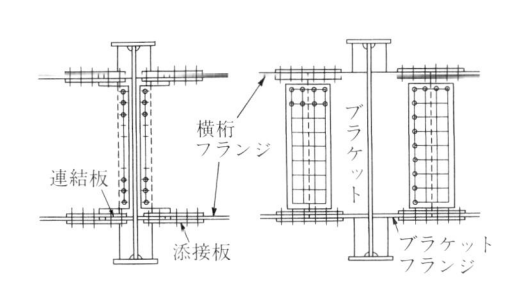

（a）連結板を用いる方法　　（b）ブラケット法

図 6.62　中主桁と横桁の連結構造

垂直補剛材に高力ボルトにより接合する構造としている。

これに対して，中主桁と横桁との連結は曲げモーメントとせん断力を伝達する構造とする。連結の構造は，図 6.62 に示すように，主として連結板を用いる方法とブラケットによる方法が用いられている。連結板を用いる方法は，中主桁の幅が小さく輸送に便利であり，現場施工も容易となる。これに対してブラケット法は，主桁の幅が大きく輸送に不便であるものの，連結部の剛度が大きく応力の伝達が確実に行われる利点を有する。

連結板あるいは横桁（ブラケット）フランジと主桁腹板との連結部には大きな力が作用するため，その溶接には注意を要する。

〔2〕 **端横桁**　支点位置に設けられる横桁（図 6.56）であり，端対傾構と同様な機能を有する。

6.6 合　成　桁

6.6.1 概　　説

合成桁（composite girder）橋は，RC 床版と鋼桁とが**ずれ止め**（shear connector, Dübel）によって結合され，両者が一体となって主桁として作用する鋼桁橋である。合成桁では，床版が活荷重を直接支持する版であるとともに，主桁の一部分として働くため，従来のプレートガーダーに比べて鋼重を低減でき適用支間も大きくなる。

合成桁は，コンクリートの圧縮力に対する強さと鋼の引張力に対する強さを合理的に活用した構造であるため，単純桁のようにコンクリート断面に圧縮力が作用する場合にはその効果を発揮する。

鋼桁を両端の支承だけで支持してコンクリートを打設すると，鋼桁と床版の自重を鋼桁が受けもつことになり，コンクリートが硬化した後の活荷重と舗装，高欄などの死荷重に対してのみ合成桁として働く。これを**活荷重合成桁**という。

一方，鋼桁支間部に仮支点を設けて鋼桁を支持した状態でコンクリートの打設を行い，コンクリート硬化後に仮支点を取り除くと全死荷重と活荷重に対して合成桁として働く。これを**死活荷重合成桁**という。活荷重合成桁に比べ鋼桁

重量は小さくなるが，施工が繁雑なため，一般には，活荷重合成桁が多く用いられている．

連続合成桁では，中間支点付近の負の曲げモーメントにより床版に引張応力が生じるため，プレストレスを導入するなど特別な措置が必要となる．

6.6.2 断面の算定

〔1〕 **コンクリート床版の有効幅** 曲げによって生じるコンクリート床版内の垂直応力度は，**せん断遅れ**（shear lag）という現象のため図 **6.63** に示すように鋼主桁位置で最大となり，主桁から離れるに従って減少する．このような応力分布をそのまま設計に用いると計算が繁雑となるため，実用的には σ_{max} が一様に作用する**有効幅**（effective width）を定義し，有効幅部分のコンクリート床版が鋼主桁と一体となって働くと仮定する．すなわち，図に示す2か所のアミ部分の面積が等しくなるよう等価幅（片側等価幅）を決める．

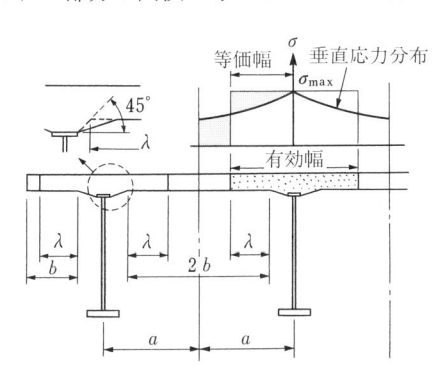

図 6.63 コンクリート床版の有効幅

道路橋のコンクリート床版の片側有効幅 λ は，次式によって算定する．

$$\left.\begin{array}{ll} \lambda = b & \left(\dfrac{b}{l} \leq 0.05\right) \\ \lambda = \left(1.1 - 2\dfrac{b}{l}\right)b & \left(0.05 < \dfrac{b}{l} < 0.30\right) \\ \lambda = 0.15\,l & \left(0.30 \geq \dfrac{b}{l}\right) \end{array}\right\} \quad (6.50)$$

ここに，b は図に示した床版の半幅もしくは突出幅，l は等価支間（単純合成桁の場合は支間に等しい）である．

鋼桁上には，傾斜が1:3より緩いハンチを設けるが，有効幅の計算をする場合，水平に対して45°の角度をもつと仮定する．

〔2〕 **応力計算**　合成桁では，ヤング係数の異なる材料が用いられているため，応力計算にあたり鋼もしくはコンクリートのいずれかの材料の断面に換算しなければならない．コンクリート床版を鋼に換算するのが一般的であり，この場合の合成断面の断面積 A_v および断面二次モーメント I_v は次式で与えられる．

$$\left.\begin{array}{l}A_v = A_s + \dfrac{A_c}{n} \\[2pt] I_v = I_s + A_s d_s{}^2 + \dfrac{I_c}{n} + \dfrac{A_c}{n} d_c{}^2 \\[2pt] d_c = \dfrac{A_s}{A_s + A_c/n} d \\[2pt] d_s = d - d_c\end{array}\right\} \qquad (6.51)$$

ここに，A_s は鋼桁の断面積，A_c はコンクリートの断面積，I_s は鋼桁の重心軸に関する断面二次モーメント，I_c はコンクリートの重心軸に関する断面二次モーメント，d_c, d_s は合成桁の重心軸からコンクリートおよび鋼桁の重心軸までの距離，n はヤング係数比（$n = E_s/E_c = 7$）である．

図6.64(a)に応力計算に必要な合成断面の各種記号を示し，図(b)には活荷重合成桁の曲げによる垂直応力分布を示す．コンクリートがまだ固まらない状態の死荷重曲げモーメントを M_s とすると，鋼桁の垂直応力度は次式により求められる．

$$(\sigma_{su})_s = -\frac{M_s}{I_s} y_u, \qquad (\sigma_{sl})_s = \frac{M_s}{I_s} y_l \qquad (6.52)$$

コンクリート硬化後（合成後）の死荷重と活荷重とによる曲げモーメントを M_v とすると，合成断面各部の応力度は次式で算定される．

$$\left.\begin{array}{l}(\sigma_{cu})_v = -\dfrac{M_v}{nI_v} y_{cu}, \qquad (\sigma_{cl})_v = -\dfrac{M_v}{nI_v} y_{cl} \\[4pt] (\sigma_{su})_v = -\dfrac{M_v}{I_v} y_{su}, \qquad (\sigma_{sl})_v = \dfrac{M_v}{I_v} y_{sl}\end{array}\right\} \qquad (6.53)$$

6.6 合成桁

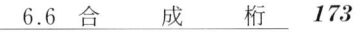

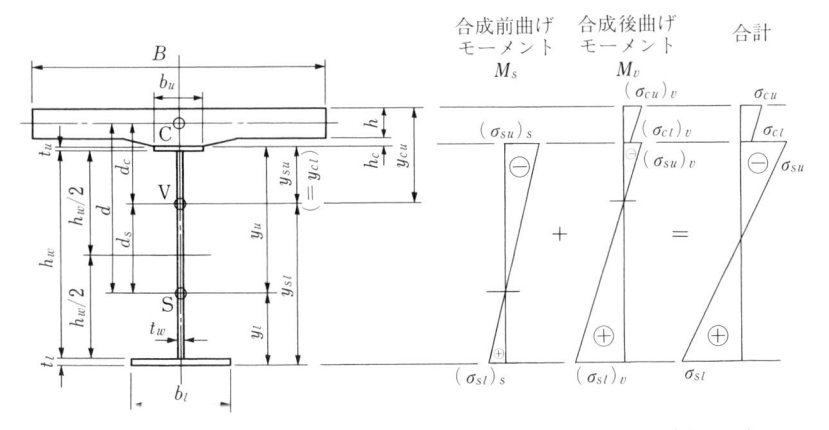

(a) 合成断面の各種記号　　(b) 活荷重合成桁の曲げ応力分布

図 6.64　合成断面の各種記号と曲げ応力分布

応力度の照査は，合成前ならびに合成後〔式 (6.52) と式 (6.53) による値の合計値〕の2通りについて行う。合成前の応力照査では，架設中であることから施工時許容応力度の割増し 25 % を考慮する。

〔3〕 **フランジ断面**　　合成桁のフランジの必要断面積は，鋼桁の許容曲げ応力度と床版の有効断面積および設計曲げモーメントに基づいて次式で概算される[24],[26]。

$$\left.\begin{aligned}
A_{sc} &= \frac{M_s}{(\sigma_{ca}-x)h_w} - \frac{t_w h_w}{6}\left\{2 - \frac{\sigma_{ta}-y}{\sigma_{ca}-x}\right\} \\
A_{st} &= \frac{M_s}{(\sigma_{ta}-y)h_w} - \frac{t_w h_w}{6}\left\{2 - \frac{\sigma_{ca}-x}{\sigma_{ta}-y}\right\} \\
x &= \frac{\dfrac{M_v}{h_w} + \left\{\dfrac{t_w h_w}{6} - \left(1+\dfrac{h_a}{h_w}\right)\dfrac{h_a}{h_w}\cdot\dfrac{A_c}{n}\right\}y}{\dfrac{1}{\sigma_{ca}}\left\{\dfrac{M_c}{h_w} + \dfrac{t_w h_w}{6}(\sigma_{ta}-y)\right\} + \left(1+\dfrac{h_a}{h_w}\right)^2\dfrac{A_c}{n}} \\
y &= k(1+kl) \\
k &= \frac{M_v \sigma_{ta}}{h_w z} \\
l &= \left(\frac{h_a}{h_w}\right)^2 \frac{A_c}{nz}
\end{aligned}\right\} \quad (6.54)$$

$$z = \frac{M_s + M_v}{h_w} + \frac{t_w h_w}{6}\sigma_{ca} + \left(\frac{h_a}{h_w}\right)^2 \frac{A_c}{n}\sigma_{ta} \Biggr\}$$

$$h_a = h_c + \frac{h}{2}$$

ここに，A_{sc}, A_{st} は圧縮フランジと引張フランジの必要断面積，A_c は RC 床版の有効断面積，n はヤング係数比であり，そのほかの記号は図 6.64 で用いた記号と同じである。

6.6.3 床版と鋼桁との温度差，コンクリートのクリープおよび乾燥収縮の影響

〔1〕 **床版と鋼桁との温度差による応力度**　直射日光などによるコンクリート床版と鋼桁との間に温度差が生じると，両者の間の膨張または収縮変形は相互に拘束されることになり内部応力が発生する。温度差応力の計算では，温度分布は鋼桁と床版との接触面で段違いになり，両者それぞれにおいて一様であると仮定する。道路橋では温度差は $\Delta T = 10°\mathrm{C}$ を標準とし，線膨張係数 α は鋼およびコンクリートとも $\alpha = 12 \times 10^{-6}$ 〔1/°C〕を用いる。

いま，床版の温度が鋼桁より ΔT〔°C〕低い場合を考える。図 6.65 (a) に示すように，鋼桁と床版が結合されていなければ床版は温度差に相当する分だけ収縮する。しかし，実際には鋼桁と床版とは結合されておりずれが生じないため，図 (b) および図 (c) に示すように床版の収縮を打ち消す仮の引張力 $P_1 = E_c A_c \varepsilon_t$ を床版に作用させ図 (a) の変形をもとにもどした後，床版と鋼桁と

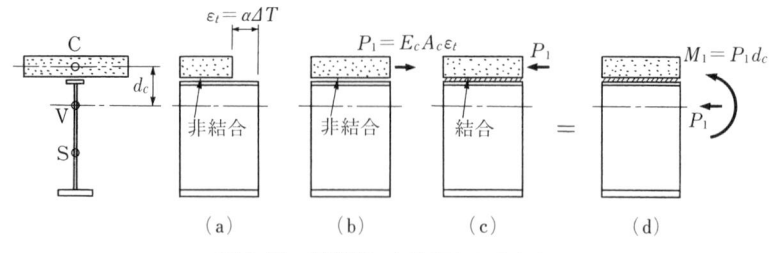

図 6.65　温度差による応力の求め方

を結合し引張力 P_1 を解放する。したがって，温度差による応力度は，図(b)の床版のみに引張力を作用させた状態と図(c)に示す床版と鋼桁とが結合された合成桁の床版の重心に圧縮力を作用させた状態との重ね合せにより求められる。また，図(c)の状態は図(d)に示すように，合成桁の中立軸の位置に軸力 P_1 と曲げモーメント $M_1 = P_1 d_c$ を作用させた状態と同等であり，床版の温度が鋼桁より低い場合（$\varepsilon_t > 0$）の温度差による応力度（引張りを正）は次式で求められる。

$$\left. \begin{array}{ll} 床\ \ 版： & (\sigma_{cu})_{TD} = E_c \varepsilon_t - \dfrac{1}{n}\left(\dfrac{P_1}{A_v} + \dfrac{M_1}{I_v} y_{cu}\right) \\[2mm] & (\sigma_{cl})_{TD} = E_c \varepsilon_t - \dfrac{1}{n}\left(\dfrac{P_1}{A_v} + \dfrac{M_1}{I_v} y_{cl}\right) \\[2mm] 鋼\ \ 桁： & (\sigma_{su})_{TD} = -\left(\dfrac{P_1}{A_v} + \dfrac{M_1}{I_v} y_{su}\right) \\[2mm] & (\sigma_{sl})_{TD} = -\left(\dfrac{P_1}{A_v} - \dfrac{M_1}{I_v} y_{sl}\right) \end{array} \right\} \qquad (6.55)$$

〔2〕 **コンクリートのクリープによる応力度**　コンクリートに一定の大きさの持続荷重が加わっている場合，時間の経過に伴ってコンクリートのひずみが増加する現象を**クリープ**（creep）という。

合成桁では，舗装，高欄および地覆などの合成後死荷重もしくはプレストレス力が持続的に作用するため，コンクリート床版の応力度が減少し鋼桁の応力度が増加する。クリープによる変化応力度は，温度差による応力度の算定と同様の考え方で求められる。道路橋では，クリープ係数を $\varphi_1 = 2.0$ としてクリープによる変化応力度を算定する。この場合，鋼とコンクリートとのヤング係数比 $n = E_s/E_c = 7$ の代わりに，クリープの影響を考慮したヤング係数比 n_1 を用いて合成断面の中立軸の位置 V_1 および断面諸量 A_{v1}, I_{v1} を求める。

$$n_1 = n\left(1 + \dfrac{\varphi_1}{2}\right) \qquad (6.56)$$

合成桁各部のクリープによる変化応力度は次式で計算される。

$$\left.\begin{aligned}(\sigma_{cu})_{CR} &= \sigma_{cu}'\frac{2\varphi_1}{2+\varphi_1} - \frac{1}{n_1}\left(\frac{P_\varphi}{A_{v1}} + \frac{M_\varphi}{I_{v1}}y_{cu1}\right) \\ (\sigma_{cl})_{CR} &= \sigma_{cl}'\frac{2\varphi_1}{2+\varphi_1} - \frac{1}{n_1}\left(\frac{P_\varphi}{A_{v1}} + \frac{M_\varphi}{I_{v1}}y_{cl1}\right) \\ (\sigma_{su})_{CR} &= -\left(\frac{P_\varphi}{A_{v1}} + \frac{M_\varphi}{I_{v1}}y_{su1}\right) \\ (\sigma_{sl})_{CR} &= -\left(\frac{P_\varphi}{A_{v1}} - \frac{M_\varphi}{I_{v1}}y_{sl1}\right)\end{aligned}\right\} \quad (6.57)$$

ここに

$$\left.\begin{aligned}P_\varphi &= E_{c1}\int_A \varepsilon_\varphi dA = E_{c1}A_c\frac{N_c}{E_c A_c}\varphi_1 = N_c\frac{2\varphi_1}{2+\varphi_1} \\ M_\varphi &= -P_\varphi d_{c1}\end{aligned}\right\} \quad (6.58)$$

σ_{cu}', σ_{cl}' は合成後死荷重曲げモーメント M_{vd} によるコンクリート床版の応力度 (絶対値とする)で，N_c は床版に作用している全圧縮力である。

$$\left.\begin{aligned}\sigma_{cu}' &= \frac{M_{vd}}{I_v}y_{cu}, \quad \sigma_{cl}' = \frac{M_{vd}}{I_v}y_{cl} \\ N_c &= \frac{M_{vd}}{nI_v}d_c A_c\end{aligned}\right\} \quad (6.59)$$

〔3〕 **乾燥収縮による応力度**　コンクリートの乾燥収縮 (shrinkage) により生じる内部応力度の計算は，温度差による応力度の計算と同様である。ただし，乾燥収縮による内部応力は持続応力であるため，クリープを考慮して，式(6.60)のヤング係数比 n_2 を用いて合成桁断面を鋼桁断面に換算する。

$$n_2 = n\left(1 + \frac{\varphi_2}{2}\right) \quad (6.60)$$

コンクリートの乾燥収縮による応力の算出に用いる最終収縮度 ε_s 〔図 6.65 (a) の ε_t に相当〕は 20×10^{-5} を標準とし，クリープ係数 φ_2 は 4.0 を標準とする。乾燥収縮による合成桁の応力度は次式によって計算される。

$$\left.\begin{aligned}(\sigma_{cu})_{SH} &= E_{c2}\varepsilon_s - \frac{1}{n_2}\left(\frac{P_2}{A_{v2}} + \frac{M_2}{I_{v2}}y_{cu2}\right) \\ (\sigma_{cl})_{SH} &= E_{c2}\varepsilon_s - \frac{1}{n_2}\left(\frac{P_2}{A_{v2}} + \frac{M_2}{I_{v2}}y_{cl2}\right)\end{aligned}\right\} \quad (6.61)$$

$$(\sigma_{su})_{SH} = -\left(\frac{P_2}{A_{v2}} + \frac{M_2}{I_{v2}} y_{su2}\right)$$

$$(\sigma_{sl})_{SH} = -\left(\frac{P_2}{A_{v2}} - \frac{M_2}{I_{v2}} y_{sl2}\right)$$

ここに

$$\left.\begin{array}{l} P_2 = E_s \varepsilon_s \dfrac{A_c}{n_2} \\[6pt] M_2 = P_2 d_{c2} \\[6pt] E_{c2} = \dfrac{E_s}{n_2} \end{array}\right\} \tag{6.62}$$

6.6.4 ずれ止め

〔1〕 **ずれ止めの種類** ずれ止めは，鋼桁上フランジとコンクリート床版との間に作用するせん断力を伝達するとともに，床版の浮き上がりを防止する機能をもつ。

合成桁のずれ止めには，おもに図 6.66 に示すようなスタッドジベル，溝形鋼に輪形筋を取り付けたものおよびブロックに輪形筋を取り付けたものが多く使用されている。このうち，スタッドジベルはほかのジベルに比べて剛性に劣るが溶接施工が能率的であり，溶接変形が少ないため最も多く用いられている。

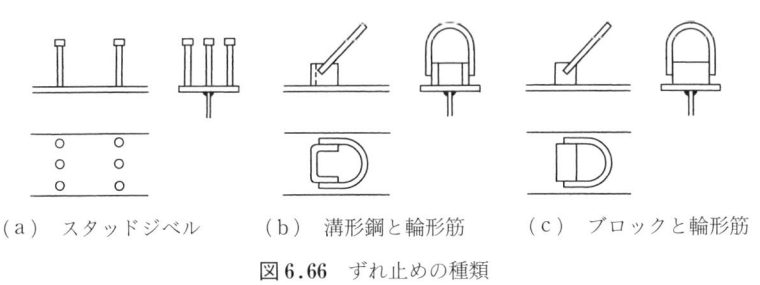

(a) スタッドジベル　　(b) 溝形鋼と輪形筋　　(c) ブロックと輪形筋

図 6.66 ずれ止めの種類

〔2〕 **ずれ止めの設計** ずれ止めは，合成後死荷重，活荷重，乾燥収縮の影響，床版と鋼桁との温度差およびプレストレス力などの各種荷重の組合せのうちで，鋼桁と床版との間の水平せん断力が最大となる場合について設計される。

鋼桁と床版との温度差およびコンクリートの乾燥収縮により生じる水平せん断力の分布は，単純桁の場合には図 **6.67** の実線で示すように，支点位置で最大，支間中央で 0 となるように分布するが，ずれ止めの計算では実用上支点上で水平せん断力が最大となる三角形に分布するものと仮定する。この場合の分布長さは主桁間隔 a（a が $L/10$ より大きいときは $L/10$）と仮定する。

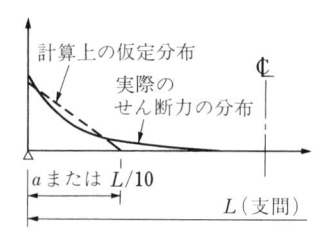

図 6.67 乾燥収縮および温度差によるせん断力の分布

鋼桁と床版との温度差およびコンクリートの乾燥収縮によって生じる水平せん断力 H_{TD}，H_{SH} は，次式により求められる。

$$H_{TD}=\frac{2\,N_{TD}}{a\text{ または }L/10}, \qquad H_{SH}=\frac{2\,N_{SH}}{a\text{ または }L/10} \tag{6.63}$$

ここに，N_{TD}，N_{SH} は温度差および乾燥収縮によって生じる軸方向力であり，次式に示すように床版の重心軸における応力度〔式 (6.55), (6.61) を参照〕に床版の断面積 A_c を乗じて得られる。

$$\left. \begin{array}{l} N_{TD}=\left\{E_c\varepsilon_t-\dfrac{1}{n}\left(\dfrac{P_1}{A_v}+\dfrac{M_1}{I_v}d_c\right)\right\}A_c \\[2mm] N_{SH}=\left\{E_{c2}\varepsilon_s-\dfrac{1}{n_2}\left(\dfrac{P_2}{A_{v2}}+\dfrac{M_2}{I_{v2}}d_{c2}\right)\right\}A_c \end{array} \right\} \tag{6.64}$$

また，合成後死荷重および活荷重による床版と鋼桁との接触面の水平せん断力 H_P は次式で計算される。

$$H_P=\frac{SQ}{I_v} \tag{6.65}$$

ここに，S は合成後荷重による曲げに伴うせん断力，I_v は合成断面の断面二次モーメント，Q はコンクリート床版の合成断面の中立軸に関する断面一次モーメントで $Q=A_c/n\cdot d_c$（A_c：コンクリート断面積，d_c：合成桁の中立軸からコンクリートの重心までの距離）で計算される。

6.6 合成桁

各種荷重の組合せによる鋼桁と床版との間の水平せん断力の分布は，せん断力の方向により図 6.68 のように示される．すなわち，床版内には合成後の荷重によって支間中央から端支点方向に水平せん断力が生じ，乾燥収縮では逆方向にせん断力が生じる．ずれ止めの設計では，1 個または 1 列のずれ止めが受けもつせん断力は，図中の斜線部を考える．ずれ止めの許容せん断力を S_a とすると，ずれ止め必要間隔 p_{req} は次式で計算される．

$$p_{req} \leqq \frac{S_a}{\Sigma H} \tag{6.66}$$

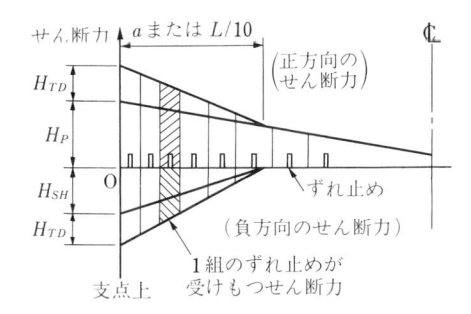

H_P：合成後死荷重と活荷重による水平せん断力

H_{SH}, H_{TD}：乾燥収縮，温度差による水平せん断力

図 6.68 ずれ止めに作用する全せん断力

〔3〕 **ずれ止めの許容せん断力** スタッドジベルの許容せん断力は，ずれ止めの耐荷力実験結果に基づいて定められ，スタッドの高さ H と軽径 d との比によって区分されている．一般に，H が d に比べて大きい場合にはスタッドのせん断破壊が生じ，逆の場合にはコンクリートが破損する．道路橋では次式によってスタッドジベル 1 本当りの許容せん断力 S_a を算定している．

$$\left. \begin{array}{l} S_a = 30\ d^2 \sqrt{\sigma_{ck}} \quad (H/d \geqq 5.5) \\ S_a = 5.5\ dH \sqrt{\sigma_{ck}} \quad (H/d < 5.5) \end{array} \right\} \tag{6.67}$$

ここに，σ_{ck} はコンクリートの設計基準強度である．

スタッドジベルの最小中心間隔は，主桁方向では $5d$（100 mm 以上）とし，主桁直角方向では $d+3.0$ cm としている．最大中心間隔は，道路橋では床版厚の 3 倍（600 mm 以内）とし，フランジ縁とスタッドとの最小純間隔は 2.5 cm

としている。

スタッドジベルは，図 6.69 に示す寸法のものが標準として用いられる。

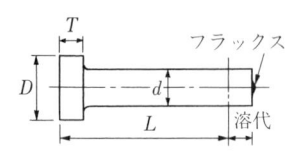

[mm]

軸 径 d	頭部径 D	頭部厚 T(最小)	標 準 長 さ L
19	32	10	80, 100, 130, 150
22	35	10	80, 100, 130, 150

図 6.69 スタッドジベルの寸法

6.7 箱　　　桁

6.7.1 断面の算定

〔1〕 **フランジの有効幅**　広幅フランジをもつ箱桁橋では，合成桁と同様にせん断遅れの現象が生じるため，フランジの曲げによる垂直応力度を算定するにあたっては，上・下フランジに有効幅を考慮する必要がある。

単純支持の箱桁のフランジ有効幅は式（6.50）によって算出した値を支間全長にわたって一定として用いるが，連続桁やゲルバー桁の中間支点およびその近傍の負の曲げモーメントが生じている範囲ではせん断力の変化が大きく，有効幅は支間中央部より小さくなる。

〔2〕 **応力計算**

（a） **曲げモーメントおよび曲げに伴うせん断力による応力度**　曲げモーメントによる垂直応力度はプレートガーダーの式（6.33）に準じればよい。箱桁の断面二次モーメントは，フランジ有効幅を考慮して求めるが，箱桁のフランジは，一般に図 6.75 に示すように**縦リブ**および**横リブ**によって補剛されているため，フランジ有効幅内の縦リブを主桁断面に含めるものとする。

腹板の曲げに伴うせん断応力度は，プレートガーダーと同様に簡易式（6.34）によって算出することができるが，フランジの局部応力度の検算を行うときには，**せん断流理論**によって厳密なせん断応力度を求めなければならない。箱形断面のせん断応力度は次式で計算され，そのせん断応力分布を図 6.70 に示す。

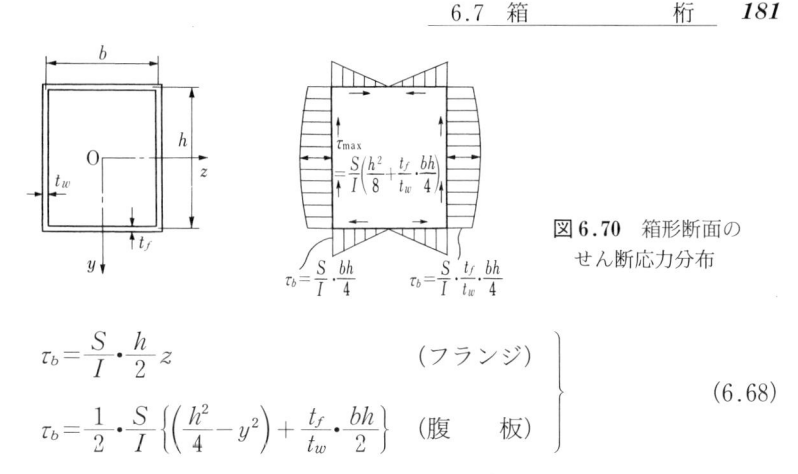

6.7 箱桁

図6.70 箱形断面のせん断応力分布

$$\tau_b = \frac{S}{I} \cdot \frac{h}{2} z \qquad (\text{フランジ})$$
$$\tau_b = \frac{1}{2} \cdot \frac{S}{I} \left\{ \left(\frac{h^2}{4} - y^2\right) + \frac{t_f}{t_w} \cdot \frac{bh}{2} \right\} \quad (\text{腹板}) \qquad (6.68)$$

（b）ねじりによる応力度 板厚が板幅に比べて著しく薄い鋼板によって集成された薄肉断面部材にねじりモーメントが作用すると，円形および正方形箱形中空断面以外では図6.71に示すように部材軸まわりの断面の回転変形 φ, w のほかに，ねじりに伴って部材軸方向に変形 u が生じる。この軸方向変位をそり（warping）と呼んでいる。

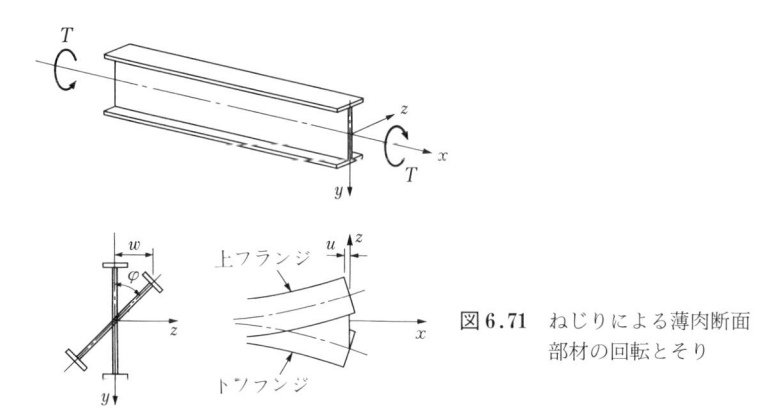

図6.71 ねじりによる薄肉断面部材の回転とそり

この部材軸方向のそりが拘束される場合を**曲げねじり**（torsion bending, そりねじり）と呼び，部材断面には垂直応力とせん断応力が生じる。外力のねじりモーメント T とねじり角 φ との関係およびそりモーメント M_ω とねじり角 φ との関係は次式で表される。

$$T = T_s + T_\omega = GJ\frac{d\varphi}{dx} - EI_\omega \frac{d^3\varphi}{dx^3} \tag{6.69}$$

$$M_\omega = -EI_\omega \frac{d^2\varphi}{dx^2} \tag{6.70}$$

ここに，T_s は純ねじりモーメント，T_ω はそりねじりモーメント，J は純ねじり定数または St. Venant のねじり定数，I_ω はそりねじり定数である．

式 (6.69) の右辺第 1 項は St. Venant のねじりと呼ばれ，純ねじり定数 J は図 6.72 の部材断面においては次式で与えられる．

$$\left.\begin{aligned} J &= \frac{1}{3}\sum bt^3 = \frac{1}{3}(b_c t_c^3 + b_t t_t^3 + h_w t_w^3) \quad \text{（開断面）} \\ J &= \frac{4\,\varLambda^2}{\oint (1/t)\,dS} = \frac{4\,b^2 h^2}{2(b/t_f) + 2(h/t_w)} \quad \text{（閉断面）} \end{aligned}\right\} \tag{6.71}$$

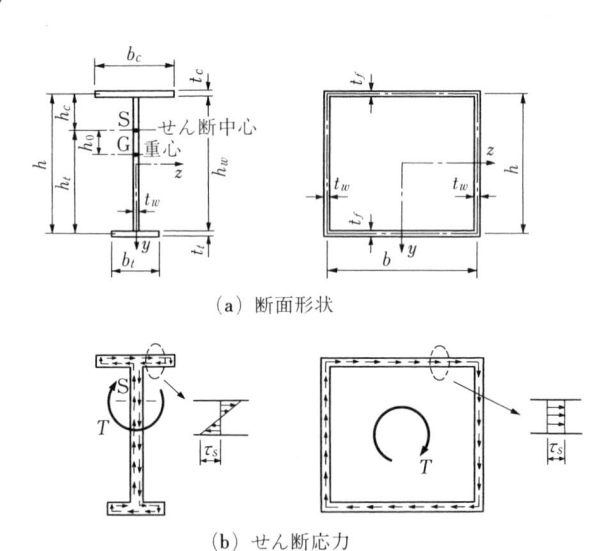

（a）断面形状

（b）せん断応力

図 6.72 純ねじりによる開断面と閉断面のせん断応力分布

純ねじりによるせん断応力度は次式で求められる．

$$\left.\begin{aligned} \tau_s &= \frac{T_s}{J}t \quad \text{（開断面）} \\ \tau_s &= \frac{T_s}{2At} \quad \text{（閉断面）} \end{aligned}\right\} \tag{6.72}$$

式 (6.69) の右辺第 2 項および式 (6.70) は，そりねじりの場合の断面力と変形との関係式であり，そりねじり定数 I_ω は図 6.72 の断面については次式で計算される．

I 形断面：

$$\left.\begin{aligned} I_\omega &= \frac{I_c I_t}{I_c + I_t} h^2 \\ I_c &= \frac{b_c{}^3 t_c}{12}, \qquad I_t = \frac{b_t{}^3 t_t}{12} \\ \omega_c &= \frac{b_c I_t}{2(I_c + I_t)} h, \qquad \omega_t = \frac{b_t I_c}{2(I_c + I_t)} h \end{aligned}\right\} \tag{6.73}$$

箱形断面：

$$\left.\begin{aligned} I_\omega &= \frac{2}{3}(b t_f + h t_w) \omega_1{}^2 \\ \omega_1 &= \frac{b t_w - h t_f}{4(h t_f + b t_w)} b h \end{aligned}\right\} \tag{6.74}$$

ここに，ω_c，ω_t および ω_1 は**そり関数**と呼ばれ，そりねじり定数は $I_\omega = \int_S \omega^2 t\,ds$ で定義される．また，部材軸方向の変形 u（図 6.71）は $u = \omega \cdot d\phi/dx$ で求められる．

曲げねじりに伴う部材軸方向の垂直応力度 σ_ω とせん断応力度 τ_ω は，次式により算定される．

$$\left.\begin{aligned} \sigma_\omega &= \frac{M_\omega}{I_\omega} \omega \\ \tau_\omega &= \frac{T_\omega}{t I_\omega} Q_\omega \end{aligned}\right\} \tag{6.75}$$

ここに，$Q_\omega = \int_S \omega t\,dS$ である．M_ω，T_ω については，例えば構造力学公式集（土木学会，1981）に各種のねじりモーメントの載荷状態に対する解が求められている．

図 6.72 に示す断面にそりモーメント M_ω とそりねじりモーメント T_ω が作用した場合の σ_ω および τ_ω の分布を**図 6.73** に示す．したがって，主桁の応力

$$\sigma_{\omega c} = \frac{M_\omega}{I_\omega}\omega_C$$

$$\sigma_{\omega t} = \frac{M_\omega}{I_\omega}\omega_t$$

$$\sigma_{\omega 1} = \frac{M_\omega}{I_\omega}\omega_1$$

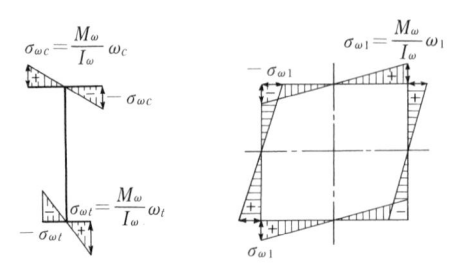

(a) 垂直応力度

$$\tau_{\omega c} = \frac{b_c}{4}\cdot\frac{T_\omega}{I_\omega}\omega_c$$

$$\tau_{\omega 1}' = \tau_{\omega 1}\frac{t_f}{t_w}$$

$$\tau_{\omega 1} = \left(2\frac{b}{h} - 2\frac{h}{b}\right)\frac{bh}{t_f}\cdot\frac{\omega_1}{a_1}\cdot\frac{T_\omega}{I_\omega}, \quad a_1 = 12\left(\frac{b}{t_f} + \frac{h}{t_w}\right)$$

$$\tau_{\omega 2} = \left(2\frac{b}{h} + \frac{h}{b} + 3\frac{t_w}{t_f}\right)\frac{bh}{t_w}\cdot\frac{\omega_1}{a_1}\cdot\frac{T_\omega}{I_\omega}$$

$$\tau_{\omega t} = \frac{b_t}{4}\cdot\frac{T_\omega}{I_\omega}\omega_t$$

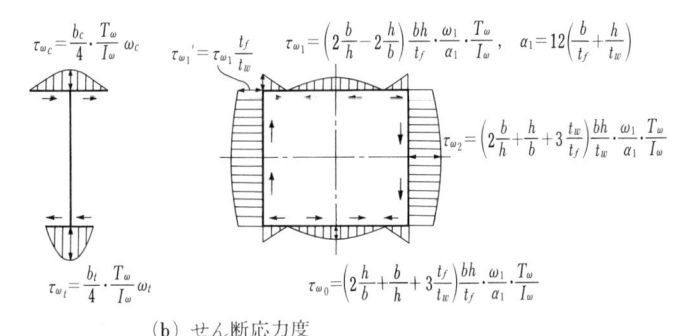

$$\tau_{\omega 0} = \left(2\frac{h}{b} + \frac{b}{h} + 3\frac{t_f}{t_w}\right)\frac{bh}{t_f}\cdot\frac{\omega_1}{a_1}\cdot\frac{T_\omega}{I_\omega}$$

(b) せん断応力度

図 6.73 曲げねじりに伴う垂直応力度 σ_ω とせん断応力度 τ_ω

照査は上記の応力度の合計値について行う必要がある。

$$\left.\begin{array}{l}\sigma = \sigma_b + \sigma_\omega \\ \tau = \tau_b + \tau_s + \tau_\omega\end{array}\right\} \tag{6.76}$$

ここで，式 (6.74) のそり関数 ω_1 に注目すると，正方形箱断面 ($b=h$, $t_f=t_w$) の場合には $\omega_1=0$ となりそりが生じないが，断面が扁平になるほど ω_1 の絶対値が大きくなりそりねじりに伴う σ_ω，τ_ω が大きくなることがわかる。

（c） 設計上ねじりモーメントを考慮する範囲　薄肉断面の梁にねじりモーメントが作用する場合，式 (6.69) に示されるように純ねじりモーメント T_s とそりねじりモーメント T_ω が共存する。I 形断面のような開断面部材では，純ねじり定数 J はきわめて小さく，そりねじりモーメントが主体となる。ねじりモーメントによる応力度の取扱い方法は，式 (6.77) で示す**ねじり定数比 κ** によって分類される。一般に，ねじり定数比が $\kappa<0.4$ の場合には，そり

ねじりによるせん断応力度と垂直応力度の照査をすればよく，$\kappa > 10$ の場合には純ねじりによるせん断応力度のみを検討すればよい。

$$\kappa = l\sqrt{\frac{GJ}{EI_\omega}} \qquad (6.77)$$

ここに，l はねじりに対する支間である。

　I 形断面の主桁からなる格子桁にねじりモーメントが作用する場合，主桁のねじり剛性が著しく小さいため，ねじりモーメントは図 6.74 に示すように鉛直方向の偶力 P に変換され，主桁の曲げ剛性によって抵抗する。したがって，一般の設計では桁のねじりおよびそりねじりによる応力度を無視して応力照査を行うことができる。

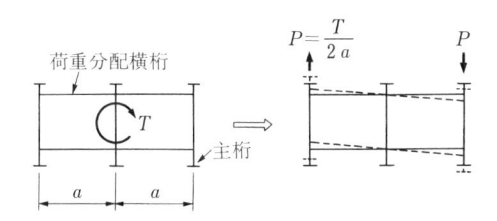

図 6.74 I 形断面格子桁に作用するねじりモーメント

　箱形断面の主桁の場合には，図と同様に箱桁の曲げ剛性によって抵抗すると同時に，おのおのの箱桁のねじり剛性によっても抵抗する。格子構造の並列箱桁では，式 (6.77) の l は横桁間隔である。$\kappa < 10$ となることが多いが，格子理論により解析が行われる場合にかぎり，そりねじりの影響は考慮しなくてもよい。単一箱桁橋では，l は箱桁の支間とするが，ねじり定数比は，通常 $\kappa > 10$ となる。ただし，張出しの大きい鋼床版をもつ場合，あるいは箱桁断面が扁平で幅が広い場合には，別途検討が必要である。

〔3〕 **フランジの補剛**　箱桁はフランジ幅が広く横倒れ座屈が起こりにくいため，圧縮力を受けるフランジは局部座屈に留意して設計される。すなわち，図 6.75 に示すような圧縮フランジの支持間隔（固定点間距離）に応じて最小板厚を定めるが，フランジ板厚が厚くなりすぎる場合には，図 (b) のように縦リブ（縦補剛材）を設けて板厚を低減させる。

図 6.75 箱桁の圧縮フランジ

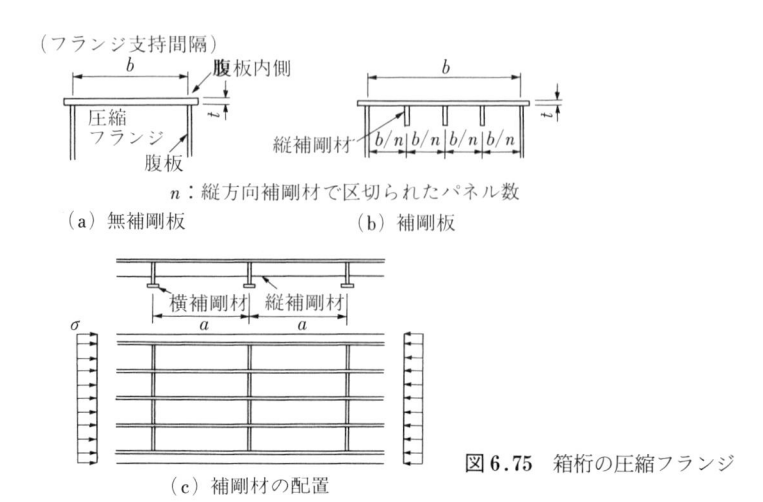

(a) 無補剛板
(b) 補剛板
n：縦方向補剛材で区切られたパネル数
(c) 補剛材の配置

表 6.17 は，圧縮応力を受ける補剛板の最小板厚を示したものであるが，道路橋については一時的に圧縮応力を受ける場合にのみ最小板厚を $t \geqq b/80n$ まで緩和することができる。この場合には，局部座屈に関する許容圧縮応力度が支配的になり，別途の検討が必要となる。

表 6.17 圧縮応力を受ける補剛板の最小板厚

鋼材の板厚〔mm〕 \ 鋼種	SS 400 SM 400 SMA 400 W	SM 490	SM 490 Y SM 520 SMA 490 W	SM 570 SMA 570 W
40 以下	$\dfrac{b}{56n}$	$\dfrac{b}{48n}$	$\dfrac{b}{46n}$	$\dfrac{b}{40n}$
40 を超える 75 以下	$\dfrac{b}{58n}$	$\dfrac{b}{50n}$		
75 を超え 100 以下			$\dfrac{b}{48n}$	$\dfrac{b}{42n}$

6.7.2 ダイヤフラム

箱形断面部材に曲げモーメントやねじりモーメントが作用する場合，箱形断面は図 6.76 のような変形を生じる。これらの断面変形に伴い，断面剛性が低下し，断面力がある一定値に達すると，断面の抵抗能がなくなり急激に崩壊（屈伏）する。

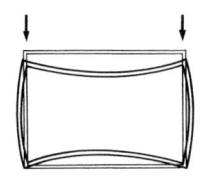

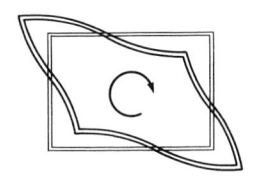

(a) 曲げモーメント　　(b) ねじりモーメント　図 6.76　箱桁の断面変形
　　による変形　　　　　　による変形

　ダイヤフラム（diaphram）は断面形状の保持に必要な部材であり，中間ダイヤフラムと支点部の支点上ダイヤフラムに分けられる。中間ダイヤフラムは，主として断面変形を防止し，箱桁の剛性を保持する目的と横桁やブラケットからの力を円滑に伝達する目的で設けられ，その間隔は道路橋では 6 m 以内とする。支点上ダイヤフラムは，断面剛性の保持とともにせん断力やねじりモーメントを支承に円滑に伝える役目をもつため，支点反力によって座屈しないよう設計されなければならない。

　ダイヤフラムの形式の一例を図 6.77 に示す。中間ダイヤフラムは，箱桁断面が小さい場合にはラーメン形式を用い，大型断面になるとトラス形式が採用される。支点上ダイヤフラムは，一般に充腹板方式とするが，製作，架設および保守点検上の必要性から開口部を設ける場合が多い。

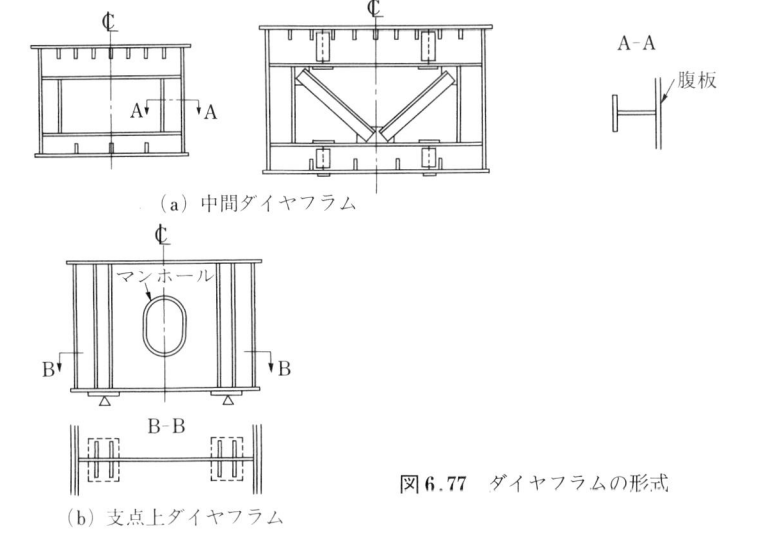

(a) 中間ダイヤフラム

(b) 支点上ダイヤフラム

図 6.77　ダイヤフラムの形式

6.8 道路橋単純非合成桁の設計計算例

6.8.1 設　計　条　件

形　　　式	道路橋単純非合成鈑桁（一般構造図を図 6.78 に示す。）
橋　　　長	33.400 m
支　　　間	32.400 m
幅　　　員	全幅 7.000 m，幅員 6.000 m（1 車線のランプウェイを想定）
荷　　　重	B 活荷重
床　　　版	RC 床版　220 mm 厚
	（大型車交通量　1 日 1 方向 1 000 台以上 2 000 台未満）
舗　　　装	アスファルト舗装　80 mm 厚
横 断 勾 配	1.5％　片勾配
主 要 鋼 材	SM 490 Y, SS 400
鉄　　　筋	SD 295, SR 235
コンクリート強度	$\sigma_{ck}=30$ N/mm² (MPa), $\sigma_{ca}=\sigma_{ck}/3.0$
おもな適用基準	道路橋示方書・同解説（H 14. 3）
	道路橋示方書・同解説　SI 単位系移行に関する参考資料（H 10. 7）
	鋼道路橋設計ガイドライン（案）（H 7. 10）

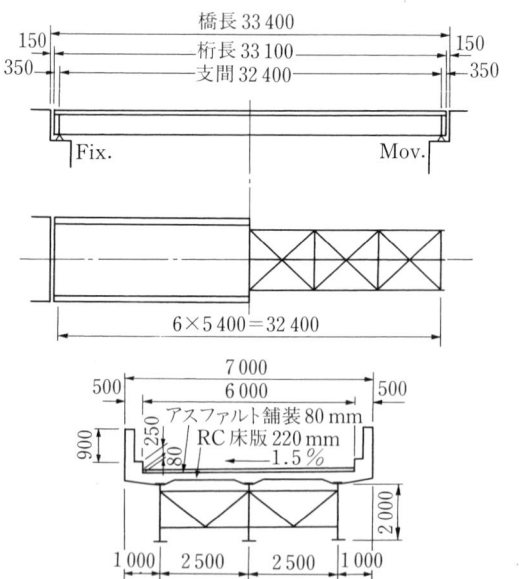

図 6.78　一般構造図

6.8.2 床　　版
〔1〕 床版厚　　大型車両の計画交通量が1日1方向1 000台以上2 000台未満と仮定する。

連続版　　$d_0 = 3L + 11 = 3 \times 2.5 + 11 = 18.5$
　　　　　$d = k_1 k_2 d_0 = 1.20 \times 1.00 \times 18.5 = 22.20 \rightarrow 22$ cm

片持版　　$d_0 = 28L + 16 = 28 \times 0.12 + 16 = 19.4$
　　　　　$d = 1.20 \times 1.00 \times 19.4 = 23.28$

片持部のハンチ高は7.5 cmのため床版厚は $d = 22 + 7.5 = 29.5$ cm O.K.

〔2〕 設計曲げモーメント
（a） 片持版（図6.79）

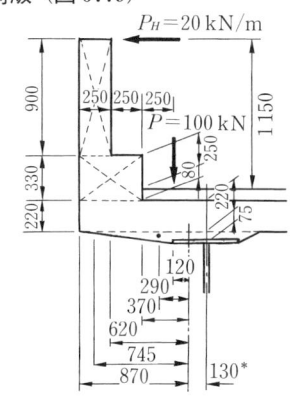

図6.79　片　持　版

※片持版のT荷重および死荷重に対する支間は，上フランジの突出幅の1/2の位置を支点として計算する。上フランジ幅520 mm，腹板厚10 mmと仮定すると，腹板中心から支点までの距離は，厳密には $(520-10) \times 1/4 + 10/2 = 132.5$ mm となるが，ここでは $520 \times 1/4 = 130$ mm とした。

- 主鉄筋方向

　　死荷重

舗　装	$-22.500 \times 0.080 \times 0.370^2 \times 1/2$	$= -0.123$ kN·m
床　版	$-24.500 \times 0.220 \times 0.870^2 \times 1/2$	$= -2.040$ kN·m
ハンチ	$-24.500 \times 0.870 \times 0.075 \times 1/2 \times 0.290$	$= -0.232$ kN·m
地　覆	$-24.500 \times 0.500 \times 0.330 \times 0.620$	$= -2.506$ kN·m
高　欄	$-24.500 \times 0.250 \times 0.900 \times 0.745$	$= -4.107$ kN·m
	M_d	$= -9.008$ kN·m

活荷重
$$M_P = -\frac{PL}{(1.30L+0.25)} = -\frac{100 \times 0.120}{(1.30 \times 0.120+0.25)} = -29.557 \text{ kN·m}$$

高欄推力
$$M_H = -20 \times \left(1.150 + 0.080 + \frac{0.220}{2}\right) = -26.800 \text{ kN·m}$$

合計曲げモーメント

常 時 $M = -9.008 - 29.557 \qquad = -38.565$ kN·m

衝突時 $M = \dfrac{-9.008 - 29.557 - 26.800}{1.5} = -43.577$ kN·m

(許容応力の割増し；道示 2.1)

● 配力鉄筋方向
$$M = (0.15L+0.13)P = (0.15 \times 0.120+0.13) \times 100 = 14.800 \text{ kN·m}$$

(b) 連続版

・主鉄筋方向

死荷重

舗　装　$22.500 \times 0.080 \times 2.500^2 \times \dfrac{1}{10} = 1.125$ kN·m

床　版　$24.500 \times 0.220 \times 2.500^2 \times \dfrac{1}{10} = 3.369$ kN·m

$\qquad\qquad\qquad\qquad\qquad M_d = 4.494$ kN·m

活荷重
$$M_P = (0.12L+0.07)P \times 0.8 = (0.12 \times 2.500+0.07) \times 100 \times 0.8$$
$$= 29.600 \text{ kN·m}$$

合計曲げモーメント

$M = 4.494 + 29.600 = 34.094$ kN·m

● 配力鉄筋方向
$$M = (0.10L+0.04)P \times 0.8 = (0.10 \times 2.500+0.04) \times 100 \times 0.8$$
$$= 23.200 \text{ kN·m}$$

〔3〕 床版断面計算

(a) 連続版

・主鉄筋 (図 6.80)

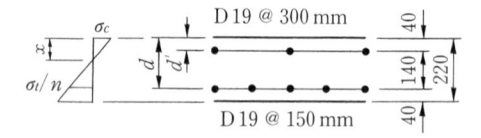

図 6.80 主 鉄 筋

6.8 道路橋単純非合成桁の設計計算例

$M = 34.094 \text{ kN·m}$
$d = 18.0 \text{ cm} \qquad d' = 4.0 \text{ cm}$
D 19 (SD 295)　$A = 2.865 \text{ cm}^2$ (1本)

$$A_s = \frac{1.000}{0.150} \times 2.865 = 19.10 \text{ cm}^2 \qquad A_s' = \frac{1.000}{0.300} \times 2.865 = 9.55 \text{ cm}^2$$

$$x = -\frac{n(A_s + A_s')}{b} + \sqrt{\left\{\frac{n(A_s + A_s')}{b}\right\}^2 + \frac{2n}{b}(dA_s + d'A_s')}$$

$$= -\frac{15 \times (19.10 + 9.55)}{100}$$

$$+ \sqrt{\left\{\frac{15 \times (19.10 + 9.55)}{100}\right\}^2 + \frac{2 \times 15}{100}(18.0 \times 19.10 + 4.0 \times 9.55)}$$

$$= 7.238 \text{ cm}$$

$$W_c = \frac{bx}{2}\left(d - \frac{x}{3}\right) + nA_s' \frac{x - d'}{x}(d - d')$$

$$= \frac{100 \times 7.238}{2} \times \left(18.0 - \frac{7.238}{3}\right) + 15 \times 9.55 \times \frac{7.238 - 4.0}{7.238} \times (18.0 - 4.0)$$

$$= 6\,538 \text{ cm}^3$$

$$W_s = \frac{x}{n(d-x)} W_c = \frac{7.238}{15 \times (18.0 - 7.238)} \times 6\,538 = 293.1 \text{ cm}^3$$

$$\sigma_c = \frac{M}{W_c} = \frac{34.094 \times 10^6}{6\,538 \times 10^3} = 5.21 \text{ N/mm}^2 \leq \sigma_{ca} = \frac{30}{3.0} = 10 \text{ N/mm}^2$$

$$\sigma_s = \frac{M}{W_s} = \frac{34.094 \times 10^6}{293.1 \times 10^3} = 116.3 \text{ N/mm}^2 \leq \sigma_{ta} = 140 \text{ N/mm}^2$$

※鉄筋の応力度は許容応力度に対して 20 N/mm² 程度の余裕をもたせる。

● 配力鉄筋（図 6.81）

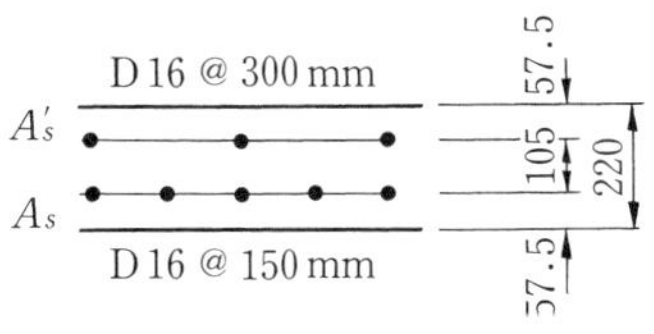

図 6.81　配　力　鉄　筋

$M = 23.200 \text{ kN·m}$
$d = 16.25 \text{ cm} \qquad d' = 5.75 \text{ cm}$
D 16 (SD 295)　$A = 1.986 \text{ cm}^2$ (1本)

$$A_s = \frac{1.000}{0.150} \times 1.986 = 13.24 \text{ cm}^2 \qquad A_s' = \frac{A_s}{2} = 6.62 \text{ cm}^2$$

$$x = -\frac{15 \times (13.24 + 6.62)}{100}$$

$$+ \sqrt{\left\{\frac{15\times(13.24+6.62)}{100}\right\}^2 + \frac{2\times 15}{100}(16.25\times 13.24 + 5.75\times 6.62)}$$

$$= 6.232 \text{ cm}$$

$$W_c = \frac{100\times 6.232}{2}\times\left(16.25 - \frac{6.232}{3}\right) + 15\times 7.94\times \frac{6.232 - 5.75}{6.232}$$
$$\times (16.25 - 5.75)$$

$$= 4\,497 \text{ cm}^3$$

$$W_s = \frac{6.232}{15\times(16.25 - 6.232)}\times 4\,497 = 186.5 \text{ cm}^3$$

$$\sigma_c = \frac{23.200\times 10^6}{4\,497\times 10^3} = 5.16 \text{ N/mm}^2 \leqq \sigma_{ca}$$

$$\sigma_t = \frac{23.200\times 10^6}{186.5\times 10^3} = 124.2 \text{ N/mm}^2 \leqq \sigma_{ta}$$

(b) 片持版

片持版の床版の有効厚は，上フランジの板厚を 30 mm と仮定して 29.5 − 3.0 = 26.5 cm と計算する。

- 主鉄筋（図 **6.82**）

$$M = -43.577 \text{ kN·m}$$

$$d = 22.5 \text{ cm} \qquad d' = 8.5 \text{ cm}$$

$$A_s = 19.10 \text{ cm}^2 \qquad A_s' = 9.55 \text{ cm}^2$$

$$x = 8.808 \text{ cm} \qquad W_c = 8\,686 \text{ cm}^3 \qquad W_s = 372.5 \text{ cm}^3$$

$$\sigma_c = \frac{43.577\times 10^6}{8\,686\times 10^3} = 5.02 \text{ N/mm}^2 \leqq \sigma_{ca}$$

$$\sigma_t = \frac{43.577\times 10^6}{372.5\times 10^3} = 117.1 \text{ N/mm}^2 \leqq \sigma_{ta}$$

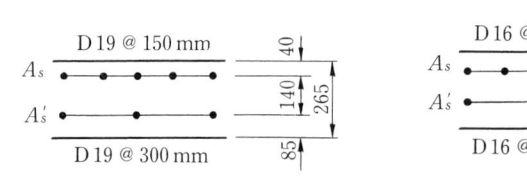

図 **6.82** 主　鉄　筋　　　　図 **6.83** 配　力　鉄　筋

- 配力鉄筋（図 **6.83**）

$$M = 14.800 \text{ kN·m}$$

連続版の曲げモーメント $M = 23.200$ kN·m より小さいので計算は省略。

6.8.3 主　　　桁

〔1〕**設計方法**　支間中央に横桁1本を有する格子桁とする。ただし設計計算は，概略設計を念頭において，簡略に計算が行える慣用計算法（1-0法）を用いる。

〔2〕**断面力**

（a）**横分布影響線（図6.84）**

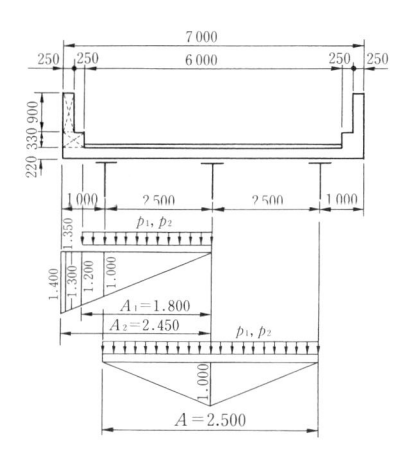

図6.84　横分布影響線（1-0法）

（b）**荷重強度**

- 死荷重

　外桁（G_1）

舗　装	$22.500 \times 0.080 \times 1.800$	=	3.240	kN/m
床　版	$24.500 \times 0.220 \times 2.450$	=	13.206	kN/m
鋼　重	$1.800 \times 6.000 \times 1/3$	=	3.600	kN/m
ハンチ		=	1.800	kN/m
地　覆	$24.500 \times 0.500 \times 0.330 \times 1.300$	=	5.255	kN/m
高　欄	$24.500 \times 0.250 \times 0.900 \times 1.350$	=	7.442	kN/m
		w =	34.543	kN/m

　中桁（G_2）

舗　装	$22.500 \times 0.080 \times 2.500$	=	4.500	kN/m
床　版	$24.500 \times 0.220 \times 2.500$	=	13.475	kN/m
鋼　重	$1.800 \times 6.000 \times 1/3$	=	3.600	kN/m
ハンチ		=	1.400	kN/m
		w =	22.975	kN/m

194　第6章　鋼橋の設計

- RC床版硬化前の死荷重

  型枠重量

  G_1：　$1.200 \times 2.450 = 2.940$ kN/m

  G_2：　$1.200 \times 2.500 = 3.000$ kN/m

  外桁　$w' = 34.543 + 2.940 - 3.240 - 5.255 - 7.442 = 21.546$ kN/m

  中桁　$w' = 22.975 + 3.000 - 4.500 = 21.475$ kN/m

- 活荷重

  外桁（G_1）

  等分布活荷重（p_1）　$\begin{cases} p_{l1} = 10 \times 1.800 = 18.000 \text{ kN/m} \\ \qquad\qquad\qquad\qquad\text{（曲げモーメントに対して）} \\ p_{l1} = 12 \times 1.800 = 21.600 \text{ kN/m} \\ \qquad\qquad\qquad\qquad\text{（せん断力に対して）} \end{cases}$

  等分布活荷重（p_2）　$p_{l2} = 3.5 \times 1.800 = 6.300$ kN/m

  　　　　　　　　　　　　　　　（曲げモーメント，せん断力）

  中桁（G_2）

  等分布活荷重（p_1）　$\begin{cases} p_{l1} = 10 \times 2.500 = 25.000 \text{ kN/m} \\ p_{l1} = 12 \times 2.500 = 30.000 \text{ kN/m} \end{cases}$

  等分布活荷重（p_2）　$p_{l2} = 3.5 \times 2.500 = 8.750$ kN/m

(c)　曲げモーメント

- 影響線（図 6.85，表 6.18）

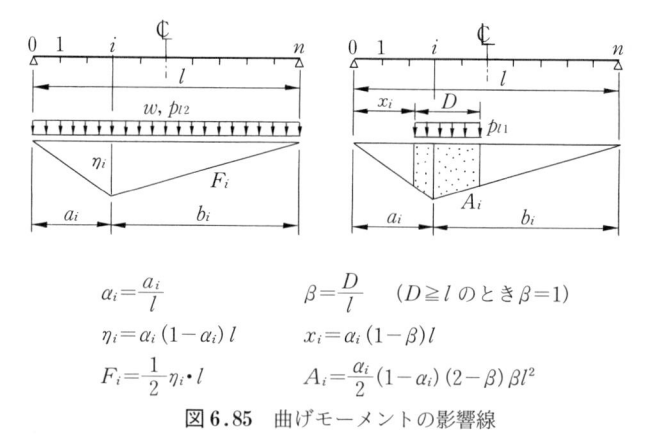

$$\alpha_i = \frac{a_i}{l} \qquad\qquad \beta = \frac{D}{l} \quad (D \geqq l \text{ のとき } \beta = 1)$$

$$\eta_i = \alpha_i (1 - \alpha_i) l \qquad x_i = \alpha_i (1 - \beta) l$$

$$F_i = \frac{1}{2} \eta_i \cdot l \qquad\qquad A_i = \frac{\alpha_i}{2} (1 - \alpha_i)(2 - \beta) \beta l^2$$

図 6.85　曲げモーメントの影響線

支間 $l = 32.4$ m を10等分して曲げモーメントを算定する。また，B活荷重を用いるので等分布荷重 p_1 の載荷長は $D = 10$ m である。

6.8 道路橋単純非合成桁の設計計算例

表 6.18 曲げモーメント影響値

i	η_i	F_i	A_i
1	2.916	47.239	24.660
2	5.184	83.981	43.840
3	6.804	110.225	57.540
4	7.776	125.971	65.760
5	8.100	131.220	68.500

死荷重モーメント
$$M_d = w \times F_i$$
活荷重モーメント
$$M_{p1} = p_{l1} \times A_i$$
$$M_{p2} = p_{l2} \times F_i$$
衝撃係数
$$i = \frac{20}{50+l} = 0.243$$

● 曲げモーメント(表 6.19)

表 6.19 曲げモーメントの集計表　　〔単位 kN·m〕

桁		G_1					G_2			
10等分点 (i)		1	2	3	4	5	1	2	3	4	5
死荷重	M_d	1 632	2 901	3 808	4 351	4 533	1 085	1 929	2 532	2 894	3 016
活荷重	M_{p1}	444	789	1 036	1 183	1 233	617	1 096	1 439	1 644	1 713
	M_{p2}	298	529	649	794	827	413	735	964	1 102	1 148
	M_i	180	320	420	480	501	250	445	584	667	695
	M_l	922	1 638	2 150	2 457	2 561	1 280	2 276	2 987	3 413	3 556
合計	M	2 554	4 539	5 958	6 808	7 094	2 365	4 205	5 519	6 307	6 572

$M_l = M_{p1} + M_{p2} + M_i$,　　$M = M_d + M_l$

(d) せん断力

● 影響線(図 6.86, 表 6.20)

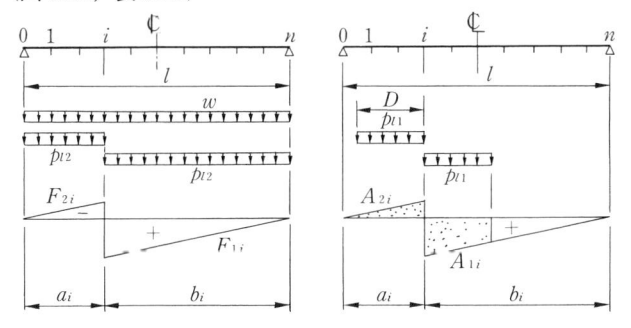

$$\alpha_i = \frac{a_i}{l} \qquad \beta_i = \frac{D}{b_i},\ \gamma_i = \frac{D}{a_i}$$

$$F_{1i} = (1-\alpha_i)^2 \frac{l}{2} \qquad A_{1i} = (1-\alpha_i)(2-\beta_i)\frac{D}{2} \qquad (b_i \leqq D \text{ のとき } D = b_i)$$

$$F_{2i} = -\frac{\alpha_i^2 l}{2} \qquad A_{2i} = -\alpha_i(2-\gamma_i)\frac{D}{2} \qquad (a_i \leqq D \text{ のとき } D = a_i)$$

図 6.86 せん断力の影響線

第6章 鋼橋の設計

表6.20 せん断力の影響値

i	F_{1i}	F_{2i}	ΣF_i	A_{1i}
0	16.200	0.0	16.200	8.457
1	13.122	−0.162	12.960	7.457
2	10.368	−0.648	9.720	6.457
3	7.938	−1.458	6.480	5.457
4	5.832	−2.592	3.240	4.457
5	4.050	−4.050	0	3.457

死荷重せん断力
$S_d = w \times \Sigma F_i$
活荷重せん断力
$S_{p1} = p_{l1} \times A_{1i}$
$S_{p2} = p_{l2} \times F_{1i}$

・せん断力（表6.21）

表6.21 せん断力の集計表 〔単位 kN〕

桁		G_1						G_2				
10等分点 (i)		0	1	2	3	4	5	0	1	2	3	4	5
死荷重	S_d	560	448	336	224	112	0	372	298	223	149	74	0
活荷重	S_{p1}	183	161	139	118	96	75	254	224	194	164	134	104
	S_{p2}	102	83	65	50	37	26	142	115	91	69	51	35
	S_i	69	59	50	41	32	25	96	82	69	57	45	34
	S_l	354	303	254	209	165	126	492	421	354	290	230	173
合計	S	914	751	590	433	277	126	864	719	577	439	304	173

$S_l = S_{p1} + S_{p2} + S_i$, $S = S_d + S_l$

（e）断面力図

・G_1 桁（図6.87）

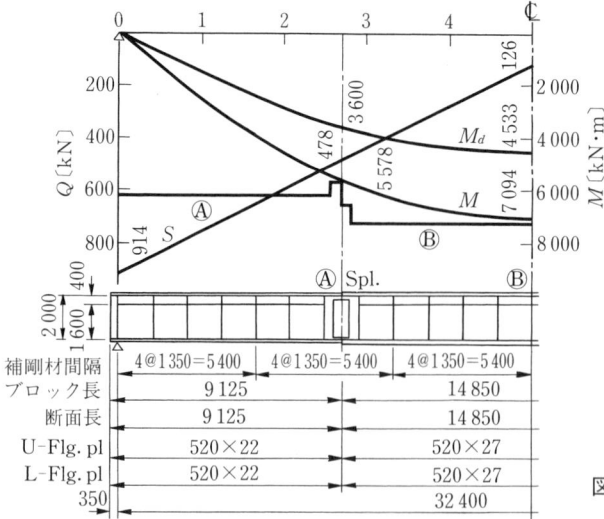

図6.87 G_1 桁の断面力図

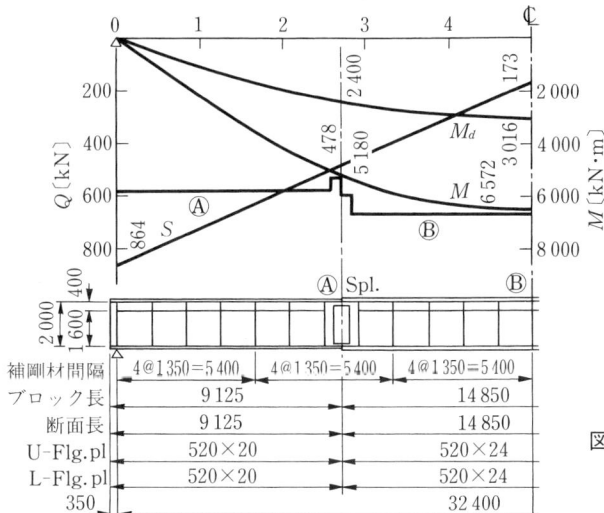

6.8 道路橋単純非合成桁の設計計算例

• G_2 桁（図 6.88）

図 6.88　G_2 桁の断面力図

(f) 応力度の集計（表 6.22）

表 6.22　応力度の集計

断面番号			G_1			G_2		
			Ⓐ		Ⓑ	Ⓐ		Ⓑ
断面力	曲げモーメント	[kN·m]	0	5 578	7 094	0	5 180	6 572
	せん断力	[kN]	914	478	126	864	478	173
応力度	σ_o	[N/mm²]	0	−189.7	205.2	0	−189.5	−208.9
	σ_t	〃	0	189.7	205.2	0	189.5	208.9
	τ	〃	45.7	23.9	6.3	43.2	23.8	8.7
許容応力度	σ_{ca}	[N/mm²]	210	210	210	210	210	210
	σ_{ta}	〃	210	210	210	210	210	210
	τ_a	〃	120	120	120	120	120	120
合成応力度の照査 ≦1.2			0.15	0.82	0.91	0.13	0.82	0.95
引張継手部の孔引応力度			—	209.5	178.6	—	209.7	182.1

〔3〕 断面計算

使用鋼材は SM 490 Y を使用する。

フランジの必要断面積の概算は式 (6.38) を利用する。

(a)　G_1 桁中央断面（Ⓑ 断面）（表 6.23）

$M = 7\ 094\ \text{kN·m}$　　$M_d = 4\ 533\ \text{kN·m}$　　$S - 126\ \text{kN}$

表 6.23

断面寸法 〔mm〕		A 〔cm²〕	y 〔cm〕	Ay^2, I 〔cm⁴〕
1-Flg. pl	520×27	140.4	−101.35	1 442 200
1-Web pl	2 000×10	200.0	0	666 700
1-Flg. pl	520×27	140.4	101.35	1 442 200
		A=480.8 cm²		I=3 551 100 cm⁴

$y_u = y_l = 100.0 + 2.7 = 102.7$ cm

$\sigma_c = -\dfrac{7\,094 \times 10^3}{3\,551\,100} \times 102.7 = -205.2$ N/mm² $\leq \sigma_{ca} = 210$ N/mm²

$\sigma_t = \dfrac{7\,094 \times 10^3}{3\,551\,100} \times 102.7 = 205.2$ N/mm² $\leq \sigma_{ta} = 210$ N/mm²

※応力度の計算は，単位に注意すること．上記の kN・m, cm を N, mm に換算するとつぎのようになる．

$\sigma_c = -\dfrac{7\,094 \times 10^6}{3\,551\,100 \times 10^4} \times 102.7 \times 10 = -\dfrac{7\,094 \times 10^3}{3\,551\,100} \times 102.7$

RC 床版の硬化前の応力計算

$M_d' = 4\,533 \times \dfrac{21.546}{34.543} = 2\,827$ kN・m

圧縮フランジの許容応力度

$\dfrac{A_w}{A_c} = \dfrac{200.0}{140.4} = 1.42 \leq 2$ $\dfrac{l}{b} = \dfrac{540}{52} = 10.38$

$\sigma_{cag} = 210 - 4.6(l/b - 3.5) = 210 - 4.6(10.38 - 3.5) = 178.4$ N/mm²

自由突出版の幅厚比

$b_1 = (52.0 - 1.0)/2 = 25.5$ cm $b_1/t = 25.5/2.7 = 9.44 \leq 10.5$

$\sigma_{cal} = 210$ N/mm² $> \sigma_{cag}$

$\sigma_{ca} = \sigma_{cag} = 178.4$ N/mm²

$\sigma_c = -\dfrac{2\,827 \times 10^3}{3\,551\,100} \times 102.7 = -81.8$ N/mm² $\leq \sigma_{ca}$

腹板の合成応力度

$\tau = \dfrac{S}{A_w} = \dfrac{126 \times 10^3}{200.0 \times 10^2} = 6.3$ N/mm² $\leq \tau_a = 120$ N/mm²

$\sigma = 205.2 \times \dfrac{100.0}{102.7} = 199.8$ N/mm²

$\left(\dfrac{\sigma}{\sigma_a}\right)^2 + \left(\dfrac{\tau}{\tau_a}\right)^2 = \left(\dfrac{199.8}{210}\right)^2 + \left(\dfrac{6.3}{120}\right)^2 = 0.91 \leq 1.2$ O.K.（許容値以下のため可，これ以後 O.K. と略す）

(b) G_1 桁Ⓐ断面 (支点より 8.775 m) (表 6.24)

$M = 5\,578$ kN·m, $\qquad M_d = 3\,600$ kN·m, $\qquad S = 478$ kN

表 6.24

断面寸法 〔mm〕		A 〔cm²〕	y 〔cm〕	Ay^2, I 〔cm⁴〕
1-Flg. pl	520×22	114.4	−101.10	1 169 300
1-Web pl	2 000×10	200.0	0	666 700
1-Flg. pl	520×22	114.4	101.10	1 169 300
		$A = 428.8$ cm²		$I = 3\,005\,300$ cm⁴

$y_u = y_t = 100.0 + 2.2 = 102.2$ cm

$\sigma_c = -\dfrac{5\,578 \times 10^3}{3\,005\,300} \times 102.2 = -189.7$ N/mm² $\leq \sigma_{ca}$

$\sigma_t = \dfrac{5\,578 \times 10^3}{3\,005\,300} \times 102.2 = 189.7$ N/mm² $\leq \sigma_{ta}$

※断面変化位置と現場継手位置を同じにするため,フランジの応力度は許容応力度に対して余裕をもたせる必要がある(6.8.5項 現場継手参照)。

RC 床版の硬化前の応力計算

$M_d' = 3\,600 \times \dfrac{21.546}{34.543} = 2\,245$ kN·m

$\dfrac{A_w}{A_c} = \dfrac{200.0}{114.4} = 1.75 \leq 2 \qquad \dfrac{l}{b} = \dfrac{540}{52} = 10.38$

$\sigma_{cag} = 210 - 4.6(10.38 - 3.5) = 178.4$ N/mm²

$\dfrac{b_1}{t} = \dfrac{25.5}{2.2} = 11.59 > 10.5$

$\sigma_{cal} = 23\,000 \left(\dfrac{t}{b_1}\right)^2 = 23\,000 \left(\dfrac{2.2}{25.5}\right)^2 = 171.2$ N/mm² $< \sigma_{cag}$

$\sigma_{ca} = \sigma_{cal} = 171.2$ N/mm²

$\sigma_c = -\dfrac{2\,245 \times 10^3}{3\,005\,300} \times 102.2 = -76.3$ N/mm² $\leq \sigma_{ca}$

腹板の合成応力度

$\tau = \dfrac{S}{A_w} = \dfrac{478 \times 10^3}{200.0 \times 10^2} = 23.9$ N/mm² $\leq \tau_a$

$\sigma = 189.7 \times \dfrac{100.0}{102.2} = 185.6$ N/mm²

$\left(\dfrac{\sigma}{\sigma_a}\right)^2 + \left(\dfrac{\tau}{\tau_a}\right)^2 = \left(\dfrac{185.6}{210}\right)^2 + \left(\dfrac{23.9}{120}\right)^2 = 0.82 \leq 1.2 \qquad$ O.K.

(c) G_2 桁中央断面 (Ⓑ断面) (表 6.25)

$M = 6\,572$ kN·m $\qquad M_d = 3\,016$ kN·m $\qquad S = 173$ kN

表 6.25

断面寸法 [mm]	A [cm²]	y [cm]	Ay^2, I [cm⁴]
1-Flg. pl　520×24	124.8	−101.2	1 278 100
1-Web pl　2 000×10	200.0	0	666 700
1-Flg. pl　520×24	124.8	101.2	1 278 100
	$A=449.6$ cm²		$I=3 222 900$ cm⁴

$\sigma_c = -208.9$ N/mm² $\leq \sigma_{ca}$　　$\sigma_t = 208.9$ N/mm² $\leq \sigma_{ta}$

（d）G_2 桁 Ⓐ 断面（表 6.26）

$M = 5 180$ kN・m　　$M_d = 2 400$ kN・m　　$S = 478$ kN

表 6.26

断面寸法 [mm]	A [cm²]	y [cm]	Ay^2, I [cm⁴]
1-Flg. pl　520×20	104.0	−101.0	1 060 900
1-Web pl　2 000×10	200.0	0	666 700
1-Flg. pl　520×20	104.0	101.0	1 060 900
	$A=408.0$ cm²		$I=2 788 500$ cm⁴

$\sigma_c = -189.5$ N/mm² $\leq \sigma_{ca}$　　$\sigma_t = 189.5$ N/mm² $\leq \sigma_{ta}$

6.8.4　補　剛　材

〔1〕 端補剛材

G_1 桁（図 6.89）

　　支点反力 $R = 914$ kN

　　2-pl　　160×16 = 51.20 cm²
　　1-pl　　240×10 = 24.00 cm²

　　　　$\Sigma A = 75.20$ cm² $\leq 51.2 \times 1.7 = 87.04$ cm²

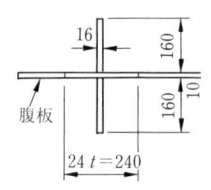

図 6.89　端　補　剛　材

補剛材の板厚（SS 400 使用）

$t = 16$ mm $\geq \dfrac{b}{12.8} = \dfrac{160}{12.8} = 12.5$ mm

$I_x = \dfrac{1.6 \times 33.0^3}{12} + \dfrac{22.4 \times 1.0^3}{12} = 4 793$ cm⁴　　$r_x = \sqrt{\dfrac{I_x}{A}} = \sqrt{\dfrac{4 793}{75.20}} = 8.0$ cm

$$\frac{l}{r_x}=\frac{0.5h_w}{r_x}=\frac{0.5\times 200}{8.0}=12.5\leqq 18 \qquad \therefore \quad \sigma_{ca}=140 \text{ N/mm}^2$$

$$\sigma_c=\frac{914\times 10^3}{75.2\times 10^2}=121.5 \text{ N/mm}^2\leqq \sigma_{ca}$$

〔2〕 垂直補剛材

(a) 補剛材間隔

水平補剛材を1段用いる。

$$t_w=1.0 \text{ cm}\geqq \frac{b}{209}=\frac{200}{209}=0.96 \text{ cm} \qquad (\text{SM 490 Y})$$

対傾構間隔の4等分の位置に設ける。

$$\frac{a}{b}=\frac{540\times 1/4}{200}=0.68\leqq 0.8$$

支点上付近

$$\tau=\frac{S}{A_w}=\frac{914\times 10^3}{200\times 10^2}=45.7 \text{ N/mm}^2 \qquad \sigma=0 \text{ N/mm}^2$$

$$\left(\frac{b}{100\,t}\right)^4\left[\left(\frac{\sigma}{900}\right)^2+\left\{\frac{\tau}{90+77(b/a)^2}\right\}^2\right]$$

$$=\left(\frac{200}{100\times 1.0}\right)^4\left[\left(\frac{0}{900}\right)^2+\left\{\frac{45.7}{90+77(200/135)^2}\right\}^2\right]=0.50\leqq 1 \qquad \text{O.K.}$$

支点より8.775 m付近

$$\tau=\frac{478\times 10^3}{200\times 10^2}=23.9 \text{ N/mm}^2, \qquad \sigma=-185.6 \text{ N/mm}^2$$

$$\left(\frac{200}{100\times 1.0}\right)^4\left[\left(\frac{185.6}{900}\right)^2+\left\{\frac{23.9}{90+77(200/135)^2}\right\}^2\right]=0.82\leqq 1 \qquad \text{O.K.}$$

(b) 補剛材断面

垂直補剛材として 1-pl 120×10（SS 400）を使用する。

所要剛度

$$I_{\text{req}}=\frac{bt^3}{11}\gamma=\frac{bt^3}{11}\times 8.0\left(\frac{b}{a}\right)^2=\frac{200\times 1.0^3}{11}\times 8.0\times \left(\frac{200}{135}\right)^2=319 \text{ cm}^4$$

$$I=\frac{th^3}{3}=\frac{1.0\times 12.0^3}{3}=576 \text{ cm}^4\geqq I_{\text{req}}$$

突出脚（補剛材幅 h）の検討。

$$h=120 \text{ mm}\geqq \frac{h_w}{30}+50=\frac{2\,000}{30}+50=117 \text{ mm} \qquad \text{O.K.}$$

$$t=10 \text{ mm}\geqq \frac{h}{13}=\frac{120}{13}=9.2 \text{ mm} \qquad \text{O.K.}$$

〔3〕 水平補剛材

水平補剛材として 1-pl 110×10（SS 400）を1段用いる。

所要剛度

$$I_{\mathrm{req}} = \frac{bt^3}{11}\gamma = \frac{bt^3}{11} \times 30.0\left(\frac{a}{b}\right) = \frac{200 \times 1.0^3}{11} \times 30.0 \times \left(\frac{135}{200}\right) = 368 \text{ cm}^4$$

$$I = \frac{th^3}{3} = \frac{1.0 \times 11.0^3}{3} = 444 \text{ cm}^4 \geq I_{\mathrm{req}}$$

取付位置

$b_1 = 0.2\,b = 0.2 \times 200 = 40.0$ cm　　上フランジより 40 cm の位置に設ける。

6.8.5　現　場　継　手

〔1〕 継手位置での応力度（支点より 8.775 m）

G_1桁

$M = 5\,578$ kN・m　　$S = 478$ kN

支点側（Ⓐ断面）

$\sigma_c = -189.7$ N/mm²　　$\sigma_t = 189.7$ N/mm²

支間中央側（Ⓑ断面）

$$\sigma_c = \frac{5\,578 \times 10^3}{3\,551\,100} \times 102.7 = -161.3 \text{ N/mm}^2 \geq 0.75\sigma_a = 157.5 \text{ N/mm}^2$$

$$\sigma_t = \frac{5\,578 \times 10^3}{3\,551\,100} \times 102.7 = 161.3 \text{ N/mm}^2 \geq 0.75\sigma_a$$

〔2〕 上フランジ継手（図 **6.90**）

　1-Flg. pl　520×22（SM 490 Y）総断面積　$A_g = 114.4$ cm²

所要ボルト本数

$$n = \frac{189.7 \times 11\,440}{48\,000 \times 2} = 22.6 \cdots 24 \text{ 本（偶数本）使用}$$

高力ボルト M 22（S 10 T）使用，一摩擦面許容伝達力 48 000 N

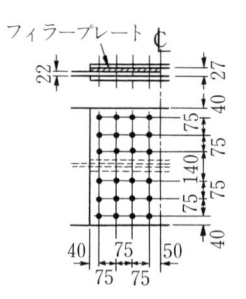

図 **6.90**　上フランジ継手

添接板（SM 490 Y）

　1-Spl. pl　520×12 = 62.4 cm² ≥ 1/2A_g = 57.2 cm²

　2-Spl. pl　230×13 = 59.8 cm² ≥ 1/2A_g

$$\overline{122.2 \text{ cm}^2 \geq A_g}$$

$$\sigma_c = -189.7 \times \frac{114.4}{122.2} = -177.6 \text{ N/mm}^2 \leqq \sigma_{ca}$$

〔3〕 下フランジ継手（図 6.91）

1-Flg. pl　　520×22（SM 490 Y）　　$A_g = 114.4 \text{ cm}^2$

所要ボルト本数

$$n = \frac{189.7 \times 114\,400}{48\,000 \times 2} = 22.6 \cdots 24 \text{ 本使用}$$

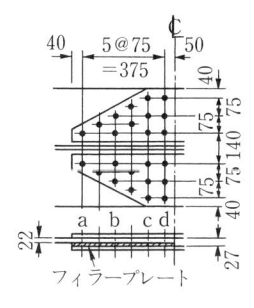

図 6.91　下フランジ継手

母材断面の応力度照査（ボルト孔の控除）

千鳥配列の影響

$$w = d - \frac{p^2}{4g} = 2.5 - \frac{7.5^2}{4 \times 3.75} = -1.25 \leqq 0$$

したがって千鳥の影響を考慮しない

　a 断面

　　$A_n = (52.0 - 2 \times 2.5) \times 2.2 = 103.4 \text{ cm}^2$

　　$\sigma_t = 189.7 \times \frac{114.4}{103.4} = 209.5 \text{ N/mm}^2 \leqq \sigma_{ta} = 210 \text{ N/mm}^2$

　b 断面

　　$A_n = (52.0 - 4 \times 2.5) \times 2.2 = 92.4 \text{ cm}^2$

　　$\sigma_t = 189.7 \times \frac{114.4}{92.4} \times \frac{24-4}{24} = 195.7 \text{ N/mm}^2 \leqq \sigma_{ta}$

　c 断面

　　$A_n = (52.0 - 6 \times 2.5) \times 2.2 = 81.4 \text{ cm}^2$

　　$\sigma_t = 189.7 \times \frac{114.4}{81.4} \times \frac{24-12}{24} = 133.3 \text{ N/mm}^2 \leqq \sigma_{ta}$

添接板（SM 490 Y）

　1 Spl. pl　　$520 \times 14 = 72.8 \text{ cm}^2$　　$6 \times 2.5 \times 1.4 = 51.8 \text{ cm}^2 \geqq 1/2 A_n = 40.7 \text{ cm}^2$

　2-Spl. pl　　$230 \times 17 = 78.2 \text{ cm}^2 - 6 \times 2.5 \times 1.7 = 52.7 \text{ cm}^2 \geqq 1/2 A_n$

　　　　　　　$A_g = 151.0 \text{ cm}^2$　　　　　$A_n = 104.5 \text{ cm}^2 \geqq A_n$

d 断面(添接板)

$$\sigma_t = 189.7 \times \frac{114.4}{104.5} = 207.7 \text{ N/mm}^2 \leq \sigma_{ta} = 210 \text{ N/mm}^2$$

a 断面(添接板)

$$A_n = (22.0 - 2 \times 2.5) \times 1.4 + 2 \times (8.0 - 2.5) \times 1.7 = 42.5 \text{ cm}^2$$

$$\sigma_t = 189.7 \times \frac{114.4}{42.5} \times \frac{2}{24} = 42.6 \text{ N/mm}^2 \leq \sigma_{ta}$$

〔4〕 腹板継手(図 6.92)

曲げモーメントに対する照査

腹板上下縁応力度

$$\sigma_c = -185.6 \text{ N/mm}^2 \qquad \sigma_t = 185.6 \text{ N/mm}^2$$

引張(圧縮)側1列目のボルト群に作用する力 P_1

$$P_1 = \frac{185.6 + 156.8}{2} \times \left(110.0 + \frac{90.0}{2}\right) \times 10.0 = 265\,360 \text{ N}$$

所要ボルト本数

$$n = \frac{265\,360}{48\,000 \times 2} = 2.8 \cdots 3\text{ 本使用}$$

2 列目

$$P_2 = \frac{156.8 + 139.2}{2} \times \frac{90.0 + 100.0}{2} \times 10.0 = 140\,600 \text{ N}$$

所要ボルト本数

$$n = \frac{140\,600}{96\,000} = 1.5 \cdots 3\text{ 本使用}$$

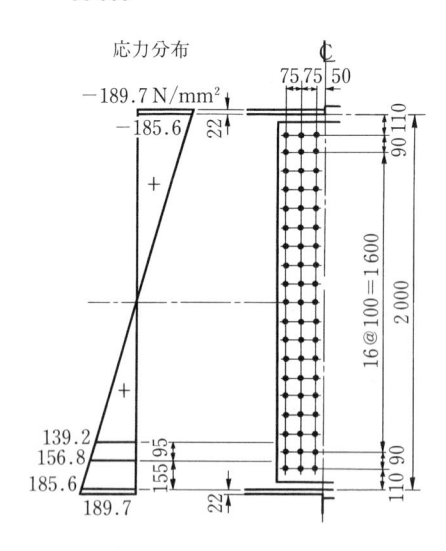

図 6.92 腹板継手

すべて，3本のボルト配置とする。
せん断力に対する照査
$$\rho_s = \frac{478\,000}{57} = 8\,386\text{ N} \leqq \rho_a = 96\,000\text{ N}$$
曲げモーメントとせん断力に対する照査
$$\rho = \sqrt{\left(\frac{265\,360}{3}\right)^2 + 8\,386^2} = 88\,850\text{ N} \leqq \rho_a$$
添接板（SM 490 Y）
　　2-Spl. pl　　$1\,860 \times 9$　　　$A = 334.8\text{ cm}^2$
$$I = 2 \times \frac{0.9 \times 186.0^3}{12} = 965\,200\text{ cm}^4$$
$$I_w = \frac{1.0 \times 200.0^3}{12} = 666\,700\text{ cm}^4 \leqq I$$
腹板に作用するモーメント
$$M_w = \sigma_{wl} \frac{I_w}{y_{wl}} = 185.6 \times \frac{666\,700 \times 10^4}{100.0 \times 10} = 1\,238 \times 10^6\text{ N}\cdot\text{mm}$$
添接板の曲げ応力度
$$\sigma = \frac{1\,238 \times 10^6}{965\,200 \times 10^4} \times (1\,000 - 70) = 119.3\text{ N/mm}^2 \leqq \sigma_{ta} = 210\text{ N/mm}^2$$

6.8.6　た　わ　み
主桁が変断面であることを考慮して，支間中央断面による計算値を 10 ％増とする。
〔1〕　活荷重たわみ
　　等分布荷重 p_1（載荷長 D）
$$\delta_1 = \frac{p_{l1}}{384EI}(5l^4 - 6l^2a^2 + a^4) = \frac{M_{p1}}{48EI}(5l^2 - a^2)\qquad a = l - D$$
　　等分布荷重 p_2
$$\delta_2 = \frac{5p_{l2}l^4}{384EI} = \frac{5M_{p2}l^2}{48EI}$$
　　許容値
$$\delta_a = \frac{l}{20\,000/l} = \frac{32.4^2}{20\,000} = 0.052\,4\text{ m} = 52.4\text{ mm}$$
　G_1 桁
　　$M_{p1} = 1\,233\text{ kN}\cdot\text{m}$　　　$M_{p2} = 827\text{ kN}\cdot\text{m}$　　　$D = 10\text{ m}$
　$I = 3\,551\,100\text{ cm}^4$
　　$\delta_l = 1.1(\delta_1 + \delta_2)$

$$= \frac{1.1}{48 \times 2.0 \times 10^8 \times 3.55 \times 10^{-2}} \{1\,233 \times (5 \times 32.4^2 - 22.4^2) + 5 \times 827 \times 32.4^2\}$$

$= 0.032\,9\text{ m} = 32.9\text{ mm} \leq \delta_a$　O.K.

G_2 桁

　　$M_{p1} = 1\,713\text{ kN·m}$　　$M_{p2} = 1\,148\text{ kN·m}$　　$D = 10\text{ m}$

　　$I = 3\,222\,900\text{ cm}^4$

$$\delta_l = \frac{1.1}{48 \times 2.0 \times 10^8 \times 3.22 \times 10^{-2}} \{1\,713 \times (5 \times 32.4^2 - 22.4^2) + 5 \times 1\,148 \times 32.4^2\}$$

$= 0.050\,4\text{ m} = 50.4\text{ mm} \leq \delta_a$　O.K.

〔2〕 死荷重たわみ

$$\delta_d = \frac{5 M_d l^2}{48 EI}$$

G_1 桁

　　$M_d = 4\,533\text{ kN·m}$　　$I = 3\,551\,100\text{ cm}^4$

　　$\delta_d = 1.1 \delta_d$

$$= 1.1 \times \frac{5 \times 4\,533 \times 32.4^2}{48 \times 2.0 \times 10^8 \times 3.55 \times 10^{-2}}$$

$= 0.076\,8\text{ m} = 76.8\text{ mm}$

G_2 桁

　　$M_d = 3\,016\text{ kN·m}$　　$I = 3\,222\,900\text{ cm}^4$

$$\delta_d = 1.1 \times \frac{5 \times 3\,016 \times 32.4^2}{48 \times 2.0 \times 10^8 \times 3.22 \times 10^{-2}}$$

$= 0.056\,3\text{ m} = 56.3\text{ mm}$

※鋼のヤング係数

　　$E = 200\text{ GPa} = 2.0 \times 10^{11}\text{ N/m}^2 = 2.0 \times 10^8\text{ kN/m}^2 = 2.0 \times 10^5\text{ N/mm}^2$

6.8.7　Leonhardtの荷重分配係数を用いた曲げモーメントの算定

設計計算例では，慣用計算法（1-0法）により主桁の断面力を求めた．ここでは，Leonhardtの荷重分配係数（表6.10）を用いて支間中央点の主桁曲げモーメント算定例を示す．

（a）　荷重横分布影響線（図6.93）

外桁と中桁の剛比 j，格子剛度 z をつぎのように仮定し計算を進める．

$$j = \frac{I_R}{I} = 1.1 \qquad z = \left(\frac{l}{2a}\right)^3 \frac{I_Q}{I} = 15$$

表6.10（a）を用いて

$$N = \frac{4j}{z} + (4j + 2) = \frac{4 \times 1.1}{15} + (4 \times 1.1 + 2) = 6.693\,3$$

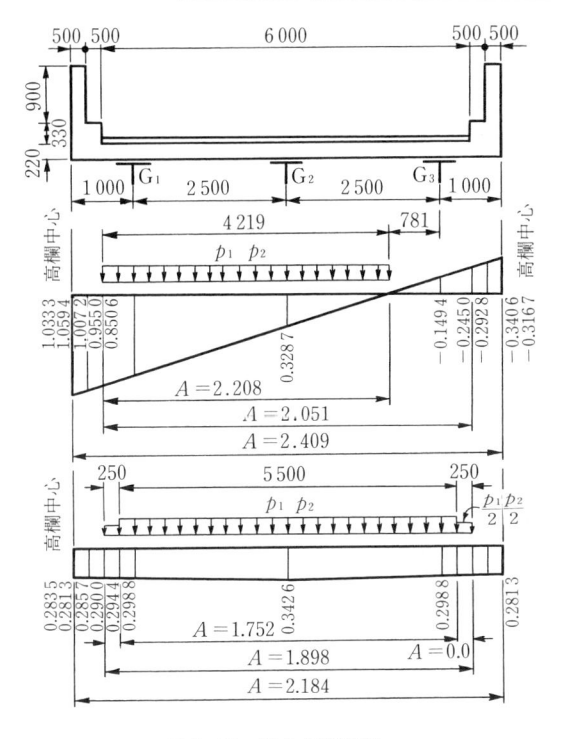

6.8 道路橋単純非合成桁の設計計算例

図 6.93 横分布影響線

$$q_{11} = -\frac{1}{N}+1 \ =-\frac{1}{6.6933}+1=0.8506 \qquad q_{13}=-\frac{1}{N}=-0.1494$$

$$q_{12}=\frac{2j}{N} \ =\frac{2\times 1.1}{6.6933} \ =0.3287$$

$$q_{22}=-\frac{4j}{N}+1=-\frac{4\times 1.1}{6.6933}+1=0.3426$$

$$q_{21}=\frac{q_{12}}{j} \ =\frac{0.3287}{1.1} \ =0.2988 \qquad q_{23}=q_{21}=0.2988$$

(b) 荷重強度

・死荷重

G_1 桁

舗　装	$22.500 \times 0.080 \times 2.051$	=	3.692 kN/m
床　版	$24.500 \times 0.220 \times 2.409$	=	12.985 kN/m
鋼　重	1.800×2.051	=	3.692 kN/m
ハンチ	$1.800 \times (0.851-0.149)+1.400 \times 0.329$	=	1.724 kN/m
地　覆	$24.500 \times 0.500 \times 0.330 \times (1.007-0.293)$	=	2.886 kN/m
高　欄	$24.500 \times 0.250 \times 0.900 \times (1.033-0.317)$	=	3.947 kN/m
		w =	28.926 kN/m

G_2 桁

舗　装	$22.500 \times 0.080 \times 1.898$	=	3.416 kN/m
床　版	$24.500 \times 0.220 \times 2.184$	=	11.772 kN/m
鋼　重	1.800×1.898	=	3.416 kN/m
ハンチ	$1.8 \times 0.299 \times 2+1.4 \times 0.286$	=	1.557 kN/m
地　覆	$24.500 \times 0.500 \times 0.330 \times 0.286 \times 2$	=	2.312 kN/m
高　欄	$24.500 \times 0.250 \times 0.900 \times 0.284 \times 2$	=	3.131 kN/m
		w =	25.604 kN/m

・活荷重

G_1 桁

$p_{l1}=10.0 \times 2.208 = 22.080$ kN/m

$p_{l2}= 3.5 \times 2.208 = 7.728$ kN/m

G_2 桁

$p_{l1}=10.0 \times 1.752+\dfrac{10.0}{2} \times 0.073 \times 2 = 18.250$ kN/m

$p_{l2}= 3.5 \times 1.752+\dfrac{3.5}{2} \times 0.073 \times 2 = 6.388$ kN/m

(c) 曲げモーメント（支間中央）（**表 6.27**）

表 6.18 曲げモーメント影響値を利用して支間中央の曲げモーメントを求める。

表 6.27　〔kN・m〕

	M_d	M_{p1}	M_{p2}	M_i	M_l	M
G_1	3 796	1 512	1 014	614	3 140	6 936
G_2	3 360	1 250	838	507	2 595	5 955

6.8 道路橋単純非合成桁の設計計算例

支間中央以外の任意の位置での曲げモーメントは，曲げモーメント分布が，支間中央で頂点となる放物線形状と仮定すれば，次式で得られる。

$$M_x = \frac{4x(l-x)}{l^2}M$$

ここに，M_x：任意点の曲げモーメント，M：支間中央の曲げモーメント，x：支点から任意点までの距離，l：支間である。

(d) 慣用計算法（1-0法）とLeonhardtの方法との比較

慣用計算法（1-0法）およびLeonhardtの方法により求めた支間中央の曲げモーメントの比較を**表6.28**に示す。

表6.28 曲げモーメント（支間中央）の比較　　〔kN・m〕

	G_1			G_2		
	1-0法	Leon.	Leon./1-0	1-0法	Leon.	Leon./1-0
死荷重 M_d	4 533	3 796	0.84	3 016	3 360	1.11
活荷重 M_l	2 561	3 140	1.23	3 550	2 596	0.73
計　M	7 094	6 936	0.98	6 572	5 955	0.91

第7章 コンクリート橋の設計

7.1 一 般

　コンクリート橋の設計に関して，道路橋示方書Ⅲに床版橋，T桁橋，箱桁橋，合成桁橋，連続桁橋，ラーメン橋，アーチ橋，斜張橋およびプレキャストセグメント橋などについて規定されている。この章では多用されている床版橋，T桁橋，箱桁橋および合成桁橋の設計について，その概要を述べる。

　コンクリート橋とは，コンクリートを主材料に使用した橋梁で，無筋コンクリート橋，RC橋，PC橋および最近注目され建設が行われてきているPRC橋の総称である。これらは，すでに第1章で述べたように各種の構造形式があり，それぞれの特徴を活用して建設されてきており，いずれも鋼橋に比べて，断面寸法が比較的大きいし，自重が大きいものである。このうち無筋コンクリート橋は比較的小支間アーチ形式に限られているので，近年では，コンクリート橋といえばそのほとんどは，RC橋，PC橋であり，特に最近はPC橋の建設が非常に多くなってきている。したがって，いずれにしても鋼材で補強されているので，広義にはRC橋といえるものである。

　コンクリート橋の一般的な構造とその名称を図7.1に，標準的な設計の流れを図7.2に示す。

　RC橋は，RC部材を主体とした橋梁であり，この構造の特性から形式，支間，断面形状および経済的な理由によりおのずから限界がある。一方，PC橋は，PC部材を主体とした橋梁であり，PCの特徴を活用して，各種の構造形

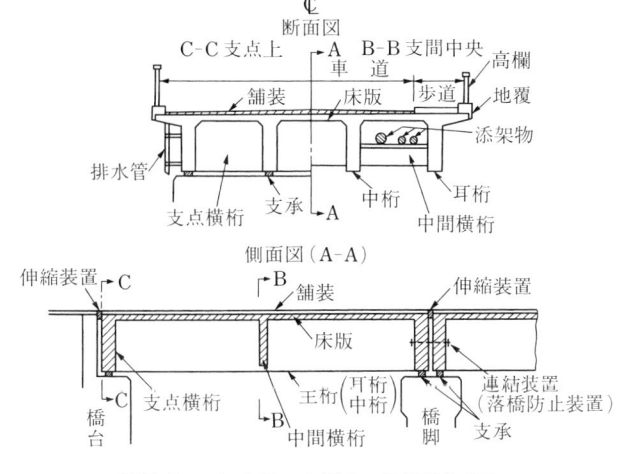

図7.1 コンクリート橋の一般構造と名称

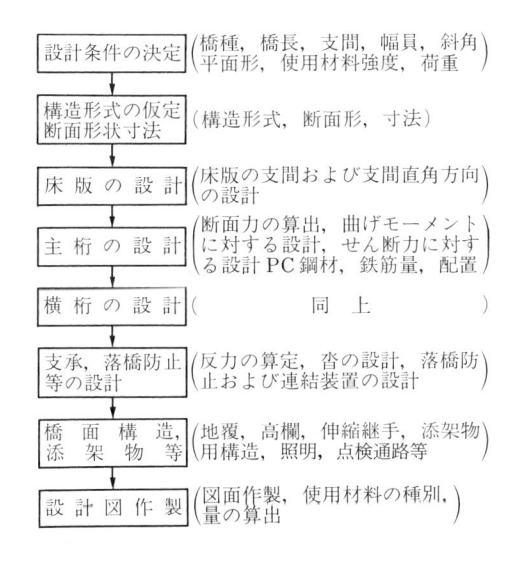

図7.2 コンクリート橋の標準的な設計の流れ

式,小支間から長大支間と広く採用されてきている。

コンクリート橋の代表的断面形状を図7.3に示す。図から明らかなように多種類のものがあり,このことは,コンクリート構造の特性を十分に生かし,合

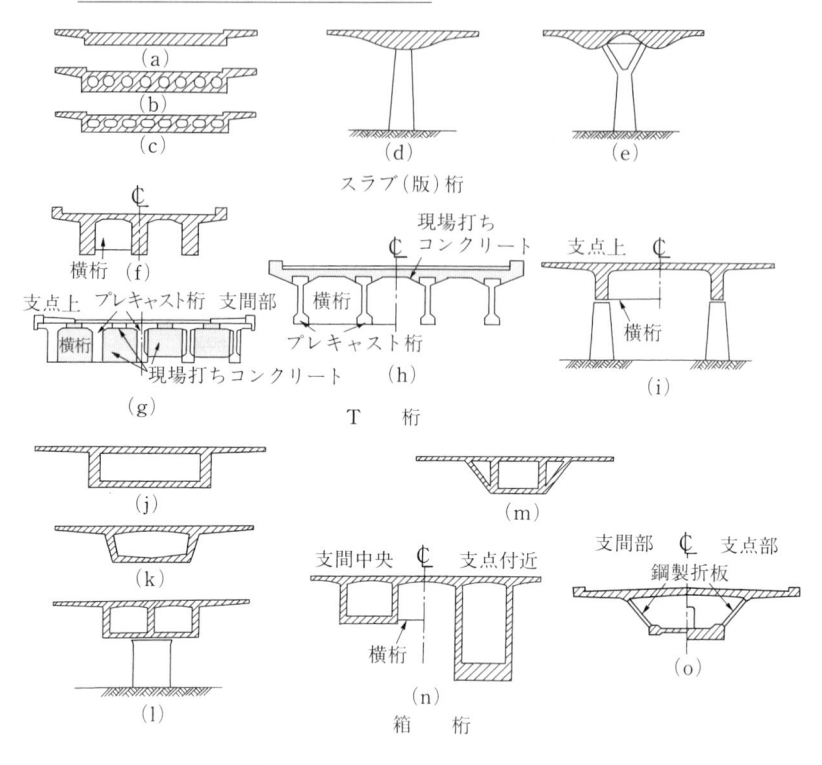

図7.3 各種コンクリート橋断面形状

理的な形状,寸法を各条件に対して最適になるように設計することが可能であることを示している。

図中の各断面形状の特徴を以下に述べる。

図(a)は中実の床版橋の断面,(b),(c)は中空のものの断面形状で,桁高を小さくしたい場合で,支間20m程度以下が有利である。図(a)の断面形状では,プレキャストのJIS桁を使用することも多い。図(d),(e)は,都市内の高架橋に採用された特殊な例で,橋脚を1本脚とし,桁断面形状を曲線形とし,桁下空間の利用と美観的な配慮を行った海外の実施例である。支間が大きくなると死荷重の低減と断面効率を上げるため,図(f)〜(i)に示すようにT形の主桁を使用し,主桁間隔は,通常RC橋〔図(f)〕で20m以内,現場打ちコンクリート施工となる。PC橋〔図(g)〕では,主桁間隔は最大3.5

mの例もある．図（g）の形式はPCT形桁橋の一般的な断面形式であり，縦割りプレキャスト方式に適している．主桁をプレキャスト部材として製作，架設し，床版部および横桁部の横方向鉄筋を重ね継手として現場打ちコンクリートを打設するRC構造，あるいは現場打ちコンクリートの硬化後に横締めPC鋼材でプレストレスを与えてPC構造とする．図（f），（g）の両構造はともに中間横桁を配置して，荷重分配を良好にすることが必要である．

図（h）は，RC構造でも可能であるが，一般にプレキャストのPC I 形桁を架設し，現場打ちRC床版を打設して合成桁とするもので，施工が比較的簡単に行え，経済性も高く近年多用されてきている．

図（i）は，T 形桁橋の特殊な例であり，施工法と組み合わせることで美観のみならず経済的にも有利なものとなることもあるが，設計計算上かなり詳細な検討が必要である．主桁間隔は5～8mが一般的である．

図（j）～(m)は，箱桁で，曲げに対して有利であると同時にねじり抵抗が著しく大きくなる断面であり，荷重分配に有利であるので，長大支間，連続橋，ラーメン橋さらに曲線橋に多用されている．図（j）は一室箱桁の例，図（k）はウェブを傾斜させて美観的な面を考慮したもの，図（l）は二室箱桁で中央ウェブは床版の支間の短縮による厚さを低減するのに役立っていると同時にせん断力に対して有利となる．図(m)は美観を考慮した場合の図（l）の形式の発展したものであり，その特徴は，図（k），（l）と同一と考えてよい．図（n）は大支間の片持施工されるPC桁橋の場合に採用される断面である．これらの箱桁断面は，その特徴を生かして，長大なPC斜張橋の主桁断面にも採用されている．大型の箱桁断面の場合，箱桁の中を鉄道，上部を道路とした例など利用度の高い断面形である．図（o）に示すものは，PC箱桁橋の軽量化を図って，ウェブを鋼板で置き換えた複合構造断面[44]で，外ケーブルでプレストレスが与えられる．中支間の橋梁に採用されてきている．

図7.3に示したものは，すべて上路橋であるが，桁をU字形とし，床版上を路面とする下路橋，中路橋の例もあるが実例は少ない．

7.2 コンクリート部材の照査

コンクリート部材の照査は，以下のように行うものとする．

設計荷重作用時および終局荷重作用時の構造部材の照査に用いる断面力の算定は，棒部材を用いた線形解析に基づくものとする．この場合，部材の曲げ剛性，せん断剛性およびねじり剛性は，コンクリートの全断面を有効とし，鋼材を無視して算出した値を用いてよい．

コンクリート上部構造の載荷荷重に対する構造部材の照査のおもなものは，**表7.1**に示すものである．

表7.1 コンクリート上部構造の荷重に対するおもな照査項目

荷重状態および断面力の種類		鉄筋コンクリート構造	プレストレストコンクリート構造
設計荷重作用時	曲げモーメントまたは軸方向力	コンクリート縁応力度 ≦許容圧縮応力度 軸方向鉄筋応力度 ≦許容圧縮，引張応力度	コンクリート縁応力度 ≦許容圧縮，引張応力度 PC鋼材応力度 ≦許容引張応力度 (軸方向鉄筋応力度 ≦許容引張応力度)
	せん断力またはねじりモーメント	斜引張鉄筋応力度 ≦許容引張応力度 (コンクリートせん断応力度 ≦負担せん断応力度)	コンクリート斜引張応力度 ≦許容斜引張応力度
終局荷重作用時	曲げモーメントまたは軸方向力	設計断面力≦断面耐力（破壊抵抗曲げモーメント）	
	せん断力またはねじりモーメント	設計断面力≦ウェブコンクリートの圧壊に対する断面耐力 設計断面力≦斜引張破壊に対する断面耐力	

7.2.1 設計荷重作用時の断面力の算出

一般に，解析理論としては，弾性理論が用いられているが，それは適用が容易であり，豊富な実績を有する信頼性の確立された理論であるというのが理由である．

橋梁のコンクリート上部構造物は，一般に版の三次元集合体であり，この種の構造物の解析法としては，三次元有限要素解析法，三次元有限帯板要素解析法，折版理論などがある．実用設計においては，実績のある梁理論，版理論な

どが一般に用いられている。

構造解析は，構造モデルによって通常行われるが，モデル化に際して構造物の形状，使用する理論などに応じた適切な抽象化，単純化を行わなければならない．特に注意を要するものに，実構造と等価な挙動を示すような支持条件，荷重の形態などがある．

例えば，版を格子構造として解析する場合や多主桁構造を格子に置き換える場合には，選定した桁の軸線が，構造物の挙動を支配することになるので注意が必要である．また，荷重載荷方法によっても解析結果は変化するので，荷重のモデル化にも注意しなければならない．格子構造の載荷方法の例を図7.4にに示す．

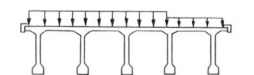

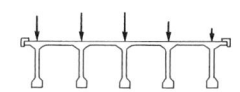

(a) 実載荷で載荷する方法　(b) 線荷重または格点集中荷重で載荷する方法　(c) 線荷重と等分布ねじりモーメントとして載荷する方法

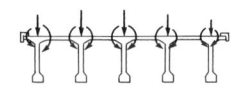

図7.4　格子構造の載荷方法の例

図7.5 (a) に示すように，箱桁を格子桁構造に置き換えて解析する場合，閉断面を開断面として解析することになるので，桁の剛性などの算出において閉断面の効果を正しく評価しうる解析モデルを用いる必要がある．同様に図 (b) に示すように T 桁を直交異方性版構造として解析する場合にも，橋軸，直角方向の剛性については前述と同様な留意が必要である．

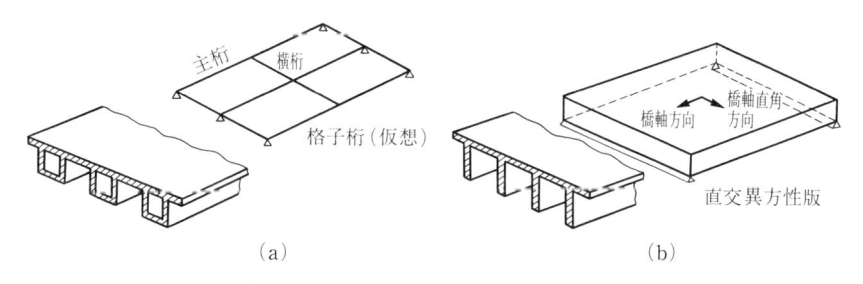

図7.5　コンクリート橋の解析モデルの例

部材の曲げ，せん断およびねじり剛性は，一般に断面に配置した鋼材の影響を無視し，コンクリート全断面を有効として計算してよい。しかし，RC部材とPC部材を組み合わせた構造の場合には，設計荷重作用時にRC部材にひび割れの発生が想定され，この場合には全断面有効として計算した断面剛性と相当に異なることもありうるので，注意が必要である。

7.2.2 終局荷重作用時の断面力の算出

終局荷重作用時を検討するための構造解析法には，塑性理論，ひび割れを考慮して，低減した断面剛性に基づいて弾性理論を適用する逐次計算法，弾性理論解をモーメント再分配により補正した方法などがある。しかし，いずれの方法も，現状では十分に確立されていないこと，現段階における終局荷重作用時の検討は部材断面破壊についての検討であることなどを考慮し，終局荷重作用時の構造解析は弾性理論を基本としているのが一般的である。

断面力の算出は，設計荷重作用時と同様に行うものであり，終局時の荷重の組合せは，道路橋示方書Ⅲに示されており，その代表的なものとして

$$
\begin{aligned}
&1)\quad 1.3\times D+2.5\times (L+I)\\
&2)\quad 1.7\times (D+L+I)
\end{aligned}
\right\} \quad (7.1)
$$

がある。ここに，Dは死荷重，Lは活荷重，Iは衝撃，1.3，2.5，1.7は荷重係数である。

以上の組合せは，道路橋に関する一般的な荷重作用について示したものであり，これ以外の荷重を考慮する場合には，それらの荷重の発生する確率，荷重の組合せ確率などを考慮して荷重係数を適切に決める必要がある。

7.3 コンクリート部材の特徴

コンクリートの引張強度はその圧縮強度に比較して非常に小さいので，RC部材断面では曲げモーメントを受けたときひび割れの発生が予想されるので，図7.6に示すように，中立軸から下の引張部分のコンクリートを無視して曲げ応力の計算をすることにしている。しかし，せん断応力分布は中立軸と引張鉄筋図心との間では図に示すように一様であると仮定しているので，中立軸以下

7.3 コンクリート部材の特徴

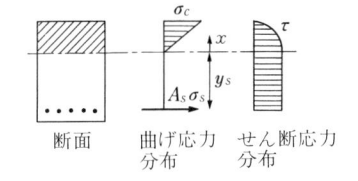

図7.6 鉄筋コンクリート断面応力分布

のコンクリートを取り除いたのでは，RC部材は成立しない。

設計の一般式は以下に示すものである。

$$\left.\begin{array}{l}\text{コンクリート応力度：} \quad \sigma_c = \dfrac{M}{I_i} x \\[6pt] \text{鉄筋の応力度：} \quad \sigma_s = n \dfrac{M}{I_i} y_s\end{array}\right\} \quad (7.2)$$

ここに，Mは曲げモーメント，I_iはコンクリートの引張部を無視し，鉄筋を換算したRC断面の二次モーメント，xは中立軸からの圧縮部の縁距離，$n = E_s/E_c$，y_sは中立軸から鉄筋までの距離である。

$$\text{コンクリートのせん断応力度：} \quad \tau_y = \dfrac{SQ_y}{b_y I_i} \quad (7.3)$$

ここに，b_yは部材の幅，Sはせん断力，Q_yは断面一次モーメントである。

発生するひび割れ幅は，部材の耐久性の面から制限される必要があり，一般に屋外構造物では0.2 mmまでは耐久性の点から許されている。ひび割れ幅の推定は，多くの要因が関連しており，非常に困難であるので，耐久性の面から設計，施工において種々の配慮が必要である。

鉄筋コンクリートでは曲げに対して無効とした引張部分のコンクリートを有効に利用し，さらに高強度のコンクリートおよび高強度鋼材の強度を活用しようとするのが，プレストレストコンクリートの基本的な考え方の一つである。すなわち，荷重作用により曲げを受ける断面に生じるコンクリートの引張応力を打ち消せるだけの圧縮応力をコンクリートにあらかじめ与えておくか，あるいは，発生するひび割れ幅が制限値以下になるようにコンクリートの引張側に圧縮応力を与えておくものである。

図7.7には，コンクリート部材が中心軸引張力を受ける場合，あらかじめ部

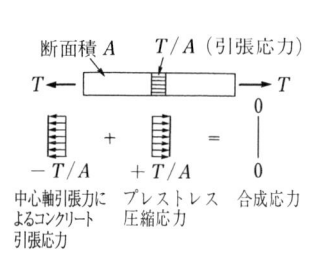

図 7.7 中心軸引張力を受ける PC 部材

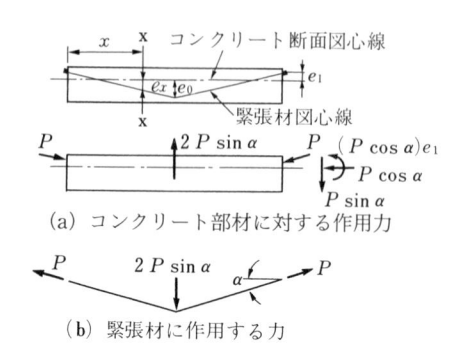

図 7.8 屈曲配置された緊張材プレストレッシング

材断面に与えておいた圧縮応力の効果が示してある。

さらに，一般的なプレストレスを与える場合の緊張材 (PC 鋼材) とコンクリート部材を分離して別々に考えると図 7.8 のようになる。図において緊張材が支間中央で屈曲した形状に配置され，緊張材図心とコンクリート部材断面図心との距離すなわち偏心量を e_0，部材端断面でのそれを e_1 とする。緊張材の部材軸に対する傾斜を α とする。この場合のプレストレスの効果は，部材端から x の距離にあるコンクリート部材断面において

軸方向圧縮力： $N_p = P \cos \alpha$

曲げモーメント： $M_p = (P \cos \alpha) e_1 - (P \sin \alpha) x$
$\qquad\qquad\qquad = P(\cos \alpha)(e_1 - x \tan \alpha) = -(P \cos \alpha) e_x$

せん断力： $S_p = -P \sin \alpha$

により算定できる。ここで一般に $\cos \alpha \fallingdotseq 1.0$ と仮定すると，プレストレスによるコンクリート部材断面応力度は

$$\sigma_x(y) = \frac{P}{A} \mp \frac{P e_x}{I} y \tag{7.4}$$

ここに，P はプレストレス力，y はコンクリート部材断面図心と縁との距離，e_x は断面 x におけるプレストレス力の作用位置から図心までの距離，A はコンクリート部材の断面積，I はコンクリート部材の断面二次モーメントである。

せん断力 S_p によるせん断応力度は，次式により求められる。

$$\tau_x(y) = -\frac{(P\sin\alpha)Q_y}{b_y I} \tag{7.5}$$

ここに，b_y は検討している縁の部材幅，Q_y は検討している縁に関する断面一次モーメントである．

式 (7.4) と式 (7.5) によるコンクリート部材断面の応力度計算は，図 7.8 の断面 x-x における緊張材引張力が偏心 e_x でかつ傾斜角 α（$\cos\alpha$ は近似的に 1.0 とする）でこの断面に作用しているものと考えて，偏心軸力を受ける断面について応力計算を実施したのと同一結果を与える．

7.4 プレストレストコンクリートの分類

7.4.1 部材の設計法による分類

プレストレストコンクリート構造は，構造体の種類として，PC 構造と PRC 構造に大別されている．

PC 構造は，使用限界状態においてひび割れの発生を許さないことを前提とし，プレストレスの導入により，コンクリートの縁応力度を制御する構造とされている．

一般的な分類としては，フルプレストレスおよびパーシャルプレストレスとすることができる．

フルプレストレスとは，部材に設計荷重が作用した場合に部材断面に引張応力が発生しないように，部材にプレストレスを与える設計法である．

パーシャルプレストレスとは，部材に設計荷重が作用した場合に部材断面に許容される引張応力の発生を認めるだけのプレストレスを与える設計法である．

フルプレストレスは，曲げひび割れ発生の確率が最も小さいものであって，1970 年代ごろまでは橋桁に採用されていた．しかし，クリープ，乾燥収縮の影響による変形が橋桁として不都合な場合も生じた．しかし，水密性が必要であるタンク類，疲労が特に問題となる鉄道橋では不可欠な設計法であり現在も採用されている．

パーシャルプレストレスはフルプレストレスと比較すると曲げひび割れ発生の確率は多少大きくなるが，コンクリートの引張り強度を利用することにより導入プレストレスを減少することができ，経済的にも有利といえる。さらに，橋桁の不都合な変形も防止できるようになった。しかし，設計荷重時にはひび割れの発生は許されないので，耐久性はフルプレストレスと同等と考えられている。

PRC 構造は，使用限界状態においてひび割れの発生を許容し，異形鉄筋の配置とプレストレスの導入により，ひび割れ幅を制御する構造である。

この構造は経済性を追求したものである，これは許容される幅のひび割れを許すもので，鉄筋コンクリートと PC との中間的な性質を有するものであると考えることができる。これを適用した橋梁も少数だが建設されている。

道路橋としては，通常パーシャルプレストレス構造が採用されている。

7.4.2 施工法による分類

プレストレスの方式は導入の方法によって，プレテンション (pre-tension) 方式とポストテンション (post-tension) 方式に分類できる。

〔1〕 **プレテンション方式**　この方式は，図 7.9 に示すように，緊張材（一般に PC 鋼線または PC 鋼より線）を引張台上で引張力を与えて，その状態で両端をアバットメントに固定する。型枠を組み立て，コンクリートを打設し，養生を行い，コンクリートが十分な強度に達し，PC 鋼材の付着強度が所要の値となったら，緊張材端の定着を緩めてコンクリート部材にプレストレスを導入（プレストレッシング）する工法である。この工法は工場製作の場合有利なもので，主として JIS 桁の製作に採用されている。

〔2〕 **ポストテンション方式**　この工法は，図 7.10 に示すように，PC 鋼

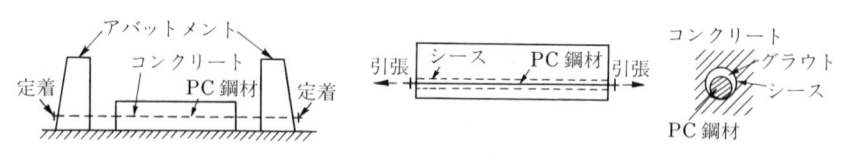

図 7.9　プレテンション方式

図 7.10　ポストテンション方式

材を型枠の所定の位置に配置したシース中に設置するか，あるいはシースをあらかじめ所定の位置に配置してコンクリートの打設を行い，コンクリートが所定の強度に達した後，PC 鋼材をシース中に配置してジャッキにより緊張し，その反力によりコンクリート部材にプレストレスを導入するもので，PC 構造としては最も一般的に用いられている。この工法は，PC 鋼材量，配置の形状，寸法，その量の変化などを任意に変えることが可能である。

シースは，コンクリート打設時に PC 鋼材が直接コンクリートと接触しないようにするもので，図 7.10 に示すように通常円筒形のものである。シース径は，PC 鋼材の径より大であるので，PC 鋼材を緊張定着後，すき間にグラウトを注入して，PC 鋼材とコンクリート部材を一体化する。

7.5 PC 鋼材の引張応力の減少

プレテンション方式あるいはポストテンション方式により，PC 鋼材の引張応力の減少量とその要因は多小異なるが，そのおもなものを以下に示す。

（1） PC 鋼材とシース間の摩擦による損失
（2） コンクリートの弾性ひずみによる損失
（3） 定着具に PC 鋼材を定着する際の損失
（4） コンクリートの乾燥収縮，クリープによる損失
（5） PC 鋼材のリラクセーションによる損失

以上のように，施工中および完成後においても PC 鋼材の引張応力の減少が生じ，これらにより，コンクリートに導入されたプレストレス量は低下する。これらの損失がすべて終わった後のプレストレスを有効プレストレスといい，構造物完成後の PC 構造物の応力度の検討は，この有効プレストレスにより行なわなければならない。しかし，一方では施工中の安全を考慮して，荷重作用が小さく，作用しているプレストレス量の大きい状態の応力度の検討も行う必要がある。

PC 鋼材の有効引張力（P_e）は次式で示される。

$$P_e = \eta P_t \tag{7.6}$$

ここに，P_t はプレストレッシング直後に PC 鋼材に作用している引張力（プレストレッシング直後のプレストレス力）である。P_e は PC 鋼材に作用している有効引張力で，P_t からコンクリートのクリープ，乾燥収縮による引張力の減少量および PC 鋼材のリラクセーションによる引張力などの減少量を差し引いた値である。

式 (7.6) 中の η（有効係数）は，プレテンション方式の場合は 0.78〜0.80 程度，ポストテンション方式の場合は 0.80〜0.83 程度である。

PC 部材の設計において，一般にプレストレッシング直後のコンクリートの応力度の計算には，P_t を用い，全設計荷重が作用しているときには，P_e（有効プレストレス力）を計算用のプレストレス力とする。

7.6 PC 部材の曲げ応力の算定

7.6.1 プレストレッシング直後のコンクリート応力

$$\left.\begin{array}{ll} 上縁： & \sigma_{ct}' = \dfrac{P_t}{A_c} - \dfrac{P_t e_c}{I_c} y_c' + \dfrac{M_{d_1}}{W_c'} \\[2mm] 下縁： & \sigma_{ct} = \dfrac{P_t}{A_c} + \dfrac{P_t e_c}{I_c} y_c - \dfrac{M_{d_1}}{W_c} \end{array}\right\} \quad (7.7)$$

ここに，A_c はコンクリートの断面積，I_c はコンクリート断面の断面二次モーメント，e_c は PC 鋼材の図心とコンクリート断面の図心との距離，W_c'，W_c はコンクリート断面の上・下縁に関する断面係数，y_c'，y_c はコンクリート断面の図心から上・下縁までの距離，M_{d_1} はプレストレス導入時に作用している死荷重（桁自重による曲げモーメント）である。

7.6.2 設計荷重作用時のコンクリート応力度

プレテンション方式およびグラウチング（グラウトの注入）をした後のポストテンション方式において，桁自重以外の死荷重 M_{d_2} および活荷重 M_l が作用したときには，コンクリート断面に関する諸元は，PC 鋼材を換算した値を用いる。PC 鋼材の引張力は，一般に有効引張力 P_e を用いてコンクリートの応力度の算定を行う。

上縁：
$$\sigma_{ce}' = \frac{P_e}{A_c} - \frac{P_e e_c}{I_c} y_c' + \frac{M_{d_1}}{W_c'} + \frac{M_{d_2}+M_l}{W_e'}$$

下縁：
$$\sigma_{ce} = \frac{P_e}{A_c} + \frac{P_e e_c}{I_c} y_c - \frac{M_{d_1}}{W_c} - \frac{M_{d_2}+M_l}{W_e}$$

(7.8)

ここに，W_e'，W_e はコンクリートの換算断面に関する上・下縁の断面係数である。

7.7 床版の設計

コンクリート橋の床版は，鋼橋の床版（鋼合成桁を除く）と異なり，輪荷重を直接支持するだけでなく，図 **7.11** に示すように，桁としての機能を有する部材である。道路橋の場合床版はほかの部材に比べて損傷事例が多いという事実が示すように，最も過酷な条件下に置かれている。しかも，道路橋の場合は作用する活荷重が設計荷重を上回る大きさのものが実測されている。

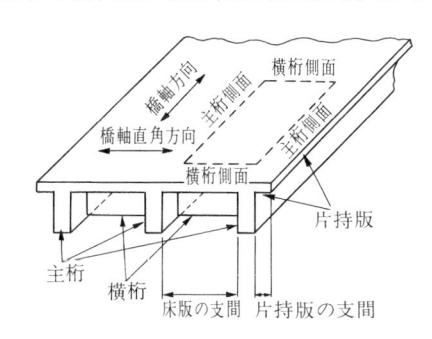

図**7.11** コンクリート橋の床版

RC 床版は，上述のような実態から，床板コンクリートの設計基準強度は，24 N/mm² 以上と規定されている。設計上の規定として，道路橋示方書Ⅲに，鉄筋の許容応力度の低減，床版厚さ，支間などが示されており，特に，鉄筋の許容応力度は，従来の 140 N/mm² に対して 20 N/mm² 程度の余裕をもたせることになっている。一方，RC 床版は，コンクリートの乾燥収縮によるひび割れから水分が侵入し，劣化を促進するという実験結果もあり，耐久性を高めるためにも設計上のみならずコンクリートの品質，施工管理に留意することが必要となっている。

PC床版は，図7.3（g）に示すように，T形桁の上フランジ間に間詰めコンクリートを打設し，PC鋼材で横締め（橋軸直角方向にプレストレスを与えること）したものや，単一箱桁橋などのように支間が大きい床版を横締めしたものが一般的である。PC床版においては，設計荷重作用時には曲げ引張応力が発生しないように設計が行われる。なお，一般に橋軸方向は鉄筋のみが配置されており，RC床版として設計を行う必要がある。

7.7.1 床版の厚さ

床版は薄い部材であり，鉄筋の配置，かぶりなどの施工精度が耐荷力や耐久性に大きく影響するため，道路橋示方書Ⅲで床版支間に応じて最小厚さを確保するように規定されている。この規定は一般的な条件下にある橋梁の床版厚さの最小基準値（d_0）を示したもので，表7.2に示されている。したがって，大型車の交通量の多い場合や補修作業の難易度により床版厚さを増加させ安全度を高めておくのがよく，床版の厚さ d は次式で求めることになっている。

$$d = k_1 k_2 d_0 \tag{7.9}$$

ここに，d_0 は表7.2に示す式により求める。また，k_1 は 1.10〜1.25（交通量に関する係数），k_2 は床版を支持する桁の剛性の差による付加モーメント（コンクリート橋では1.0とする）。

PC桁橋の場合，床版のプレストレスは一般に橋軸直角方向に導入される。

表7.2 車道部分の床版の厚さの最小基準値　〔mm〕

床版の区分	床版の支間の方向		車両進行方向に直角	車両進行方向に平行
RC床版	単　　純　　版		$40l + 110$	$65l + 130$
	連　　続　　版		$30l + 110$	$50l + 130$
	片　持　版	$l \leq 0.25$	$280l + 160$	$240l + 130$
		$l > 0.25$	$80l + 210$	
PC床版（床版の一方向のみにプレストレスを導入する場合）	床版の支間の方向に平行にプレストレスを導入する場合		RC床版の90%	RC床版の65%
	床版の支間の方向に直角にプレストレスを導入する場合		RC床版と同じ	RC床版と同じ

（注）l は床版の支間〔m〕，なお歩道部分の床版の最小厚さは140 mmとする。

この厚さは使用する PC 鋼材，定着具の種類などにより決定される。道路橋示方書Ⅲにおいては車道部分の最小厚さ 160 mm 以上，歩道部分 140 mm 以上とされているが，一般には 200 mm 程度となる。

7.7.2 床版の支間

コンクリート橋の場合，床版の設計計算に用いる支間は，図 7.11 に示すようにウェブ前面間の距離とする。一般に床版の支間は 2.5 m 以下，片持版の場合は 1.5 m 以下が望ましい。なお，片持版の T 荷重および死荷重に対する支間は，図 7.12 に示すものとする。

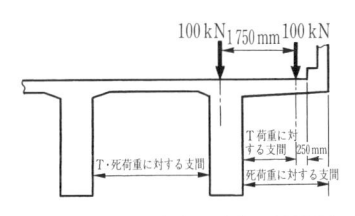

(a) 車両進行方向に直角に片持版がある場合および両端支持版

(b) 車両進行方向に平行に片持版がある場合

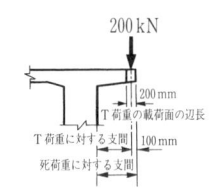

図 7.12　片持版の支間

7.7.3 床版の設計曲げモーメントおよびせん断力

図 7.11 に示すように，コンクリート橋の床版は，主桁と横桁に固定支持された二方向版である。したがって，4 辺固定の二方向版として弾性版理論により解析することになる。しかし，この解析は非常に煩雑であるので，道路橋示方書Ⅲには表 7.3 に示すように活荷重および一様分布の死荷重についての曲げモーメント算定式が示され，道路橋の場合はこれを使用して設計してよいとなっている。この場合の条件としては，支持縁は不等沈下がなく，辺長比 1：2 以上の平面形状であることになっている。通常の場合，主桁間隔は狭く，横桁間隔は 10 m 以上であるので，平面形状の問題はない。道路橋の床版の活荷重曲げモーメントは，床版の支間 2.5 m，片持版の支間 1.5 m を超える場合は，表 7.3 で算定した曲げモーメントの割増しを行う必要がある。道路橋の場合は一般に床版のせん断力に対する照査を省略できる。

A 活荷重の場合には表 7.3 の値を 80 ％としてよい。

表7.3 床版の設計曲げモーメント　〔kN・m/m〕

版の区分	曲げモーメントの種類	床版の構造	荷重 適用範囲 床版の支間の方向 曲げモーメントの方向	T 荷 重（衝撃を含む） 車両進行方向に直角		車両進行方向に平行		等分布荷重 床版支間方向の曲げモーメント	床版支間直角方向の曲げモーメント
				支間方向	支間に直角方向	支間方向	支間に直角方向		
単純版	支間曲げモーメント	RC	$0 \leq l \leq 4$	$+(0.12\,l$ $+0.07)P$	$+(0.10\,l$ $+0.04)P$	$+(0.22\,l$ $+0.08)P$	$+(0.06\,l$ $+0.06)P$	$+\dfrac{W \cdot l_d^{\,2}}{8}$	
		PC	$0 \leq l \leq 6$						
連続版	支間曲げモーメント	RC	$0 \leq l \leq 4$	$+$（単純版の80%）	$+$（単純版の80%）	$+$（単純版の80%）	$+$（単純版の80%）	$+\dfrac{W \cdot l_d^{\,2}}{10}$	
		PC	$0 \leq l \leq 6$						
	支点曲げモーメント	RC	$0 \leq l \leq 4$	$-(0.15\,l$ $+0.125)P$		$-$（単純版の80%）		$-\dfrac{W \cdot l_d^{\,2}}{10}$	無視してよい
		PC	$0 \leq l \leq 6$						
片持版	支点曲げモーメント	RC	$0 \leq l \leq 1.5$	$-P \cdot l$		$-(0.7\,l$ $+0.22)P$		$-\dfrac{W \cdot l_d^{\,2}}{2}$	
		PC	$0 \leq l \leq 1.5$	$1.30\,l+0.25$					
			$1.5 \leq l \leq 3.0$	$-(0.6\,l$ $-0.22)P$					
	先端付近曲げモーメント	RC	$0 \leq l \leq 1.5$		$+(0.15\,l$ $+0.13)P$		$+(0.16\,l$ $+0.07)P$		
		PC	$0 \leq l \leq 3.0$						

ここに，P：自動車の1後輪荷重（$P=100$ kN）
　　　　W：等分布死荷重〔kN/m²〕　l：T 荷重に対する床版の支間〔m〕
　　　　l_d：死荷重に対する床版の支間〔m〕

7.8　主桁の設計

7.8.1　設計一般

コンクリート構造部材は，一般に曲げモーメント，軸方向力，せん断力およびねじりが作用するものと考えることができる。このようなコンクリート構造部材については，原則として設計荷重，終局荷重の両荷重作用時に対して，応力度，破壊安全度の照査を行い，その使用性と破壊に対する安全性を確かめる必要がある。

RC部材は，設計荷重作用時において耐久性および使用上有害にならない程度のひび割れの発生は許容されているのに対して，PC部材は，衝突荷重，地震荷重など，まれにしか発生しない荷重の組合せ以外の設計荷重時において，許容値以内の引張応力の発生は許容されているものの，ひび割れの発生は許容し

7.8 主桁の設計

```
                    ┌─────────────────────┐   M：設計荷重作用時の曲げモーメント
                    │Mのみ，Nのみ，あるいは(M+N)│   N：設計荷重作用時の軸方向力
                    │が作用する部材の設計   │
                    └─────────┬───────────┘
                    ┌─────────┴───────────┐   PC：プレストレストコンクリート
                    │断面力，立地条件，施工条件などから│  RC：鉄筋コンクリート
                    │PC 部材とするか，RC 部材│
                    │とするかを検討する    │
                    └─────────┬───────────┘
                           ◇ RC 部材か ─── No ──→ (PC 部材)
                           │ Yes
```

①部材断面寸法，鋼材量などを仮定する ／ ②部材断面寸法，プレストレス量，鋼材量などを仮定する

有効断面の断面係数の算出 ／ 有効断面の断面係数の算出 ────── 有効断面

設計荷重作用時の応力度の算出 σ_c, σ_s ／ 応力度の算出 (1)プレストレッシング直後 (2)設計荷重作用時 $\sigma_c, \sigma_t, \sigma_p$ ─── 部材断面の応力度の算出

- σ_c：コンクリートの圧縮応力度
- σ_t：コンクリートの引張応力度
- σ_s：鉄筋の引張応力度
- σ_p：PC 鋼材の引張応力度

部材断面の応力度の照査 ── 応力度が許容応力度以下か

部材断面に引張応力度が生じているか → 引張鉄筋の配置 ────── PC 部材の引張鉄筋

設計計算の原則 ── 終局荷重作用時の断面力の算出

破壊抵抗曲げモーメントの算出 ────── 部材断面の破壊抵抗曲げモーメント

破壊に対する安全度の照査 ── 破壊抵抗曲げモーメントが終局荷重作用時の曲げモーメント以上か ①／②

最小鋼材量の配置 ────── 最小鋼材

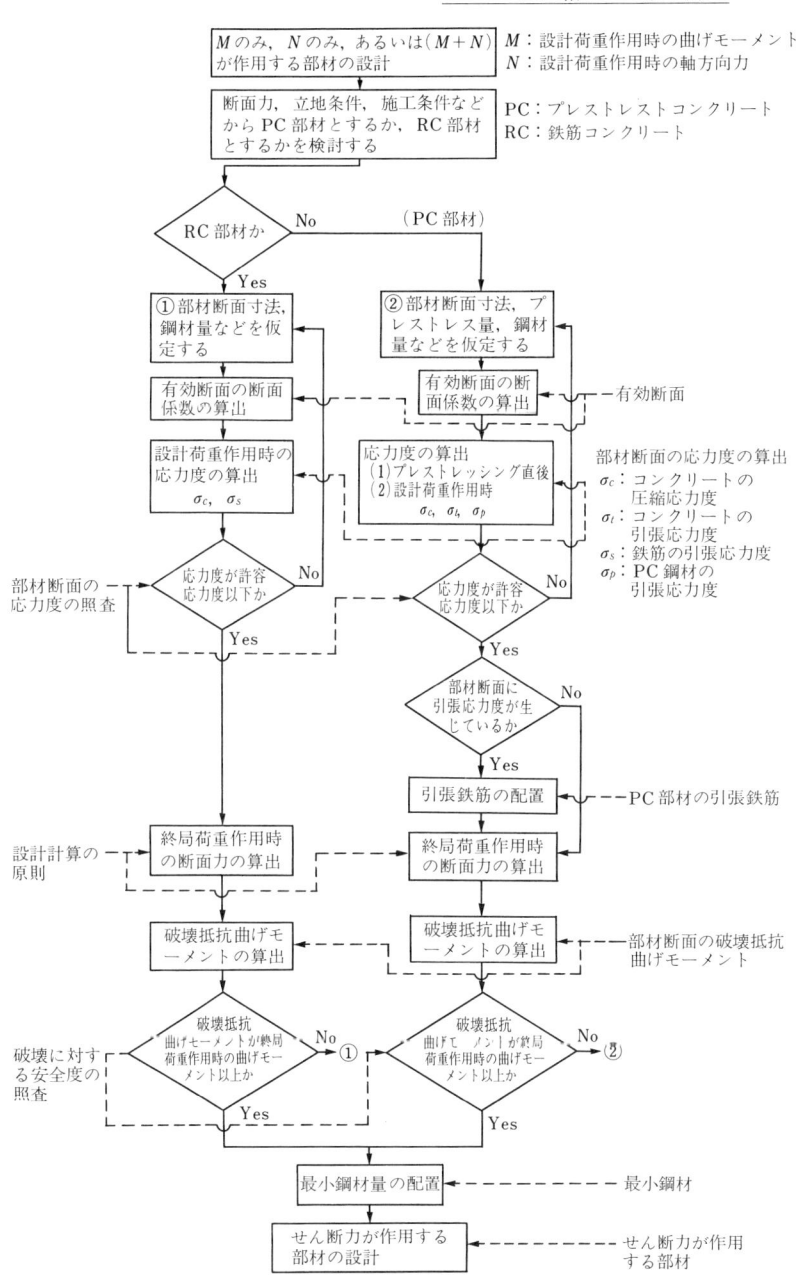

せん断力が作用する部材の設計 ────── せん断力が作用する部材

図 7.13　曲げモーメントおよび軸方向力に対する設計の流れ

ないものとされている。一方,終局荷重作用時に急激な破壊の発生を防ぐために配置される引張鋼材量は,終局釣合い鋼材量以下とするのがよい。このほかに,ひび割れ発生後の部材の靱性を確保するため道路橋示方書Ⅲには最小鋼材量の鋼材を配置することなどが設計上の留意事項としてあげられている。

曲げモーメントおよび軸方向力が作用するコンクリート部材の設計の流れを図 7.13 に示す。

一般の場合の鋼材のかぶりは表 7.4,図 7.14 に示すものとする。

(1) コンクリートと鋼材との付着を確保し,鋼材の腐食を防ぎ,火災に対して鋼材を保護する等のために必要なかぶりを確保するものとする。

(2) かぶりは,鉄筋の直径以上かつ表 7.4 の値以上とする場合には,(1)を満足すると見なしてよい。

表 7.4　鋼材の最小かぶり　〔mm〕

部材の種類	床版,地覆,高欄,支間 10 m 以下の床版橋	けた	
		工場で製作されるプレストレストコンクリート構造	左記以外のけたおよび支間が 10 m をこえる床版橋
最小かぶり	30	25	35

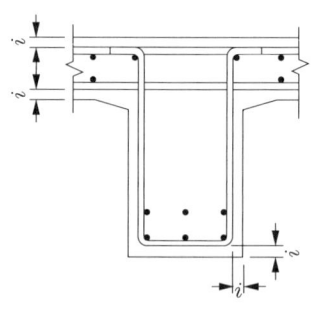

i : 鋼鉄のかぶり

図 7.14　鋼材のかぶり

7.8.2　部材設計に使用する断面

断面力を算出する場合に用いる部材断面は,鋼材の影響を無視したコンクリートの全断面を使用する。断面力が算出された後の断面に生じる応力度を算出するのに使用する断面は,曲げモーメント,軸方向力,プレストレス力に対し

7.8 主桁の設計

て純断面,換算断面である。なお,これらの断面は,圧縮フランジの有効幅を考慮する必要があり,設計荷重および終局荷重の両荷重作用時に対して用いることができる。

曲げモーメントに対する圧縮フランジの有効幅について考える。

曲げモーメントを受けるT桁,箱桁などでは床版部が桁と共同で抵抗するため,その軸方向圧縮応力度 σ_x の分布は,一般に図 7.15 に示すようになる。実際の設計では簡単のため,応力分布を一様と仮定して曲げ理論を適用できるように仮想幅を想定し,これを有効幅 (b_λ) と称している。

$$b_\lambda = \frac{2}{\sigma_{\max}} \int_0^{1/2(b_w+l_b)} \sigma_x dx$$

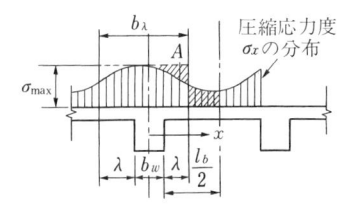

図 7.15 圧縮フランジの有効幅

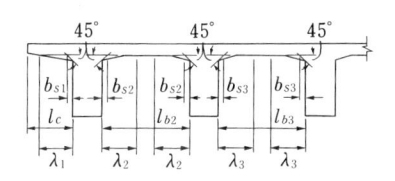

図 7.16 圧縮フランジの片側有効幅（主桁の場合）

有効幅は,桁の支持条件,載荷条件,そのほかの条件により異なるが,道路橋示方書Ⅲでは,主桁に関して下のように規定している（図 7.16）。

$$\left.\begin{array}{l} \lambda = \dfrac{l}{8} + b_s \\ \text{ただし,圧縮フランジが連続版および単純版の場合}\quad \lambda \leq l_b/2 \\ \quad\quad 圧縮フランジが片持版の場合 \quad\quad\quad\quad \lambda \leq l_c \end{array}\right\} \quad (7.10)$$

ここに,λ は圧縮フランジの片側有効幅〔cm〕,l は有効幅算出のための支間（単純桁であれば主桁の支間）〔cm〕,b_s はハンチ部の有効幅〔cm〕である。したがって,一般に,設計計算に用いる有効幅 b_λ は $2\lambda + b_w$ となる（b_w：断面のウェブ厚）。同様に,横桁に関しても規定がなされている。

軸方向力に対する圧縮フランジの全断面有効とする。ただし,プレストレス力については,軸方向力の作用と偏心荷重による曲げモーメントの作用に分

け，それぞれ軸方向力，曲げモーメントに対する有効幅が用いられる。
　PC部材の鋼材配置用ダクトは，有効断面に考慮しないものとする。

7.8.3　部材断面の応力度の算出

　部材断面に生じるコンクリートおよび鋼材の応力度は，以下の仮定により算出するものとする。

〔1〕　**RC部材**

（1）　縁ひずみは中立軸からの距離に比例する。

（2）　コンクリートの引張応力度は無視する。

（3）　鉄筋とコンクリートのヤング係数比 $n=15$ とする。

　以上は従来から用いられている事項である。計算図表などを用いて算定が容易に行える。

〔2〕　**PC部材**

（1）　RC部材の（1）と同一。

（2）　コンクリートの全断面を有効とする。ただし，圧縮フランジについては有効幅を考慮するものとする。

（3）　鋼材とコンクリートのヤング係数比 n は，表4.10に示す値を用いて算出する。

7.8.4　部材断面の破壊抵抗曲げモーメント

　部材断面の破壊抵抗曲げモーメントは，以下のように算出する。

（1）　縁ひずみは中立軸からの距離に比例する。

（2）　コンクリートの引張強度は無視する。

（3）　コンクリートの圧縮応力度分布は図7.17のとおりとする。ただし，断面が特殊な形状の場合には，図7.18(a)の応力度-ひずみ曲線によりコンクリートの圧縮応力度を算出するものとする。

（4）　鋼材の応力度-ひずみ曲線は，図2.18(b)，(c)のとおりとする。

　部材断面に曲げモーメントと軸方向力が同時に作用する場合の破壊抵抗曲げモーメントは，終局荷重作用時の軸方向力が作用するものとして算定する。一般の部材では，軸方向力が部材の破壊抵抗曲げモーメントの値に影響を受ける

7.8 主桁の設計

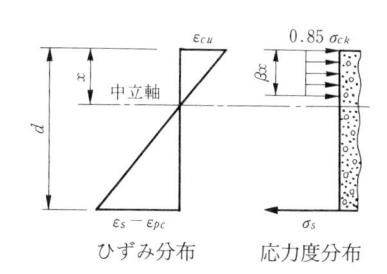

ε_{cu}：コンクリートの終局ひずみ
ε_s：鋼材のひずみ
σ_{ck}：コンクリートの設計基準強度〔N/mm²〕
β：コンクリート圧縮ブロックに関する係数
d：部材断面の有効高さ〔cm〕
x：圧縮縁から中立軸までの距離〔cm〕
ε_{pe}：有効プレストレスによるPC鋼材のひずみ
C：コンクリートの圧縮応力度の合力〔kN〕
T：鋼材引張力の合力〔kN〕
N：軸方向力〔kN〕

図7.17 破壊抵抗曲げモーメントを算出する場合の
ひずみ，応力度および合力の断面における分布

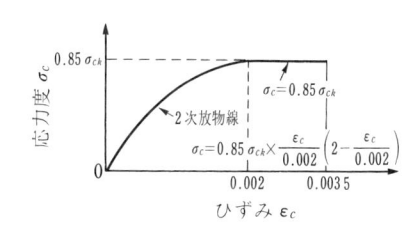

σ_{ck}：コンクリートの設計基準強度〔N/mm²〕
σ_c：コンクリートの応力度〔N/mm²〕
ε_c：コンクリートのひずみ（表7.5の値）

（a）破壊抵抗曲げモーメントを算出する場合のコンクリート応力度-ひずみ曲線

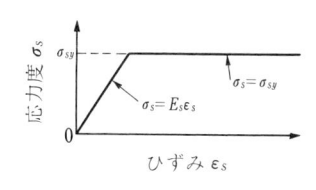

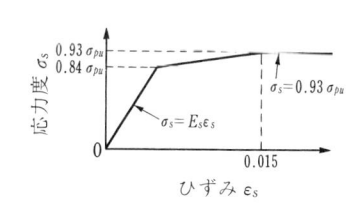

σ_{sy}：鉄筋の降伏点〔N/mm²〕
σ_s：鋼材の応力度〔N/mm²〕
ε_s：鋼材のひずみ

σ_{pu}：鋼材の引張引さ〔N/mm²〕
E_s：鋼材のヤング係数〔N/mm²〕

（b）鉄筋
PC鋼棒2号（$\sigma_s=0.8\sigma_{su}$）

（c）PC鋼線，PC鋼より線およびPC鋼棒1号

図7.18 破壊抵抗曲げモーメントを算出する場合の鋼材の応力度-ひずみ曲線

ほど大きくないので，曲げのみの場合と大きな差異は生じない．プレストレス力は部材の破壊状態では消滅あるいは解放される場合が多いため，一般には軸

方向力として考慮しなくてよい。

プレストレストコンクリートにおいて，PC 鋼材とコンクリートの付着がない構造（アンボンド）の破壊抵抗曲げモーメントは，上述の方法で求めた値の 70% とする。

破壊抵抗曲げモーメント M_{u0} の算定方法の詳細については，道路橋示方書Ⅲあるいは便覧に詳細に示されている。ここでは，一般に用いられる軸方向力が作用しない部材で，断面形状が長方形，I 形，T 形および箱形の場合，さらに，図 7.17 に示す $0.8x$ が圧縮フランジ厚さ内にあり，引張鋼材が終局釣合い鋼材量以下の場合の算定式について示す。

（1） 引張鋼材が鉄筋の場合

$$\left. \begin{aligned} M_u &= A_s \sigma_{sy}\left(d_s - \frac{1}{2}x_s\right) \\ x_s &= \frac{A_s \sigma_{sy}}{0.85 \sigma_{ck} b} \end{aligned} \right\} \quad (7.11)$$

ただし，$\dfrac{A_s}{bd_s} \leq p_{sb}$ ， $p_{sb} = \dfrac{\varepsilon_{cu}}{\varepsilon_{cu} + \varepsilon_{sy}} \cdot \dfrac{0.8 \times 0.85 \sigma_{ck}}{\sigma_{sy}}$

（2） 引張鋼材が PC 鋼線，PC 鋼より線および PC 鋼棒 1 号の場合

① $M_u = 0.93 A_p \sigma_{pu}\left(d_p - \dfrac{1}{2}x_p\right)$ ，$x_p = \dfrac{0.93 A_p \sigma_{pu}}{0.85 \sigma_{ck} b}$ \quad (7.12)

ただし，$\dfrac{A_p}{bd_p} \leq p_{pb}$ ， $p_{pb} = \dfrac{\varepsilon_{cu}}{\varepsilon_{cu} + 0.015} \cdot \dfrac{0.8 \times 0.85 \sigma_{ck}}{0.93 \sigma_{pu}}$

② $M_u = A_p \sigma_{st}\left(d_p - \dfrac{1}{2}x_p\right)$ \quad (7.13)

$$\sigma_{st} = \frac{\sigma_{pu}}{0.015 E_p - 0.84 \sigma_{pu}} \times \{0.09 E_p(\varepsilon_{st} + \varepsilon_{pe}) - 0.84(0.93 \sigma_{pu} - 0.015 E_p)\}$$

$\varepsilon_{st} = \dfrac{d_p - x_p}{x_p} \varepsilon_{cu}$ ， $\varepsilon_{pe} = \dfrac{\sigma_{pe}}{E_p}$ ， $x_p = \dfrac{A_p \sigma_{st}}{0.85 \sigma_{ck} b}$

ただし，$p_{pb}' \geq \dfrac{A_p}{bd_p} \geq p_{pb}$ ， $p_{pb}' = \dfrac{\varepsilon_{cu}}{\varepsilon_{cu} + 0.84 \sigma_{pu}/E_p} \cdot \dfrac{0.8 \times 0.85 \sigma_{ck}}{\sigma_{st}}$

ここに，A_s は引張鉄筋の全断面積〔cm²〕，A_p は引張 PC 鋼材の全断面積

〔cm²〕，σ_{sy} は鉄筋の降伏点〔N/mm²〕，σ_{pu} は PC 鋼材の引張強さ〔N/mm²〕，σ_{pe} は PC 鋼材の有効引張応力度〔N/mm²〕，σ_{ck} はコンクリートの設計基準強度〔N/mm²〕，b は部材の値〔cm〕，d_s は部材断面の圧縮縁から引張鉄筋の図心までの距離（有効高さ）〔cm〕，d_p は部材断面の圧縮縁から引張 PC 鋼材の図心までの距離（有効高さ）〔cm〕，p_{sb}，p_{pb} は終局釣合い鉄筋比および PC 鋼材比，ε_{cu} はコンクリートの終局ひずみ（**表 7.5**），ε_{sy} は σ_{sy}/E_s，E_s は鉄筋のヤング係数〔N/mm²〕，E_p は PC 鋼材のヤング係数〔N/mm²〕である。

表 7.5 コンクリートの終局ひずみ

コンクリートの設計基準強度 σ_{ck}〔N/mm²〕	$\sigma_{ck} \leqq 50$	$50 < \sigma_{ck} < 60$	$60 \leqq \sigma_{ck}$
終局ひずみ ε_{cu}	0.003 5	0.003 5 から 0.002 5 の間を直線補間	0.002 5

7.8.5 PC 部材の引張鉄筋

PC 部材の設計においては，コンクリートに許容値以下の引張応力度が生じてもよいことにしているが，設計荷重作用時に部材断面のコンクリートに引張応力度が生じる場合は，引張応力が生じるコンクリート部材に引張鉄筋を配置し，ひび割れが万一生じた場合でもその幅が大きくなるのを防ぐとともに，部材の靱性を増さなければならない。このために，引張応力の発生しているコンクリート部分に引張力に抵抗できる鉄筋量を算定し配置する必要がある。詳しくは道路橋示方書Ⅲを参照すること。

7.9 せん断力が作用する部材の設計

7.9.1 設 計 一 般

コンクリート部材のせん断力に対する挙動は複雑であるため，その理論的解

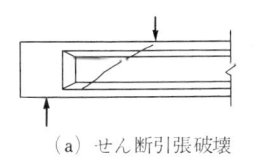

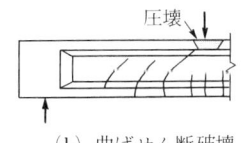

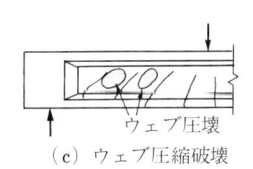

図 7.19 せん断破壊の形式
（a）せん断引張破壊　（b）曲げせん断破壊　（c）ウェブ圧縮破壊

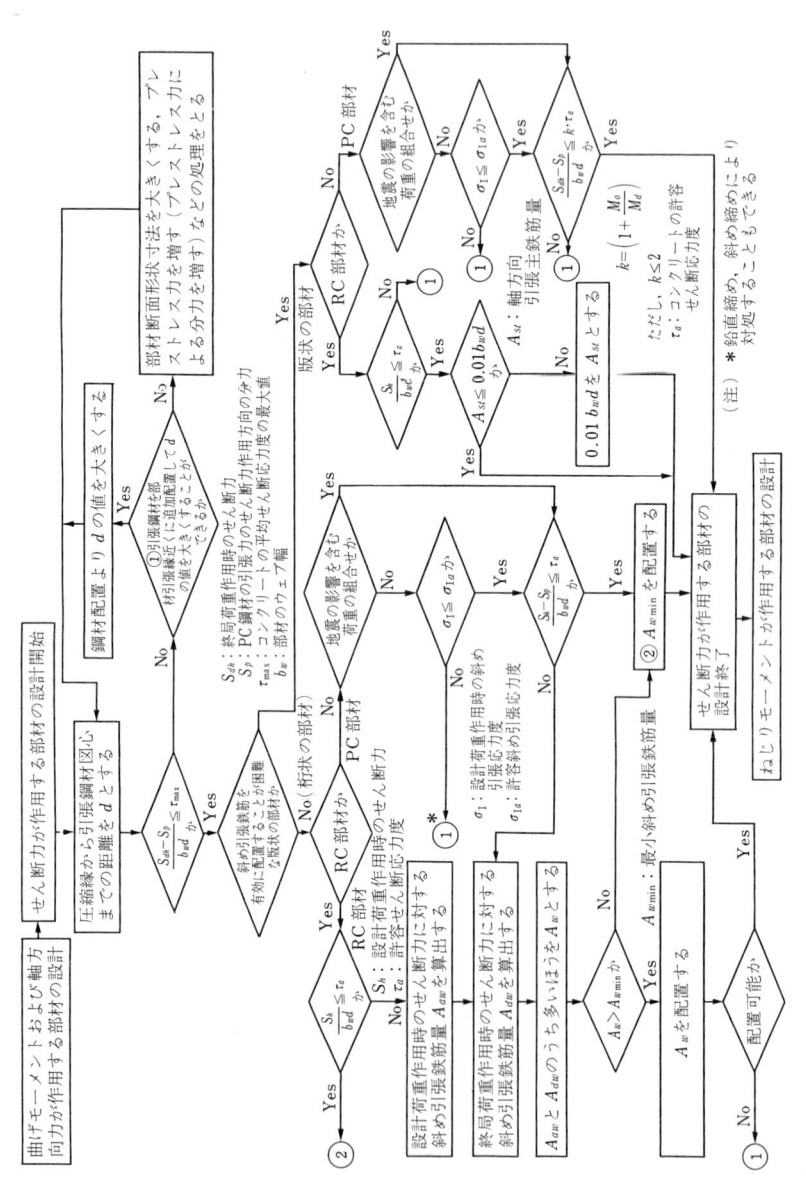

図7.20 せん断力が作用する部材の設計の流れ

明は今後の研究の成果に待つものが多いのが現状である。せん断破壊は一般に脆性的であるので，設計では曲げ破壊よりも先行しないように配慮することが重要である。

せん断破壊のおもな形式には，せん断引張破壊，曲げせん断破壊，ウェブ圧縮破壊がある。図7.19にその破壊状態を示した。道路橋示方書Ⅲでは，上記のせん断ひび割れおよびせん断破壊に関して，それぞれ設計荷重作用時および終局荷重作用時の照査を規定している。設計の流れを図7.20に，照査項目を表7.6に示す。

表7.6 せん断に対する照査項目

部材の種類	形状	荷重状態	照査の項目				備考
			τ_{max}	τ_m	σ_I	A_w	
RC部材	版	設計荷重作用時	—	○	—	—	○：照査を行う項目
		終局荷重作用時	○	—	—	—	—：照査を行わない項目
	桁	設計荷重作用時	—	○	—	○	τ_{max}：平均せん断応力度の最大値
		終局荷重作用時	○	—	—	○	τ_m：平均せん断応力度 $\left(\dfrac{S}{b_w d}\right)$
PC部材	版	設計荷重作用時	—	—	○	—	σ_I：斜め引張応力度
		終局荷重作用時	○	—	—	—	A_w：斜め引張鉄筋量
	桁	設計荷重作用時	—	○	○	—	
		終局荷重作用時	○	—	—	○	

7.9.2 部材断面の応力度の照査

終局荷重作用時に部材断面のウェブに圧縮破壊が生じないように，平均せん断応力度の最大値を道路橋示方書Ⅲでは，表4.14（a）のように規定している。これは，図7.21に示すトラスに基づく理論により導かれたものである。

その仮定は，コンクリートのひび割れを考慮してコンクリート圧縮部を圧縮弦材，軸方向鋼材を引張弦材，斜めひび割れ間のウェブコンクリートを圧縮斜材，斜め引張鋼材を引張斜材と仮定し，それぞれが負担するせん断力を算出するものである。

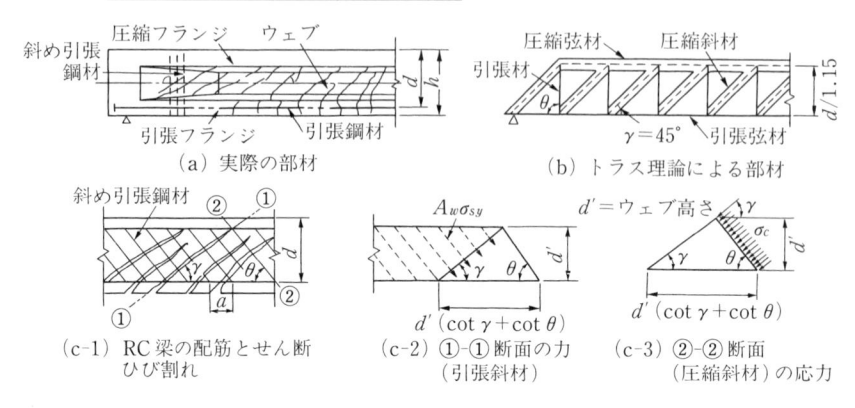

(a) 実際の部材
(b) トラス理論による部材
(c-1) RC梁の配筋とせん断ひび割れ
(c-2) ①-①断面の力（引張斜材）
(c-3) ②-②断面（圧縮斜材）の応力

図7.21　トラス理論

図7.21 (c-2, 3) から鉛直方向での釣合い条件により次式が成立する。

$$\left.\begin{array}{l} S = \sigma_c b_w \dfrac{d}{1.15}(\cot\gamma + \cot\theta)\sin^2\gamma \\ \gamma = 45°とすれば \\ \tau_m = \dfrac{S}{b_w d} \fallingdotseq 0.4\sigma_c(1 + \cot\theta) \end{array}\right\} \quad (7.14)$$

となり，平均せん断応力度の最大値を，圧縮斜材が破壊するときのせん断耐荷力に対して適当な安全度を有するように定めれば，ウェブ圧壊に対する安全度は確保されることになる。

表4.12 (b) の値は，それぞれのコンクリート強度に対して次式により平均せん断応力度の最大値 τ_{max} 〔N/mm²〕を求めたものである。

$$\tau_{max} = \frac{0.4\sigma_{ck}}{3.0} \leqq 6.0 \, \text{N/mm}^2 \quad (7.15)$$

ここに，σ_{ck} は設計基準強度〔N/mm²〕である。ここで求めた値は最大値であるので，算定値がこの値を超える場合には，部材断面の形状，寸法を変更しなければならない。

床版のように，部材厚さが薄い場合は，斜め引張鉄筋を配置することが困難である。したがって，コンクリートのみでせん断力を受けもつことができるように設計しなければならないので注意が必要である。この場合は，以下の条件

により検討する。

(1) 設計荷重作用時に RC 部材の断面に生じるコンクリートの平均せん断応力度は，表 4.10, 4.14 (a) に示す許容応力度以下としなければならない。ただし，桁の軸方向引張鉄筋の断面積 A_{st} 〔cm²〕は次式を満足しなければならない。

$$A_{st} \geqq 0.005 b_w d \tag{7.16}$$

ここに，b_w は部材断面の幅〔cm〕，d は部材断面の有効高さ〔cm〕である。

(2) 終局荷重作用時に PC 部材の断面に生じるコンクリートの平均せん断応力度は，表 4.14 (b) に示す許容せん断応力度に，プレストレスの効果を考慮して割り増すことができるようになっている。詳しくは道路橋示方書Ⅲ 4.3.4 項参照のこと。

7.9.3 PC 部材の設計荷重作用時の斜め引張応力度の照査

PC 部材については，設計荷重作用時にひび割れを発生させないという考え方から，コンクリートの主引張応力度を表 4.12 (c) に示す許容応力度以下となるようにしている。ただし，まれに作用する地震の影響を含む荷重の組合せ時に，道路橋では設計荷重作用時の斜め引張応力度を照査しなくてもよいものとなっている。

〔1〕 **部材断面の応力度を算出する位置**　部材断面に生じるコンクリートの平均応力度および斜め引張応力度は，部材中央を中心として部材軸の支点および節点方向に適当に分割して設けた照査断面について算出する。PC 部材の場合の照査断面は，プレストレス力の分布，断面形状の変化点などについて行うのが一般的である。特に部材の支点および節点付近については，支点反力に

表7.7　支点付近，ラーメン節点付近の照査断面

照　査　断　面	
等 断 面 の 桁	ラ ー メ ン

よりウェブに圧縮力が作用するため，道路橋示方書Ⅲでは，表7.7に示すように支点の状態により照査断面を決めている。

PC部材の斜め引張応力度については，断面内の位置によりその値が変化するが，一般に断面図心位置とウェブ幅が最も薄い位置で行えばよい。

〔2〕 平均せん断応力度　部材断面に生じるコンクリートの平均せん断応力度 τ_m〔N/mm²〕の算出は，次式により行う。

$$\tau_m = \frac{S_h - S_p}{b_w d} \leq \tau_{ma} \tag{7.17}$$

ここに，S_h は部材の有効高さの変化を考慮したせん断力〔kN〕で

$$S_h = S - \frac{M}{d}(\tan\beta + \tan\gamma) \quad (\beta, \gamma については図7.22参照)$$

ただし，S，M はそれぞれ部材断面に作用するせん断力および曲げモーメント〔N/mm〕，d は部材断面の有効高さ（図7.22参照）。また，S_p はPC鋼材の引張力のせん断力作用方向の分力〔kN〕

$$S_p = A_p \sigma_{pe} \sin\alpha \quad (\alpha はPC鋼材が部材軸となす角，A_p は部材断面の$$
$$\quad PC鋼材断面積，\sigma_{pe} はPC鋼材の有効引張応力度)$$

で，b_w はウェブ厚〔cm〕である。

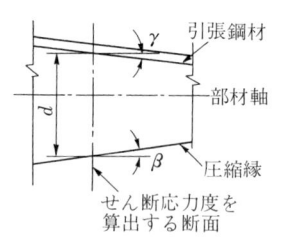

図7.22　β，γ および d のとり方
（β および γ は，曲げモーメントの絶対値が増すに従って有効高さが増す場合には正，減じる場合には負とする）

式(7.17)について，部材の有効高さ d のとり方については，道路橋示方書Ⅲにおいて，鉄筋コンクリートの場合とプレストレストコンクリートの場合にPC鋼材の換算の方法による3種の考え方を示している。

RC 部材の場合には，曲げモーメントの設計に用いる有効高さ d を用いてよい。

PC 部材の場合は，以下の3種の仮定により d を決める。

（1） 部材軸方向に配置されている引張鉄筋のみをトラス理論でいう引張弦材と見なす場合

（2） 部材軸方向に配置されている PC 鋼材のみをトラス理論でいう引張弦材と見なす場合

（3） 上記の（1）と（2）の折衷したもので，鉄筋および PC 鋼材をトラス理論の引張弦材と見なす場合

なお，詳細については道路橋示方書Ⅲを参照のこと。

τ_{ma} はコンクリートの許容せん断応力度（表 4.14（a）参照）。

〔3〕 斜め引張応力度　　部材断面に生じるコンクリートの斜め引張応力度 σ_I 〔N/mm²〕は，一般的には次式で算定できる。

$$\sigma_I = \frac{(\sigma_x + \sigma_y)}{2} - \sqrt{\left\{\frac{(\sigma_x - \sigma_y)}{2}\right\}^2 + \tau^2} \leq \sigma_{Ia} \qquad (7.18)$$

ここに，σ_x は部材軸方向圧縮応力度〔N/mm²〕，σ_y は部材軸直角方向の圧縮応力度〔N/mm²〕，τ は部材断面に生じるコンクリートのせん断応力度。

$$\tau = \frac{(S_h - S_p)Q}{b_w I} \qquad \text{〔N/mm²〕}$$

また，Q は部材断面の図心軸に関する断面一次モーメント〔cm³〕，I は部材断面の図心軸に関する断面二次モーメント〔cm⁴〕である。

なお，鉛直締めを行うなどの特殊な場合においてのみ σ_y を考慮する必要がある。

〔4〕 斜め引張鋼材の配置　　せん断引張破壊を防ぎ，靱性に富んだ部材設計を行うためには，部材に十分なせん断補強鉄筋を配置する必要があり，計算上は斜め引張鉄筋が必要でない場合でも最小鉄筋量以上の斜め引張鉄筋を配置する必要がある。

（1） 設計荷重作用時に部材断面に生じるコンクリートの平均せん断応力度

が，表 4.14（a）に示す許容応力度以下の場合，つぎに示す最小斜め引張鉄筋量以上を配置する．

① 桁部材，異形鉄筋を用いる場合： $A_w = 0.002\, b_w a \sin\theta$
　　　　　普通丸鋼を用いる場合： $A_w = 0.003\, b_w a \sin\theta$ 　　　(7.19)

ここに，A_w は間隔 a および角度 θ（図 7.21 参照）で配筋される斜め引張鉄筋の断面積〔cm²〕，b_w はウェブ厚〔cm〕である．

（2） 設計荷重時に部材断面に生じるコンクリートの平均せん断応力度が，表 4.14（a）に示す許容応力度を超える場合，式（7.20）により算出される断面積以上の斜め引張鉄筋を配置しなければならない．ただし，式（7.19）により算出される最小鉄筋量以上でなければならない．なお，式（7.20）による鉄筋断面積の算出は，RC 部材に対して，設計および終局荷重作用時，PC 部材については，終局荷重作用時に考慮する必要がある．

RC 部材の場合は，斜め引張鉄筋が負担するせん断力の 1/2 以上をスターラップで負担させる．

$$A_w = \frac{1.15 S a}{\sigma_s d (\sin\theta + \cos\theta)} \tag{7.20}$$

ここに，$S = \sum S_h = S_h - S_p - S_c$，$A_w$ は間隔 a および角度 θ で配筋される斜め引張鉄筋の断面積〔cm²〕，S_c はコンクリートが負担するせん断力〔kN〕で

RC 部材の場合： $S_c = \tau_a b_w d$
PC 部材の場合： $S_c = k \tau_a b_w d$ 　　　(7.21)

また，τ_a はコンクリートの許容せん断応力度〔N/mm²〕，k はプレストレス部材の割増し係数，σ_s は斜め引張鉄筋の応力度〔N/mm²〕で

設計荷重作用時の場合：斜め引張鉄筋の許容応力度

終局荷重作用時の場合：斜め引張鉄筋の降伏点

なお，式（7.20）により算出した斜め引張鉄筋量が過大となり，設計上または施工上不可能となった場合は，ウェブの縦締めを PC 鋼棒などで行うことが必要となる．

斜め引張鉄筋はトラス理論に基づいて算定され，せん断力による引張力を断

面の下縁に配置された鋼材により抵抗しなければならない。これについて軸方向引張鋼材量の算定を行う必要がある。

7.10 ねじりモーメントが作用する部材の設計

コンクリート構造の設計に際して，通常の荷重状態において部材にねじりモーメントが発生しないように，あるいは二次的な影響程度に抑えることが望ましい。しかし，立体的な構造では，地震などの影響による水平力によって，構成部材にかなり大きなねじりモーメントが発生することもあり，その場合には，ねじりモーメントを設計上考慮しなければならない。

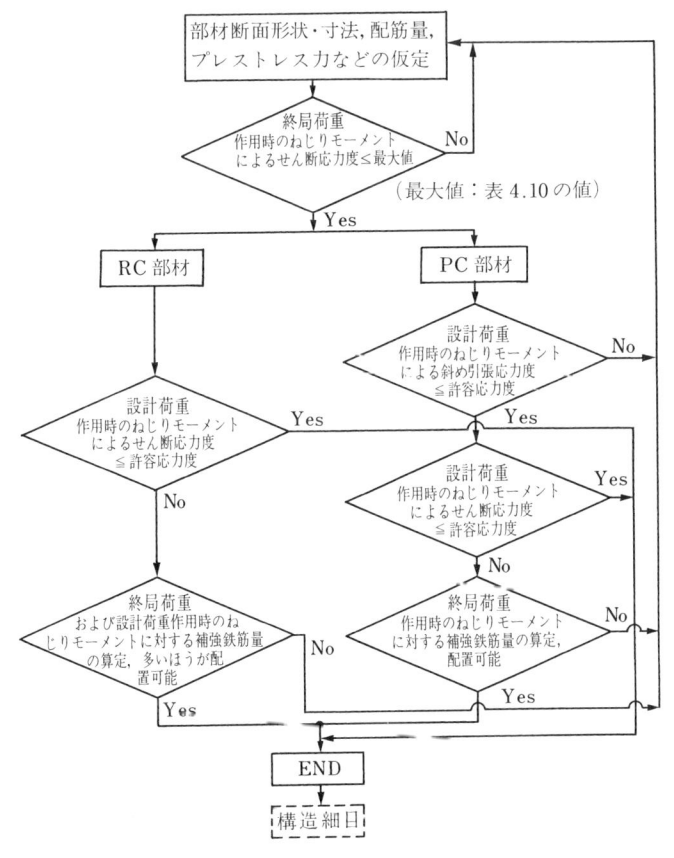

図7.23 ねじりモーメントに対する設計の流れ

ねじりモーメントに対する設計の流れを図 **7.23** に示す。

7.10.1 部材断面の応力度および破壊に対する安全度の照査

部材断面の応力度および破壊に対する安全度の照査は，せん断に対するものとほぼ同様である。

〔1〕 **圧縮斜材のコンクリートが圧壊する破壊に対する照査**　終局荷重作用時に部材断面のねじりモーメントによるコンクリートのせん断応力度およびねじりモーメントとせん断力による平均せん断応力度の和は，それぞれ表 4.14（b），（c）以下の値でなければならない。表の値を超える場合は，断面の変更を行わなければならない。

〔2〕 **斜め引張鉄筋（ねじり補強鉄筋）の降伏に起因する破壊に対する照査**
斜め引張鋼材の降伏による破壊に対する照査は，7.10.4 項に示すねじりモーメントに対する補強鉄筋を配置することにより対処する。

〔3〕 **PC 部材の設計荷重作用時の斜め引張応力度の照査**　設計荷重作用時に PC 部材断面に生じるコンクリートの斜め引張応力度は，表 4.12 に示す許容応力度以下とする。

7.10.2 有 効 断 面

ねじりモーメントに対するフランジの片側有効幅 λ_t〔cm〕は，式（7.22）により算出する。ただし，箱断面を構成するフランジはすべて有効とする。

$$\left.\begin{array}{l} \lambda_t = 3h_t \\ \text{ただし，} \lambda_t \leq l_c \text{（片持部），} \lambda_t \leq l_b/2 \text{（中間部）} \end{array}\right\} \quad (7.22)$$

ここに，h_t はフランジ厚〔cm〕，l_b は桁の純間隔〔cm〕，l_c は片持版の張出し長〔cm〕である。なお，フランジ厚が変化している場合には，平均厚さを h_t として有効幅を上式で算出する。

7.10.3 部材断面の応力度の算出

ひび割れ発生前のコンクリート部材の挙動は，弾性理論で推定できるので，弾性理論式で，ねじりモーメントによる部材断面に生じるねじりせん断応力度 τ_t〔N/mm²〕の算出は可能であり，式（7.23）により行うことができる。

$$\tau_t = \frac{M_t}{K_t} \tag{7.23}$$

ここに，M_t は部材断面に作用するねじりモーメント〔N・cm〕，K_t はねじりモーメントに関する部材断面の係数〔cm³〕である。この係数については示方書Ⅲ p.165 の表解 4.4.1 を参照すること。

ねじりモーメント，またはせん断力の組合せによる PC 部材に生じる斜め引張応力度 σ_I は，プレストレスの影響も考慮したつぎの 2 式により算出する。

ねじりモーメントのみ： $\sigma_I = \frac{1}{2}(\sigma_c - \sqrt{\sigma_c^2 + 4\tau_t^2})$ (7.24)

ねじりモーメントとせん断力： $\sigma_I = \frac{1}{2}\{\sigma_c - \sqrt{\sigma_c^2 + 4(\tau_t + \tau)^2}\}$ (7.25)

ここに，σ_c は部材断面に生じるコンクリートの曲げおよび軸圧縮応力度。

7.10.4 ねじりモーメントに対する補強鉄筋（横方向および軸方向鉄筋）量の算定

設計荷重作用時に作用するねじりモーメントによるコンクリート部材に発生するせん断応力度，またはせん断力と組合せの場合のせん断応力度の和が，表 4.14 に示す許容値を超える場合は，式（7.26）により算出されるねじり補強鉄筋量以上を配置しなければならない。

式（7.26）により算出する荷重作用時は，RC 部材については，設計および終局荷重作用時，PC 部材については，終局荷重作用時とする。

$$\left. \begin{array}{l} \text{横方向鉄筋：} \quad A_{wt} = \dfrac{M_t a}{1.6 b_t h_t \sigma_s} \\[2mm] \text{軸方向鉄筋：} \quad A_{lt} = \dfrac{2 A_{wt}(b_t + h_t)}{a} \end{array} \right\} \tag{7.26}$$

ここに，A_{wt}，A_{lt} はねじりモーメントに対する横方向，軸方向補強鉄筋（図

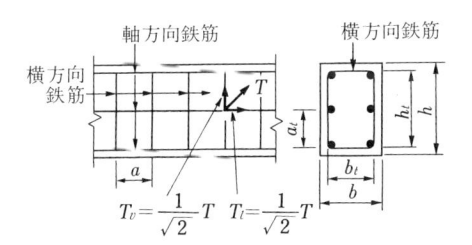

図 7.24 横方向鉄筋と軸方向鉄筋による補強

7.24 参照）〔cm²〕，a は横方向鉄筋の間隔〔cm〕，σ_s は設計荷重作用時の場合は鉄筋の許容引張応力度〔N/mm²〕，終局荷重作用時の場合は鉄筋の降伏点〔N/mm²〕，b_t，h_t は図に示す横方向鉄筋の形状寸法である．

7.11 付着応力度の照査および押抜きせん断応力度の照査

コンクリート道路橋において，一般に，付着応力度および床版などの押抜きせん断応力度の照査は行う必要がない．

以上，主として道路橋について述べてきたが，鉄道橋においても類似の規定がなされている．これらについては文献〔6〕，〔7〕を参照されたい．

7.12 横桁の設計

主桁間のたわみ差やねじり変形により床版，支承などの構造に有害な影響を及ぼす場合があるので，主桁に直角方向の剛性を高めるために，支点横桁および中間横桁を設ける．道路橋では中間横桁の間隔は，一般に 15 m 以下に設けることになっている．

なお，斜橋の場合には，横桁は主桁方向に直角に設けるのが望ましいが，斜角が 45°以上の場合には，支承線に対して平行に配置してよい．この場合には，主桁のたわみの等しい点を連結することになるので，横桁に作用する断面力が小さくなり，横桁に対しては有利となる．しかし，床版は，斜め床版となるので，この影響を考慮する必要がある．

つぎに，斜角が 45°未満の場合には，横桁は主桁の方向と直角に設ける．この場合には，主桁のたわみが異なる点を連結することになるので，横桁に作用する断面力は比較的大きくなる．したがって，横桁の間隔および横桁ウェブ厚に対しては，厳密に解析のうえ，適切な値を定める必要がある．

横桁の断面力の算定は，主桁と同様に格子桁理論あるいは Guyon-Massonnet の方法で行うのが原則である．しかし，道路橋の場合，道路橋示方書Ⅲに簡易設計法が示されている．

横桁の応力度計算を行う場合の横桁の圧縮フランジの有効幅は式 (7.27) で

計算する（道路橋示方書Ⅲ参照）。ただし，軸方向に対しては，横桁間隔を考えた全断面を有効とする。

$$\text{横桁：} \quad \lambda = \frac{n-1}{6}(l_b + b_w) + b_s \left. \begin{array}{l} \\ \text{ただし，圧縮フランジが連続版および単純版の場合} \quad \lambda \leq l_t/2 \\ \text{　　　　圧縮フランジが片持版の場合} \quad \lambda \leq l_c \end{array} \right\} \quad (7.27)$$

ここに，λ は圧縮フランジの片側有効幅〔cm〕，b_s はハンチ部の有効幅〔cm〕，l_b は主桁の純間隔〔cm〕，l_c は片持版の張出し長〔cm〕，l_t は横桁の純間隔〔cm〕，b_w は主桁のウェブ厚，n は主桁の本数である。

Guyon-Massonnet の方法による場合の横桁の断面は，全断面を有効と仮定して算定を進めるもので，応力算定の断面とは異なることに注意しなければならない。

7.13 床版橋

道路橋における床版橋は，図 7.25 に示すように，相対する 2 辺が自由で他の 2 辺が支持される版構造である。さらに，支持条件により単純床版橋，連続床版橋および剛結支持されるラーメン床版橋などがある。

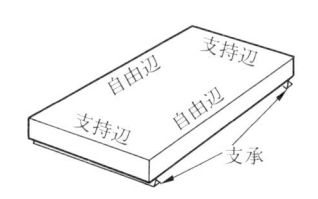

図 7.25 床版橋の版構造

床版橋の解析は，支承条件および斜角などを考慮して，版理論によって行うことを原則とする。片持版を有する床版橋の構造解析は，片持床版の影響を考慮して行わなければならない。

主版部および片持版部を設計する場合の断面力算出に用いる活荷重は，表 7.8 に示すものである。

床版橋の設計に際しては，高欄，防護柵に作用する推力の影響を考慮する。

表 7.8 断面力算出に用いる活荷重

主版部	車道部に載荷する活荷重	T荷重およびL荷重のうち不利な応力を与える荷重
	歩道などに載荷する群集荷重	$3.5\,\mathrm{kN/m^2}$
片持床版部	車道部に載荷する活荷重	T荷重
	歩道などに載荷する群集荷重	$5.0\,\mathrm{kN/m^2}$

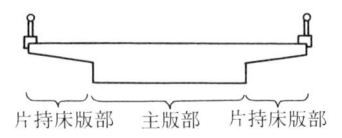

片持床版部　主版部　片持床版部

せん断力に対する照査は，中空床版橋以外の床版橋で，線状あるいはそれに近い状態で支持される場合には省略することができる。

中空床版橋のせん断力に対する照査にあたっては，図 7.26 に示すように充実部の幅の総和をウェブ厚とするT桁断面と見なしてよい。

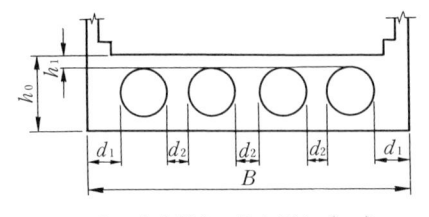

h_1：中空部上の最小厚さ〔cm〕
h_0：版厚〔cm〕
d_1：中空部と版側面の最小厚さ〔cm〕

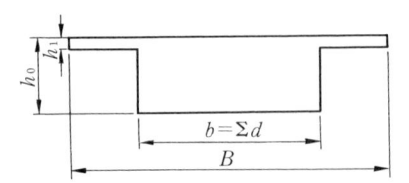

d_2：中空部の最小厚さ〔cm〕
B：版全幅〔cm〕
b：換算ウェブ厚〔cm〕

（a）中空床版橋の断面形状　　　（b）仮想T桁断面

図 7.26 中空床版橋の仮想T桁断面

片持床版のない単純床版橋の曲げモーメントの算定は，

（1）死荷重による曲げモーメントは，荷重が版全体に均等に分布するものとして算定してよい。

（2）床版橋の支間は，直床版橋の場合は支承中心間隔 l_n とし，斜角 45°以上の斜め床版橋の場合には式（7.28）によるものとする。また，支間の方向は図 7.27 のとおりとする。

7.13 床版橋

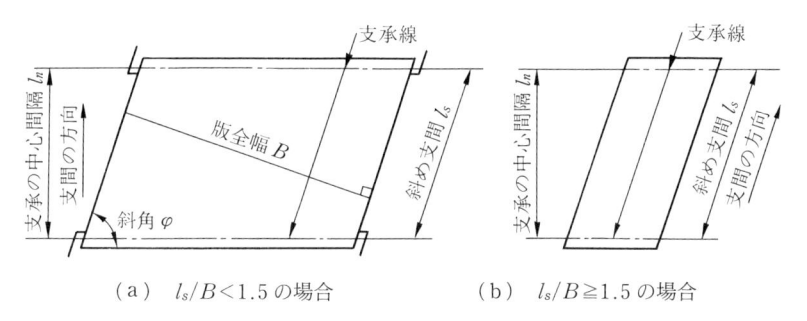

(a) $l_s/B < 1.5$ の場合　　(b) $l_s/B \geq 1.5$ の場合

図 7.27　斜め床版橋の支間の方向

$$\left.\begin{array}{ll} l = l_s & \left(\dfrac{l_s}{B} \geq 1.5 \text{ の場合}\right) \\ l = \dfrac{l_s + l_n}{2} & \left(\dfrac{l_s}{B} < 1.5 \text{ の場合}\right) \end{array}\right\} \quad (7.28)$$

ここに，l は床版橋の支間〔m〕，l_s は斜め支間〔m〕，l_n は支承の中心間隔〔m〕，B は版全幅〔m〕である。

床版橋の構造細目，鋼材の配置は，以下に示すものである。

（1）床版橋の最小版厚は 25 cm とする。

（2）場所打ちコンクリート中空床版橋の断面の最小寸法は，図 7.28 に示すものとする。

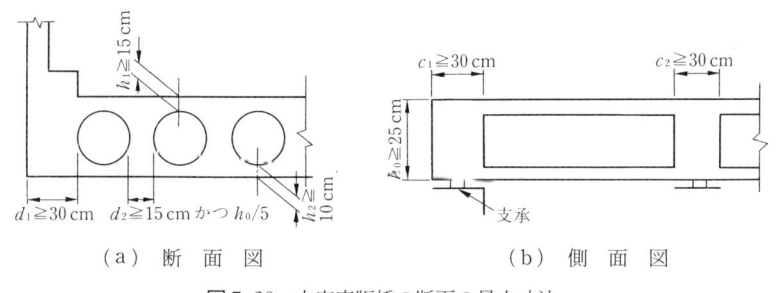

(a) 断　面　図　　(b) 側　面　図

図 7.28　中空床版橋の断面の最小寸法

（3）斜め床版橋については，図 7.29 (a)，(b) に示す鉄筋配置を原則とする。

(a) $l_s/B \geqq 1.5$ の場合　　　（b）$l_s/B < 1.5$ の場合

ここに、l_s：斜め支間〔cm〕
B：版全幅〔cm〕

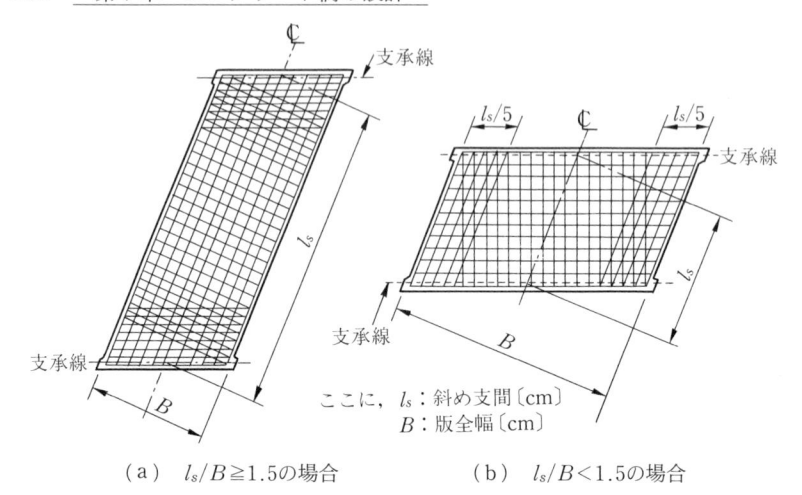

図 7.29　斜め床版橋の鉄筋配置

（4）PC 鋼材の配置は，図 7.30 に示すものが原則である。斜角が小さくなる場合については，道路橋示方書Ⅲを参照のこと。

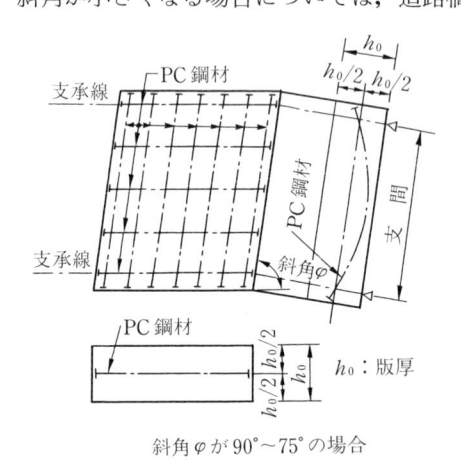

斜角 φ が 90°〜75°の場合

h_0：版厚

図 7.30　斜め床版橋の PC 鋼材の配置

（5）斜め床版橋の鈍角部の版上側には，負の曲げモーメントに対して，斜め支間方向および支承線方向の $l_s/5$（l_s：斜め支間）の区間に用心鉄筋を配置しなければならない。

詳細については，道路橋示方書Ⅲ第 8 章を参照すること。

床版橋に関しては，プレテンション方式による標準設計が支間 5〜24 m まで

作成されており，これらを活用することは省力化に貢献すると同時に施工の急速化，経済化に役立つものと推定される．

7.14 T 桁 橋

7.14.1 概　　説

T桁橋とは，T形断面形の主桁2本以上で構成される橋梁で，力学的には，おもに単純桁，ゲルバー桁および連続桁橋に分類される．ここではおもに単純桁橋の場合について述べるもので，連続桁については，道路橋示方書Ⅲ"連続桁橋"の規定に従って設計を行うことになる．

T桁橋は，RC T桁橋とPC T桁橋に分類される．RC T桁橋は，RC橋のうち最も代表的な構造形式であり，支間10〜25m程度の範囲で，施工実績が過去に多かった．しかし，最近は少なくなっている．その一般的な断面形を図7.3 (f)に示す．これに対して，RC T桁橋の施工実績は非常に多くなってきており，図7.3 (g) および図 **7.31** に示すようにプレキャストの T 桁を複数本等間隔に並列配置し，上フランジ間および横桁を現場打ちコンクリートを施工し，横締めにより一体構造とするものである．ここではPC T桁橋を主体として述べてゆく．

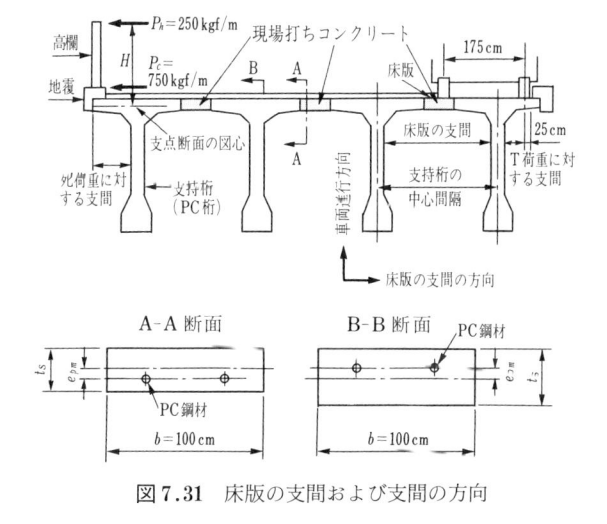

図 **7.31**　床版の支間および支間の方向

PC T 桁橋は，一般に支間 10～40 m 程度の中小支間の橋梁に用いられるが，支間 50 m 程度の例もある。このうち，支間 10～24 m 程度まではプレテンション方式の桁が用いられることが多い。支間 24～40 m の範囲では，ポストテンション方式の桁が用いられている。

PC T 桁橋としては，図 7.3 (i) に示すように，2 主版桁橋あるいは 3 主版桁橋などの例もある。この形式は，一般には支間 25～35 m 程度の多径間連続桁橋として採用されることが多い。以上のことをまとめると，**表 7.9** のようになる。

表 7.9 T 桁の橋の種類と標準適用支間[13]

構造	橋種	施工法	標準適用支間〔m〕 10 20 30 40	備考
RC	RC T 桁橋	現場打ち工法	10–20	RC 橋のうち，最も代表的な構造であるが，近年になって施工実績は少なくなっている
PC	ポストテンションT 桁橋	プレキャスト工法	20–40	支間 20～40 m の範囲で，標準設計（建設省）が制定されているが，50 m 程度までの実績もある
PC	プレテンションT 桁橋	プレキャスト工法	18–24	支間 18～24 m の範囲で，JIS として規格化され，さらに標準設計（建設省）が制定されている
PC	版桁橋 (2 主桁 / 3 主桁)	現場打ち工法	25前後	移動式支保工を用いて多径間橋に採用されることが多い。わが国では実績は比較的少なく，支間 25 m 前後の施工実績にとどまっているが，諸外国の実績を含めると 25～48 m 程度の例がある

T 桁橋の設計は，一般に，図 7.2 に示す設計のフローチャートに従って行えばよい。なお，プレテンションおよびポストテンション T 桁橋が建設省制定土木構造物標準設計に収録されている。さらに，T 桁橋についてはプレテンション方式橋桁の標準設計が作成されており，支間 18～24 m までは適用が可能である。

7.14.2 断面の形状，寸法の決定

橋梁の断面寸法，形状の仮定は，過去の実績を参考に安全性，経済性，施工

性および美観などの要素を考慮して決定する必要がある。

〔1〕 **桁高および主桁間隔** T桁橋の支間と桁高の関係は，幅員，主桁本数のほかに，RC橋の場合では，使用鉄筋の規格，径，PC橋の場合では，PC鋼材の規格，量によって異なるが，RC T桁橋の場合で1/8～1/15，PC T桁橋の場合1/16～1/22が一般的である。**図7.32**にPC T桁橋の支間と桁高の関係を示す。

主桁間隔の一般的なものを**表7.10**に示す。

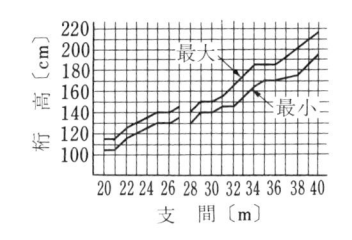

図7.32 ポストテンション方式単純T桁橋の支間と桁高の関係（建設省標準設計）

表7.10 T桁の主桁間隔

		主桁間隔 〔m〕	備　　考
PC T桁橋	ポストテンション方式	1.75～2.15	建設省標準設計
	プレテンション方式	0.95～1.05	〃

〔2〕 **フランジの寸法** 上フランジ厚は，床版としての必要な厚さを有するとともに，PC T桁の場合は，横締めPC鋼材の配置と定着具の大きさを考慮して決定することが必要である。床版の最小厚さについては，7.7節において示した式および値に従うものである。

プレキャスト桁の上フランジ幅は，一般に，主桁間隔，現場打ち床版の施工および架設時の安全性などから決定されることが多い。また，部材引張部に下フランジを設けると，この部分に鉄筋あるいはPC鋼材を集中して配置することができるので，断面性能上有利である。しかし，下フランジを設けると，型枠，コンクリート打設などが複雑になるので，設計にあたっては，十分に検討を行わなければならない。

7.14.3 床版の設計

床版には，自動車荷重などが直接載荷されるので，輪荷重などの大きさと頻度が床版の耐荷力と耐久性に大きな影響を与える．T桁の場合は，床版本来の機能のほかに，主桁の一部であることも考慮しなければならない．道路橋における設計の流れを図7.33に示す．なお，ここでは床版の中央部のみについて述べる．支点部，片持版部も同様な方法により設計を行うことができる．

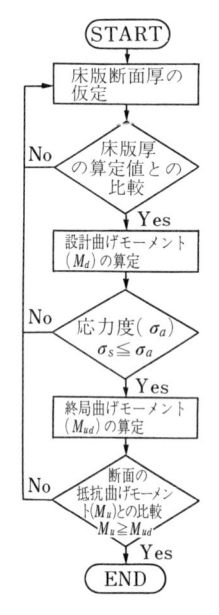

```
         START
           ↓
      床版断面厚の
         仮定
           ↓
    ┌─────────────┐
    │             │
   No │ 床版厚の算定値との比較 │
    │             │
    └─────Yes─────┘
           ↓
     設計曲げモーメント
       ($M_d$)の算定
           ↓
    ┌─────────────┐
   No │ 応力度($\sigma_a$)  │
    │  $\sigma_s \leqq \sigma_a$  │
    └─────Yes─────┘
           ↓
     終局曲げモーメント
       ($M_{ud}$)の算定
           ↓
    ┌─────────────┐
   No │ 断面の抵抗曲げモーメント($M_u$)との比較 │
    │  $M_u \geqq M_{ud}$  │
    └─────Yes─────┘
           ↓
          END
```

図7.33 床版の設計の流れ

〔1〕**床版の支間** 図7.11に示すように，コンクリートT桁橋の床版は，一般に連続版と片持版で構成され，支間は図7.31に示すようにウェブ面よりとる．

〔2〕**床版の厚さ** RC T桁橋の場合，床版の支間および支間直角方向ともにRC床版である．しかし，PC T桁橋の場合は，一般に床版の支間方向はPC床版とし，支間直角方向はRC床版として設計を行う．したがって，車道部分の床版の最小厚さは16 cm以上とし，表7.2に示す式で算出される値を満足しなければならない．さらに，RC床版としては，大型車両の交通量および補修作業の難易により，式 (7.9) による割増しを行わなければならない．

7.14 T 桁 橋

〔3〕 **床版の設計曲げモーメント**　T荷重および等分布死荷重による床版単位幅 (1 m) 当りの設計曲げモーメントは, 表7.3の式により算出する。しかし, 床版は輪荷重の大きさと頻度が耐久性に大きな影響を与えるので, 橋梁の床版が支間 2.5 m を超える場合は, 割増し係数を乗じた値が設計曲げモーメントとなる。

一般に PC 床版 (連続版) の場合は, プレストレスによる不静定力曲げモーメントが生じるが, T形断面のプレキャストコンクリート桁を用いる PC 橋では, 床版支間が比較的小さく, PC 鋼材も図心近くに偏心量が少なく配置されるので, 実用的には無視することができる。

〔4〕 **床版の応力度の照査**

（a）**床版断面の諸定数**　連続版の支間中央部の版厚 t_m, 断面積 A_m, 断面係数 W_m などの諸定数を求める。

（b）**設計荷重における曲げ応力度**　連続版の支間中央部の曲げ応力度

上縁： σ_{cm}'
下縁： σ_{cm}
$$= \pm \frac{\sum M_m}{W_m} \tag{7.29}$$

ここに, $\sum M_m$ は設計荷重による曲げモーメントの合計である (**表7.11**)。支点部, 片持版部も同様に算定する。

（c）**プレストレスによる応力度**　床版の支間方向は, PC 構造とし, PC

表7.11 床版の曲げモーメント　　〔kN/m〕

	床版の支間方向			床版の支間直角方向		
	支間中央	支　点	片持版支点	支間中央	支　点	片持版
活　荷　重	M_l	$-M_l$	$-M_l$	M_l	$-M_l$	M_l
自　　　重	M_{d0}	$-M_{d0}$	$-M_{d0}$	—	—	—
舗　　　装	M_{d1}	$-M_{d1}$	$-M_{d1}$	—	—	—
地覆, 高欄	M_{d0}	$-M_{d0}$	$-M_{d0}$	—	—	—
高 欄 推 力	—	—	$-M_{d0}$	—	—	—
雪　荷　重	M_s	$-M_s$	$-M_s$	—	—	—
衝　突　荷　重	—	—	$-M_i$	—	—	—
合　　　計	$\sum M_m$	$-\sum M_l$	$-\sum M_l$	$\sum M_m$	$-\sum M_s$	$\sum M_l$

鋼材の有効応力度を σ_{pe}，床版幅 1 m 当りの PC 鋼材の断面積を A_p，PC 鋼材の床版断面図心に対する偏心量を連続版の支間中央部で e_{pm}（図 7.31 参照）とすれば，プレストレスによる応力度はつぎのようになる。

$$\begin{aligned}\text{上縁}: \quad & \sigma_{cpm}' \\ \text{下縁}: \quad & \sigma_{cpm}\end{aligned} = \sigma_{pe} A_p \left(\frac{1}{A_m} \mp \frac{e_{pm}}{W_m} \right) \tag{7.30}$$

PC 床版における PC 鋼材は，定着具の大きさ，コンクリートの強度，プレストレス力の分布などを考慮して，あまり大きな偏心を与えず床版に一様に近いプレストレスが導入されるように配置する。

（d）床版の応力度の照査　　連続版の支間中央部の応力度

$$\left. \begin{aligned} \text{上縁}: \quad & \sigma_c' = \sigma_{cm}' + \sigma_{cpm}' \leq \sigma_{ca} \\ \text{下縁}: \quad & \sigma_c = \sigma_{cm} + \sigma_{cpm} \geq \sigma_{ca}' \end{aligned} \right\} \tag{7.31}$$

ここに，σ_{ca}' はコンクリートの許容曲げ引張応力度，σ_{ca} はコンクリートの許容圧縮応力度である。また，プレストレッシング直後の応力度および PC 鋼材の応力度の照査を行う必要がある。

7.14.4　床版の破壊安全度の照査

〔1〕**破壊抵抗曲げモーメント**　　破壊抵抗曲げモーメントは，力の釣合い条件，ひずみの適合条件をもとに，一般にはつぎの条件式を用いて算出する（図 7.16 参照）。

$$\left. \begin{aligned} & N = C - T \quad (N = 0 \text{ のとき } C = T) \\ & \frac{x}{\varepsilon_{cu}} = \frac{d - x}{\varepsilon_s - \varepsilon_{pe}} \end{aligned} \right\} \tag{7.32}$$

ここに，N は軸方向力，C はコンクリートの圧縮応力度の合力，T は鋼材引張応力度の合力，x は圧縮縁から中立軸までの距離〔cm〕，ε_{cu} はコンクリートの終局ひずみ（=0.0035），d は部材断面の有効高さ〔cm〕，ε_s は鋼材のひずみ，ε_{pe} は有効プレストレス力による PC 鋼材のひずみである。

部材の断面形状が，長方形，I 形，T 形，箱形の場合で，引張鋼材量が終局釣合い鋼材量以下の場合は，破壊時に図 7.18 に示す応力度の分布が想定でき，具体的には破壊抵抗曲げモーメントをつぎの手順により算出する。

(1) 中立軸 x 〔$x=A_s\sigma_{sy}/(0.8b\times 0.85\sigma_{ck})$，ただし b は単位幅〕の位置を仮定し，これと部材圧縮縁の終局ひずみ ε_{cu} とを結ぶ線を延長して鋼材図心位置でのひずみ量を得る。鉄筋の場合は，これを鋼材のひずみ ε_s とするが，PC鋼材の場合にはこれに有効プレストレス力による PC 鋼材のひずみ ε_{pe} を加えて鋼材のひずみ ε_s 〔$\varepsilon_s=(d-x)\varepsilon_{cu}/x+\varepsilon_{pe}=(d-x)\varepsilon_{cu}/x+\sigma_{pe}/E_s$〕を求める。

(2) 鋼材のひずみ ε_s に対応した応力度を応力度-ひずみ曲線図(図 7.18 参照)から求め，次式により鋼材引張力の合力 T を求める。

$$T=A_s\sigma_s \qquad (7.33)$$

ここに，A_s は引張鋼材の全断面積，σ_s は引張鋼材の合計ひずみ ε_s に対応する応力度である。

(3) コンクリートの圧縮応力度の合力 C を次式により算出する。

$$C=0.85\sigma_{ck}A_c \qquad (7.34)$$

ここに，σ_{ck} はコンクリートの設計基準強度，A_c は圧縮応力が分布している部分の断面積〔cm^2〕である。

(4) 力の釣合い条件式 $T=C$ が成立しない場合は，中立軸の位置を仮定しなおして (1)〜(3) の計算を行う。このようにして $T=C$ が成立するまで試算を繰り返す。

(5) $T=C$ が成立した場合，$T=C$ から A_c を求め圧縮縁から A_c の図心までの距離を kx〔cm〕とすると，破壊抵抗曲げモーメント M_u は次式により算出できる (図 7.16 参照)。

$$M_u=A_s\sigma_s(d-kx) \qquad (7.35)$$

〔2〕 **終局荷重作用時の曲げモーメント**　　終局荷重作用時の曲げモーメント M_{ud} は，式 (7.1) の組合せの中から最大の曲げモーメントを採用する。その中の代表例を示す。

$M_{ud}=1.3\times$(死荷重による曲げモーメント)$+2.5\times$(活荷重+衝撃による曲げモーメント)

〔3〕 **破壊安全度**(F)　　部材断面の破壊抵抗曲げモーメント M_u は，終局

荷重作用時の曲げモーメント M_{ud} 以上であることが必要であり，次式により安全度を照査する．

$$F = \frac{M_u}{M_{ud}} \geqq 1.0 \tag{7.36}$$

つぎに，床版の支間直角方向（橋軸方向）の設計を行うことになるが，ここでは省略する．

7.14.5 主桁の設計

〔1〕 **断面諸定数の算出**　設計断面（支間中央）の主桁断面形状を図 7.31 および図 7.34 のように仮定し，総断面，純断面，換算断面などについて断面の

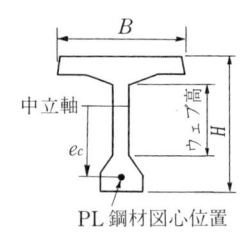

図 7.34 主桁断面形状例

表 7.12 主桁の断面諸定数

		中　央　断　面			支点断面
		総断面	純断面	換算断面	総断面
コンクリート断面積		A	A_c	A_e	A
中立軸より上縁までの距離		y'	y_c'	y_e'	y'
中立軸より下縁までの距離		y	y_c	y_e	y
中立軸よりPC鋼材図心位置までの距離		——	e_c	e_e	——
断面二次モーメント		I	I_c	I_e	I
断面係数	桁　上　縁	W'	W_c'	W_e'	W'
	桁　下　縁	W	W_c	W_e	W
	PC鋼材図心位置	——	W_{cg}	W_{eg}	——
断面一次モーメント		Q	——	——	Q
回転二次半径		γ^2	γ_c^2	——	γ^2

(注)　総　断　面：コンクリート部材断面．
　　　純　断　面：総断面からシースの面積を減じたもの．
　　　換算断面：純断面に現場打ち床版コンクリートとPC鋼材の面積をコンクリートに換算し加えたもの．

諸定数を**表7.12**のように求める。

〔2〕 荷重分配係数の算出

（a） 一 般　多主桁を並列した橋では，活荷重の載荷状態によって各桁の応力が変化するので，それぞれの桁に最大応力が生じるように載荷して断面力を算出する。このために断面力の算出に先立って，各桁の荷重分配係数（荷重分担率）を求める。橋の横方向荷重分配係数の算出には，格子桁理論[†]を用いるのが原則である。直交異方性版理論を用いることもできる。近似計算方法として桁橋全体を一つの版（直交異方性版）に置き換え，版の解析理論に基づいた Guyon-Massonnet の方法が用いられている。同方法は，斜角が 75°以上で床版の支間が短く版構造と力学的に同等と見なせる断面形状の橋に対しては，設計上有効な手法として認められている。

（b） **Guyon-Massonnet の方法**　Guyon-Massonnet の方法は，一定の版厚の直交異方性版のたわみの微分方程式である次式を基本としている。

$$\left.\begin{array}{l} B_x \dfrac{\partial^4 W}{\partial x^4} + 2H \dfrac{\partial^4 W}{\partial x^2 \partial y^2} + B_y \dfrac{\partial^4 W}{\partial y^4} = P(x, y) \\ 2H = (B_x V_y + B_y V_x) + 4C \end{array}\right\} \quad (7.37)$$

ここに，B_x は版の x 方向（主桁の方向）の曲げ剛性，B_y は版の y 方向（主桁と直角方向，横桁方向）の曲げ剛性，V_x, V_y は x, y 方向のポアソン比，W は板の中立面のたわみ，$P(x, y)$ は荷重，H は版のねじり剛性で

ねじり剛性を無視した場合：　　$H = 0$

版厚一定（等方性版）の場合：　　$H = \sqrt{B_x B_y}$

ねじり剛性の大きい（箱桁）場合：$H > \sqrt{B_y B_x}$

この解法では，直交異方性版（桁構造）を解析する際に，ねじり剛性 H を式 (7.38) のように仮定し，ポアソン比を無視した場合のねじり剛性係数 α と曲げ剛性係数 θ を，式 (7.39) のように定める。

$$H = \alpha \sqrt{B_x B_y} \quad (7.38)$$

[†] 鋼橋の設計において説明されている。

$$\alpha = \frac{H}{\sqrt{B_x B_y}} = \frac{\dfrac{J_l}{q_l} + \dfrac{J_t}{q_t}}{2 \times \sqrt{\dfrac{E_l I_l E_t I_t}{q_l q_t}}} \quad \text{(ねじり剛性係数)}$$

$$\theta = \frac{b}{l} \sqrt[4]{\frac{B_x}{B_y}} = \frac{b}{l} \sqrt[4]{\frac{E_l}{E_t} \cdot \frac{I_l}{I_t} \cdot \frac{q_t}{q_l}} \quad \text{(曲げ剛性係数)} \quad (7.39)$$

ここに,

$B_x = \dfrac{E_l I_l}{q_l}$: 主桁の曲げ剛性

$B_y = \dfrac{e_t I_t}{q_t}$: 横桁の曲げ剛性

$2H = \dfrac{J_l}{q_l} + \dfrac{J_t}{q_t}$: 主桁, 横桁のねじり剛性

主桁, 横桁のねじり剛性 J_l, J_t の計算にあたっては, 桁の断面を長方形に分割して St. Venant の理論を適用してつぎのように求める。

$$J = \sum_{i=1}^{n} k_\beta a_i b_i^3 G \quad (a \geq b) \quad (7.40)$$

ここに, a, b は T 形断面を構成しているそれぞれ長方形の長辺および短辺の長さ, $G (\fallingdotseq 0.43E)$ はせん断弾性係数, k_β は a/b の比によって決定される係数である。また, q_l, q_t はそれぞれ主桁および横桁の間隔, E_l, E_t はそれぞれ主桁および横桁のコンクリートのヤング係数, I_l, I_t はそれぞれ主桁および横桁断面の断面二次モーメント, b は橋の横幅の 1/2, l は橋の支間である。

（c）**荷重分配係数 k_α の算出**　荷重分配係数 k_α の算出に先立って, 次式により荷重分配係数曲線（K_α 曲線）を求める。

$$K_\alpha = K_0 + (K_1 - K_0)\sqrt{\alpha} \quad (7.41)$$

ここに, K_α は任意の α に対する影響係数曲線の値, K_0, K_1 はそれぞれ $\alpha = 0$ および $\alpha = 1$ に対する影響係数曲線の値である。

θ を変化させた場合の K_0, K_1 の算出には, 非常に労力を要するので Guyon-Massonnet による数表が作成されており, 一般にはこれをもとに K_α を算出するか, またはコンピュータによって算出する。紙面の都合で数表は省略するが, 数表では橋の抵抗幅を 8 等分し, 各点に荷重を載荷したときの影響線の縦距が

示されている。したがって，式 (7.39) で求めた θ の値に相当する各点の K_0，K_1 の値を数表から求め，式 (7.39) で求めた α とともに式 (7.41) に代入して各点の K_α を算出し，荷重分配影響係数曲線（K_α 曲線）を書く（図 **7.35**）。

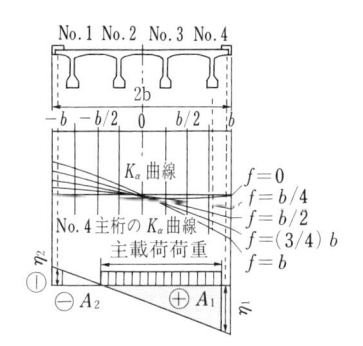

図 7.35 荷重分配影響係数曲線（K_α 曲線）例

つぎにこの曲線上に各主桁ごとに主桁位置から垂線を下し，$f=0$，……，$f=b$ 曲線との交点を読み取り，各主桁ごとの荷重分配影響係数曲線を書く（図 7.35）。

各主桁の荷重分配係数 k_α を次式により算出する。

活荷重に対して

$$k_{\alpha 1}=\frac{\sum \Lambda}{n}=\frac{A_1}{n} \tag{7.42}$$

ここに，A_1 は k_α 曲線の正の範囲に載荷したときの面積（図 7.35），n は主桁の本数である。

地覆，高欄に対して

$$k_{\alpha 2}=\frac{\sum n}{n}=\frac{\eta_1+\eta_2}{n} \tag{7.43}$$

ここに，η_1，η_2 はそれぞれ k_α 曲線の地覆および高欄直下の縦距（図 7.35）である。

また，舗装に対して

$$k_{\alpha 3}=\frac{\sum A}{n}=\frac{A_1+A_2}{n} \tag{7.44}$$

ここに，A_1，A_2 は k_α 曲線の舗装荷重載荷範囲の面積（図 7.35）である。

(d) 断面力の算出

(ⅰ) 曲げモーメントの算出 各主桁ごとに死荷重（主桁，現場打ち床版，横桁，地覆，高欄，舗装，雪荷重など）および活荷重（衝撃を含めた T 荷重，L 荷重，TT 荷重，群集荷重）による曲げモーメント M を次式により算出する。

$$M = k_a M_m \tag{7.45}$$

ここに，k_a は各荷重ごとの荷重分配係数〔式 (7.42)～(7.44) により求めた係数〕，M_m は各荷重が各主桁に均等に載荷した場合の主桁 1 本当りの平均曲げモーメントである。

(ⅱ) せん断力の算出 各主桁ごとに死荷重および活荷重によるせん断力 S を次式により算出する。

$$S = k_a S_m \tag{7.46}$$

ここに，k_a は各荷重ごとの荷重分配係数，S_m は各荷重が各主桁に均等に載荷した場合の主桁 1 本当りの平均せん断力である。

(e) 近似的な断面力の算出 一般の道路橋において

1) 歩道などと車道部分との区別のない場合。
2) 歩道などと車道部分の区別があって，歩道などが両側に設置されている場合。
3) 片持版の張出し長が主桁間隔の 1/2 以下。
4) 主桁の支点上に横桁を設ける。
5) 中間横桁は 1 支間につき 1 個以上，かつ 15 m 以下の間隔で設ける。

以上の条件が満足される場合には，つぎの方法で断面力（曲げモーメント，せん断力）の算定が行える。

(ⅰ) 死荷重 全死荷重による断面力を主桁の本数で除した値を主桁断面力とする。

(ⅱ) 活荷重 車道部分の幅員に主載荷荷重を満載し，歩道などに活荷重を満載した場合の全断面力を主桁の本数で除した値に，耳桁については**表 7.13** に示す係数 α を，そのほかの桁については β を乗じて主桁の断面力としてよ

表 7.13 α および β の値

車道部分の幅員	α	β
5.5 m 以上	1.1	0.95
5.5 m 未満	1.0	1.0

い。

　上記の算定方法と格子構造理論，直交異方性版理論（Guyon-Massonnet の方法）との比較検討によると，各種の条件によるが，大部分の場合 3％ 程度の安全側の値を与えることが明らかとなった。したがって，一般には，簡易計算法は十分実用上適用可能であるといえる。

　さらに，概略設計の場合は耳桁の値により T 桁橋の設計を行うこともある。

　2 主版桁あるいは 3 主版桁などの場合は，上記の方法の適用はできない。これらの場合は，その構造に適した構造理論を用いて解析を進めるべきである。

　橋梁の斜角が 75° 未満の場合には，格子構造理論により断面力を算定するのがよい。この理論は，現在ではコンピュータにより断面力の算定を行うことが一般的となっている。しかし，適用プログラムの内容，特徴，制限などの条件を十分に事前に検討し，当該の構造の解析に適合していることを確かめる必要がある。

〔3〕　曲げ応力度の照査

（a）　設計荷重による曲げ応力度　　各荷重による設計断面（支間中央）の曲げ応力度を次式により算出する。

$$\left. \begin{array}{l} \sigma_c' = \dfrac{M}{W'} \\[4pt] \sigma_c = -\dfrac{M}{W} \\[4pt] \sigma_{cg} = -\dfrac{M}{W_g} \end{array} \right\} \quad (7.47)$$

ここに，σ_c', σ_c, σ_{cg} はそれぞれ各荷重による桁の上縁，下縁，PC 鋼材位置の曲げ応力度，M は各荷重による曲げモーメント，W', W, W_g はそれぞれ桁の上縁，下縁，PC 鋼材位置の断面係数である。

(b) プレストレス

(i) **所要の PC 鋼材量の算出**　所要の PC 鋼材量は，つぎのように試算によって求め設計断面での PC ケーブルの配置を仮定する。すなわち，はじめに総断面の諸定数を用いて PC ケーブルの配置を仮定し，つぎにこれをもとに純断面の諸定数を求め，再び式 (7.48)，(7.49) により PC ケーブル数を決定する。

(1) PC 鋼材の所要引張力 P_A を次式により算出する。

$$\left. \begin{array}{l} P_A = \dfrac{(\sum \sigma_c - \sigma_{cae}')A_c}{1 + \dfrac{y_c}{r_c^2}e_c} \\ e_c = y_c - d \end{array} \right\} \tag{7.48}$$

ここに，$\sum \sigma_c$ は設計断面の荷重による下縁の曲げ応力度の総和，σ_{cae}' は下縁の主荷重作用時の許容曲げ応力度，A_c はコンクリートの断面積，y_c は中立軸より下縁までの距離，r_c は回転二次半径，e_c は中立軸から PC 鋼材図心位置までの距離，d は下縁から PC 鋼材の図心位置までの距離である（図 7.34 参照）。

(2) 所要の PC 鋼材量を次式により算出する。

$$N = \dfrac{P_t}{P_{t1}} \tag{7.49}$$

ここに，N は PC ケーブル数，P_t はプレストレッシング直後の PC 鋼材引張力，P_{t1} は PC 鋼材 1 ケーブル当りの引張力で

$$P_{t1} = \sigma_{pt} A_p$$

σ_{pt} はプレストレッシング直後の PC 鋼材の応力度（PC 鋼線 $\phi 5\,\text{mm}$ で $\sigma_{pt} = 1 \sim 1.1\,\text{kN/mm}^2$，$\phi 7\,\text{mm}$ で $\sigma_{pt} = 0.9 \sim 1\,\text{kN/mm}^2$ に仮定），A_p は 1 ケーブル当りの PC 鋼材断面積である。

(ii) **PC 鋼材の初期引張応力度**　緊張端における PC 鋼材の初期引張応力度 σ_{pi} はつぎのようである〔表 4.7 (b) 参照〕。

$$\sigma_{pi} = 0.80 \sigma_{py} \quad \text{または} \quad 0.90 \sigma_{py} \quad \text{のうち小さい値} \tag{7.50}$$

ここに，σ_{pu} は PC 鋼材の引張強さ，σ_{py} は PC 鋼材の降伏点である。

(iii) **プレストレッシング直後のプレストレス**　プレストレスを与えた直

後のPC鋼材の引張力は，定着具内およびPC鋼材とシースとの摩擦，定着具での滑り，主桁コンクリートの弾性変形などによって損失し初期引張力から減少するので，これらの減少量を求めて設計断面におけるプレストレッシング直後のプレストレスを算出する。

（1） 定着具およびシース内の摩擦による減少量（σ_{pt1}）

各種の摩擦を考慮して，設計断面におけるPC鋼材の引張応力度を算出する。

（2） PC鋼材定着部の滑りによる減少量（$\Delta\sigma_{p1}$）

PC鋼材とシースの間には摩擦があり，PC鋼材を緊張するときの摩擦抵抗とゆるめるときの摩擦抵抗が同じ値であると仮定して，PC鋼材定着部の滑りによる減少量を求める。

（3） コンクリートの弾性変形による減少量（$\Delta\sigma_{p2}$）

（4） プレストレッシング直後のPC鋼材の応力度

PC鋼材の引張応力度 σ_{pt} はつぎのようになる。

$$\sigma_{pt} = \sigma_{pt1} - \Delta\sigma_{p1} - \Delta\sigma_{p2} \leqq \sigma_{pta} \tag{7.51}$$

ここに，σ_{pta} はプレストレッシング直後のPC鋼材の許容引張応力度〔表4.7（b），（c）参照〕。

（5） プレストレッシング直後のプレストレス

プレストレッシング直後のプレストレスはつぎのようになる。

$$\left. \begin{array}{ll} 上縁： & \sigma_{ct}' = \dfrac{P_t}{A_c} - \dfrac{P_t e_c}{W_c'} \\[2mm] 下縁： & \sigma_{ct} = \dfrac{P_t}{A_c} + \dfrac{P_t e_c}{W_c} \\[2mm] \text{PC鋼材の図心位置：} & \sigma_{cpt} = \dfrac{P_t}{A_c} + \dfrac{P_t e_c}{W_{cg}} \end{array} \right\} \tag{7.52}$$

ここに，σ_{ct}'，σ_{ct}，σ_{cpt} はそれぞれ上縁，下縁，PC鋼材図心位置の直後のプレストレス，W_c'，W_c，W_{cg} はそれぞれ上縁，下縁，PC鋼材図心位置の純断面の断面係数，A_c はコンクリートの純断面積，e_c は中立軸よりPC鋼材図心位置までの距離。また，$P_t = N\sigma_{pt}A_p$ はPC鋼材の全引張力，N はPCケーブル数，σ_{pt} はプレストレッシング直後のPC鋼材の応力度である。

(iv) プレストレッシング直後の応力度の照査　プレストレッシング直後のコンクリートの応力度を次式により照査する。

$$\begin{aligned}\text{上縁：} & \sigma_{ct}' + \sigma_{d0}' \leq \sigma_{cat}' \\ \text{下縁：} & \sigma_{ct} + \sigma_{d0} \leq \sigma_{cat}\end{aligned}\Bigg\} \quad (7.53)$$

ここに，σ_{ct}'，σ_{ct} はそれぞれ上縁，下縁の直後のプレストレス，σ_{d0}'，σ_{d0} は上縁，下縁の主桁自重による応力度，σ_{cat}'，σ_{cat} は上縁，下縁の直後のコンクリートの許容応力度である。

(v) 有効プレストレス　プレストレッシング直後のプレストレスは，PC鋼材のリラクセーション，コンクリートのクリープおよび乾燥収縮によって時間の経過とともに減少するので，これらの減少量を求めて有効プレストレスを算出する。

(1) コンクリートのクリープ，乾燥収縮およびPC鋼材リラクセーションによる減少量

PC鋼材引張応力度の減少量 $\Delta \sigma_{p\varphi}$ は次式により算出する。

$$\Delta \sigma_{p\varphi} = \frac{n\varphi \sigma_{cp} + E_p \varepsilon_s}{1 + n\dfrac{\sigma_{cpt}}{\sigma_{pt}}\left(1 + \dfrac{\varphi}{2}\right)} + r\sigma_{pt} \quad (7.54)$$

ここに，φ はコンクリートのクリープ係数（表3.11参照），ε_s はコンクリートの乾燥収縮度（表3.12参照），$n\,(=E_p/E_c)$ はヤング係数比〔ただし，E_p はPC鋼材のヤング係数（4.1.1項参照）〕，E_c はコンクリートのヤング係数（表4.8参照），σ_{cp} はPC鋼材の位置におけるコンクリート断面の持続荷重（プレストレッシング直後のプレストレスおよび死荷重）による応力度，σ_{pt} はプレストレッシング直後のPC鋼材の引張応力度，σ_{cpt} はPC鋼材の位置におけるプレストレッシング直後のプレストレス，r はPC鋼材の見掛けのリラクセーション率（PC鋼棒の場合3％，それ以外のPC鋼材は5％）である。

(2) PC鋼材の有効引張応力度および有効プレストレス

PC鋼材の有効引張応力度 σ_{pe} および有効係数 η はつぎのようになる。

$$\left.\begin{array}{l}\sigma_{pe} = \sigma_{pt} - \Delta\sigma_{p\varphi} \leqq \sigma_{pa} \\ \eta = \dfrac{\sigma_{pe}}{\sigma_{pt}}\end{array}\right\} \tag{7.55}$$

ここに，σ_{pa} は PC 鋼材の許容引張応力度〔表 4.7（c）参照〕である。

したがって，有効プレストレスはつぎのようになる。

$$\left.\begin{array}{ll}\text{上縁：} & \sigma_{ce}{'} = \eta\sigma_{ct}{'} \\ \text{下縁：} & \sigma_{ce} = \eta\sigma_{ct} \\ \text{PC 鋼材図心位置：} & \sigma_{cpe} = \eta\sigma_{cpt}\end{array}\right\} \tag{7.56}$$

（c） 合成応力度の照査 設計荷重による曲げ応力度と，有効プレストレスを合成したときのコンクリートおよび PC 鋼材の応力度を照査する。

（1） 主荷重作用時

$$\left.\begin{array}{ll}\text{上縁：} & \sigma_{c}{'} + \sigma_{ce}{'} \leqq \sigma_{cae}{'} \\ \text{下縁：} & \sigma_{c} + \sigma_{ce} \geqq \sigma_{cae}\end{array}\right\} \tag{7.57}$$

ここに，$\sigma_{c}{'}$，σ_{c} はそれぞれ上縁，下縁の主荷重による曲げ応力度，$\sigma_{ce}{'}$，σ_{ce} は上縁，下縁の有効プレストレス，$\sigma_{cae}{'}$，σ_{cae} は上縁，下縁の主荷重作用時の許容曲げ応力度〔表 4.12（a），（b）参照〕である。

以上のほかに，活荷重，衝撃を除いた主荷重作用時についての検討が必要である。

（2） PC 鋼材の引張応力度は，荷重（自重以外）の増加に伴って増大するため，応力度の照査の必要があるが，ここでは省略する。

（d） 曲げ破壊安全度の照査 曲げモーメントに対する主桁断面の破壊に対する安全度の照査は，7.14.4 項の床版の破壊安全度の照査に準じて行う。

（e） PC 鋼材の配置 一般に単純桁の場合は，設計断面（支間中央）で必要とした PC 鋼材量の一部を応力調整上，桁端に向かって曲げ上げて配置することが行われる。この場合にすべての断面で設計条件を満足しているかどうかを照査する。

〔4〕 せん断応力度の照査

（a） せん断応力度の照査断面 主桁のせん断応力度の照査は，一般にプ

レストレス力が変化するPC鋼材の定着点，断面拡幅点，支点付近(桁高の1/2支間内点)などの断面について行う．

（b）**荷重によるせん断力**　設計荷重による各照査断面のせん断力は，支点の値と支間中央の値とから直線補間法により求める．また終局荷重による各照査断面のせん断力は，7.14.4項の〔2〕の曲げモーメントの場合に準じて求める．

（c）**プレストレス力によるせん断力**　各照査断面におけるプレストレス力によるせん断力作用方向の分力 S_p は，次式により算出する．

$$S_p = A_p \sigma_{pe} \sin \alpha \tag{7.58}$$

ここに，A_p は部材断面におけるPC鋼材の断面積，σ_{pe} は部材断面におけるPC鋼材の有効引張応力度，α はPC鋼材が部材軸方向となす角度である．

（d）**断面諸定数**　各照査断面のウェブ厚(b_w)，断面積(A_c)，断面の有効高さ(d)(この場合のdの値は，圧縮縁から断面最下段に配置した軸方向鋼材図心までの距離)，断面一次モーメント(Q)，断面二次モーメント(I)を求める．

（e）**設計荷重作用時の平均せん断応力度の照査**　設計荷重作用時の各照査断面における平均せん断応力度 τ_m を式(7.17)により照査する．

（f）**終局荷重作用時の平均せん断応力度の照査**　設計荷重作用時に準じて終局荷重作用時の各照査断面における平均せん断応力度 τ_m を，次式により照査する．

$$\tau_m = \frac{S_u - S_p}{b_w d} \leq \tau_{m,\max} \tag{7.59}$$

ここに，S_u は終局荷重によるせん断力，$\tau_{m,\max}$ はコンクリートの平均せん断応力度の許容最大値〔表4.14（b）参照〕．

（g）**設計荷重作用時の斜め引張応力度の照査**　設計荷重作用時の各照査断面における斜め引張応力度 σ_I を式(7.18)により照査する．

（h）**斜め引張鉄筋の算出**

（1）設計荷重作用時の平均せん断応力度が，許容平均せん断応力度以下の場合は，桁に式(7.19)により求める最小鉄筋以上の斜め引張鉄筋を配置する．

(2) 設計荷重作用時の平均せん断応力度が許容平均せん断力を超える場合は，式 (7.20) により算出される断面積以上の斜め引張鉄筋を配置する。ただし，式 (7.19) の鉄筋量以上とする。また照査断面のせん断力，曲げモーメントは終局荷重作用時のものを用いる。

(i) **せん断力に対する軸方向引張鋼材の算出**　せん断力に対する軸方向引張鋼材量 A_s を次式により算出し配置する。

$$A_s = \frac{1}{\sigma_y} \sum \left(\frac{S_h'}{2} \cdot \frac{\sin\theta - \cot\theta \cos\theta}{\sin\theta + \cos\theta} \right) \tag{7.60}$$

ここに，σ_y はせん断力に対する軸方向鋼材の降伏点，S_h' は間隔 a，角度 θ で配置された斜め引張鋼材が負担するせん断力，θ は斜め引張鋼材が部材軸となす角度。

さらに最小鋼材量およびたわみの照査が必要であるが，ここでは省略する。

7.14.6 横桁の設計

〔1〕 **断面力の算出**　主桁の断面力に用いた理論と同一のもので算定するのが原則である。一般には，Guyon-Massonnet の方法により橋軸直角方向の曲げモーメントを求め，これから横桁の断面力を求めることができる。道路橋示方書Ⅲには，鉄筋コンクリートの場合の鉄筋量の配置が示されている。プレストレスコンクリートの場合は，この鉄筋量と同等なプレストレスの効果が与えられるように PC 鋼材を配置するものであり，この場合床版に配置されたものは，横桁の有効幅内のものを算定に考慮する。なお，引張応力が発生しないように設計する。

設計一般としては以下のことが必要である。

（1） 主桁の支点上には横桁を設けるものとする。

（2） 中間横桁は適切な間隔で設けるものとする。

主桁間隔が 2 m 程度以下の RC T 桁橋において，特別な検討をしないで横桁を設ける場合は，中間横桁に配置する鉄筋は，橋梁の幅員が 7 m 以下 D 25，2 本，12 m 以下 D 25，4 本の鉄筋あるいはこれに相当する鉄筋量以上を，横桁の主鉄筋として配置することになっている。しかし，主桁の間隔が 2 m 以上の場

合，あるいは，斜橋，曲線橋などの特殊な場合の T 桁橋の横桁に対しては，上述のことは適用できない．この場合は，格子構造理論あるいは Guyon-Massonnet の方法により断面力を算出する必要がある．

PC T 桁橋がプレキャスト桁を用いて設計される場合には，床版および横桁にプレストレスを導入することにより，横方向の一体化を図る必要がある．

横方向に配置する鋼材には，一般に，200〜400 kN 程度の比較的小型の PC 鋼材が使用されており，床版に対して，40〜50 cm 間隔に，横桁のウェブには 1〜2 本配置されていることが多い．

横桁の有効幅については，7.12 節に示されている式などによって算定することができる．

7.15 箱 桁 橋

7.15.1 一 般

箱桁橋の断面形式は図 7.3 (j)〜(n)に示すものであるが，さらに分類すると図 7.36 に示すように，単一箱桁橋，多主桁箱桁橋および多重箱桁橋となる．

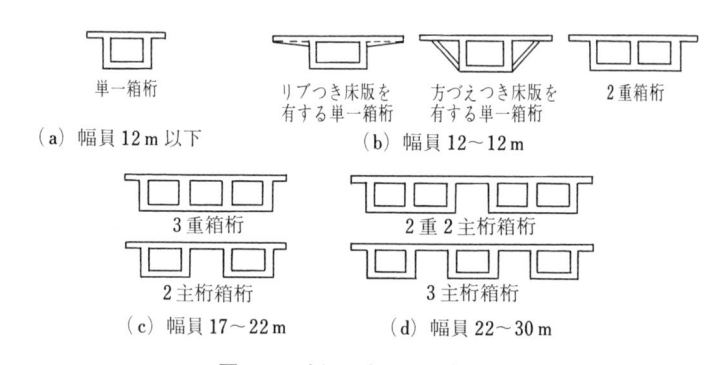

単一箱桁　　リブつき床版を　　方づえつき床版を　　2 重箱桁
　　　　　　有する単一箱桁　　有する単一箱桁
（a）幅員 12 m 以下　　（b）幅員 12〜12 m

3 重箱桁　　　　　　2 重 2 主桁箱桁
2 主桁箱桁　　　　　3 主桁箱桁
（c）幅員 17〜22 m　　（d）幅員 22〜30 m

図 7.36　幅員と標準的な箱桁断面

設計に際して，どの断面形状を選択するかは，橋の形状，機能性，美観，経済性，施工性などの種々の要素によって異なってくるので，設計者がこれらを総合的に判断して決定しなければならない．参考までに断面形状と部材厚の決定要因の一般的なものを**表 7.14** に示す．さらに，橋梁の幅員に応じた標準的な

表7.14 断面形状と部材厚の決定要因

断面形状と部材厚		決定要因
断面形状	箱桁断面の種類	幅員構成，支間
	全幅と下フランジ幅の比	支間，幅員構成
部材寸法	桁　　　　高	支間，橋の構造形式，施工方法
	上フランジ厚	最小部材厚，床版としての支間長，補強鋼材配置，圧縮応力度，ねじりせん断応力度
	ウェブ厚	最小部材厚，補強鋼材配置，せん断応力度，ねじりせん断応力度
	下フランジ厚	最小部材厚，補強鋼材配置，圧縮応力度，ねじりせん断応力度

箱桁断面形状を図7.36に示す。

　床版の設計は，道路橋示方書Ⅲに規定された方法によればよい。しかし，橋梁の景観上から，張出し床版を長くする例も多い。この場合には，道路橋示方書に示された方法以外に版理論などを適用し，詳細な検討が必要である。

　横桁および隔壁は，支点上に必ず設け，さらに1支間に1箇所以上の中間横桁および隔壁を設けなければならない。これは，荷重分配を良好にするほかに，主桁の直角方向の剛性を大きくすること，さらに，主桁間のたわみ差を少なくして，床版に大きな断面力を発生させないためである。支間の長い場合には，横桁の間隔は40m程度とするのがよいとされている。

　主桁のウェブ厚はT桁の場合と同様で規定上はよいが，実際には，断面の寸法，鋼材の配置などが多いので厚くなるのが一般的である。

7.15.2 断面力の算出

　単一箱桁橋および多重箱桁橋の断面力は，箱桁部全断面を一つの桁として算出することができると道路橋示方書Ⅲに規定されている。しかし，斜角を有する場合，多重箱桁橋の断面力の算定は，橋梁の全幅と支間の比（全幅/支間）が0.5以上の比較的幅員の大きい場合は，格子構造理論によって算定することが原則となっている。活荷重の偏載によるねじりモーメントによって発生する曲げねじり応力度については，本来せん断中心，そり関数，曲げねじり剛性を求め，理論式によって曲げねじり応力度を計算しなければならないが，曲線橋で

幅員の広い橋の場合を除き一般に曲げねじり応力度は小さいので，上記の方法で断面力を求めてよい。

多主桁箱桁橋の断面力は，格子構造理論により算出するのを原則とする。これは，主桁のねじり剛性が大きく荷重分配がよいことからこのように定めている。しかし，橋梁の全幅と支間との比（全幅/支間）が 0.5 以下の多主桁箱桁橋においては，中間横桁および隔壁が十分に配置されているならば，主載荷荷重を橋梁の車道部に満載して算出した断面力を主桁の本数で除した値で各主桁を設計しても，同一の橋梁を格子構造理論で設計するよりやや安全側となることから，一般の設計では，上記の方法で簡易的に設計を行うことも少なくない。ただし，歩道などがある場合は十分に注意する必要があり，この場合は格子理論で設計するほうがよい。

7.15.3 下フランジおよびウェブの応力度の照査

下フランジおよびウェブは，図 7.37 に示す荷重状態のラーメン構造から求められる断面力で応力度を照査しなければならない。この場合，ウェブは沈下しないものとして，また，PC 桁で上フランジにプレストレスを導入する際には，その影響を考慮して断面力を算出しなければならない。

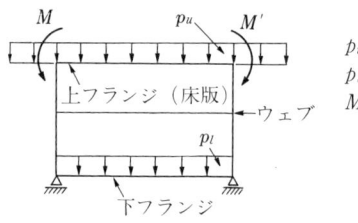

p_u：床版の死荷重
p_l：下フランジの死荷重
M, M'：床版の活荷重による支点上の曲げモーメント

図 7.37 下フランジおよびウェブの応力度を照査する場合の荷重状態

7.15.4 主桁の応力度の照査

箱桁の有効幅の算出および応力度の照査，破壊に対する安全度の照査は T 桁の場合と同様である。ねじりモーメントに対する照査も道路橋示方書Ⅲに示した方法で行う。

7.15.5 主桁，横桁および隔壁の構造細目

主桁，横桁および隔壁の構造細目として以下に示すものがある。

(1) 現場打ちコンクリート箱桁の下フランジの最小厚さは 14 cm とする。

(2) フランジ厚を主桁の方向に変化させた場合は，1/5 より緩い傾斜とするのが望ましい（図 7.38）。

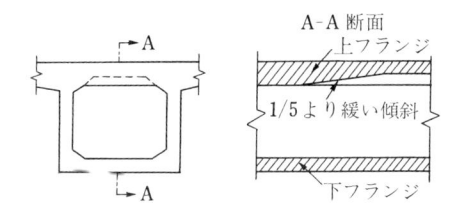

図 7.38 フランジ厚の変化

(3) 下フランジの上下面には，主桁方向および主桁直角方向に，直径 13 mm 以上の鉄筋を，25 cm 以下の中心間隔で配置しなければならない。

(4) 横桁および隔壁の最小厚さは 20 cm とし，支間内に設ける隔壁の鉄筋量は，D 13 を 30 cm 間隔で配置するのがよい。

箱桁橋の設計については，上記以外に多くの点に留意する必要があり，それらの詳細については，道路橋示方書Ⅲおよびコンクリート道路橋設計便覧の当該の項に示されているものに従う必要がある。

7.16 PC 合成桁橋

PC 合成桁橋は，PC 桁と，RC 床版または PC 床版を所要のずれ止めによって結合し，床版と桁を一体化した合成断面で荷重に対して抵抗するものである。原理的には鋼合成桁と同じであるが，コンクリート構造どうしの結合ということで，設計計算，施工，詳細構造などは鋼合成桁の場合と相当に異なるものである。これらの詳細については，道路橋示方書Ⅲの当該の項を参照されたい。

合成桁橋の桁断面の代表的なものは，図 7.3（h）にすでに示した T 桁を基本としたものと箱桁の 2 種類がある。構造形式では，単純支持桁と，連続桁構造である連続合成桁橋がある[13]。

断面的には図 7.39 の種類がある。

PC 合成桁橋の応力度の算定は，施工順序や条件によって同一断面内の応力分布が異なるため，各段階によりその応力状態を検討しなければならない。そ

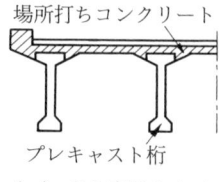

272　第7章　コンクリート橋の設計

(a) RC床版タイプ

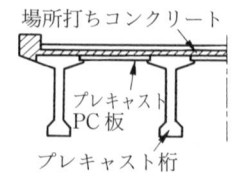

(b) PC合成床版タイプ合成桁橋

図7.39　PC合成桁の種類

表7.15　荷重と断面との関係

	荷重の種類	断面の種類
①	導入直後のプレストレス	I
②	有効プレストレス	I (①×有効係数)
③	主桁自重	I
④	現場打ちコンクリート（床版）	II
⑤	橋面荷重	III
⑥	活荷重	III
⑦	乾燥収縮差	IV
⑧	クリープ係数	IV
⑨	温度差	IV

表7.16　各施工段階と荷重の組合せ

検討段階	荷重の組合せ
1. プレストレス導入直後	①＋③（荷重の種類） (I)(I)（断面の種類）
2. 床版合成時	②＋③＋④ (I)(I)(II)
3. 合成後死荷重作用時	②＋③＋④＋⑤ (I)(I)(II)(III)
4. 活荷重作用時	②＋③＋④＋⑤ (I)(I)(II)(III) ＋⑥＋⑦＋⑧ (III)(IV)(IV)

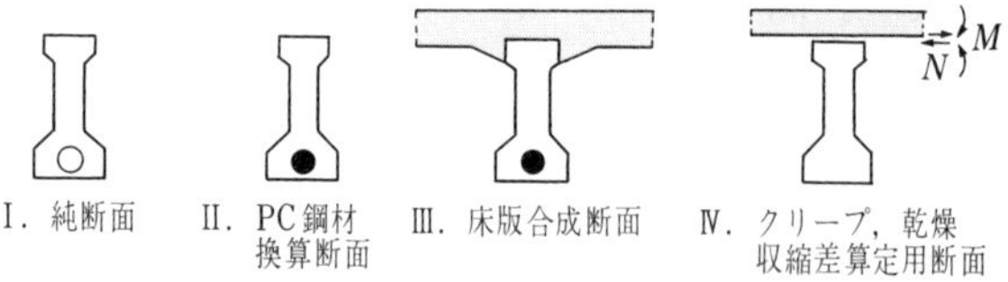

I. 純断面　II. PC鋼材換算断面　III. 床版合成断面　IV. クリープ，乾燥収縮差算定用断面

図7.40　応力計算に用いる各種断面

の一般的なものは**表7.15**に示すもので，それに対応する各種断面を**図7.40**に示す．**表7.16**には，各施工段階と荷重の組合せの一般的なものを示す．

一般的な施工の順序は**図7.41**に示すもので，各段階と上記の応力の検討との組合せを設計段階より十分に検討し，設計上の仮定と施工法が異なる場合には，実状に合った検討を加えなければならない．

構造細目としては以下のことが必要である．

（1）桁の上フランジの一部を床版に埋め込む場合，桁の上の床版の最小厚

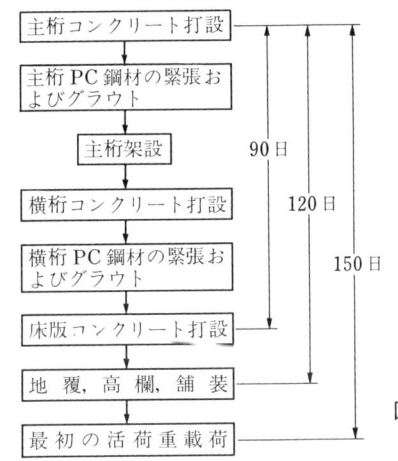

図7.41 一般的な施工順序

さは，15 cm とする。

（2） ずれ止め鉄筋の直径は，13 mm 以上としなければならない。

（3） ずれ止め鉄筋の中心間隔は 10 cm 以上，かつ 50 cm 以下としなければならない。

（4） ずれ止め鉄筋の鉄筋量は，桁と床版の結合面の面積の 0.2％以上としなければならない。なお，プレキャスト桁のスターラップやフランジの鉄筋などを，ずれ止め鉄筋と見なしてもよい。図7.42 に示すようにプレキャスト桁と床版の最小厚さ（h）は 15 cm 以上が必要である。

（5） 場所打ちコンクリートと接するプレキャスト PC 板の上面には，床版の支間方向に凹凸を設けることを標準とする（図7.43）。

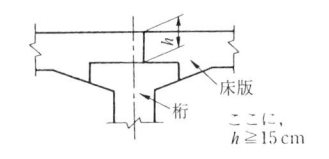

図7.42 床版の最小厚さ

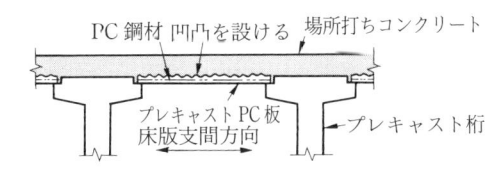

図7.43 プレキャスト PC 板の利用

7.17 構造細目

コンクリート構造では，計算上に現れない種々の細部構造への配慮がその構

造物の施工性，安全性，耐久性などに大きな影響を与えることが，経験的に明らかとなってきている。コンクリート橋として主要なものは，最小鉄筋量，かぶり，あき，鉄筋の定着，鉄筋の継手，鉄筋のフックおよび曲げ形状，PC鋼材の配置，定着，定着具付近の補強，スタラップの配置，ねじりモーメントに対する鉄筋の配置，用心鉄筋である。詳細については，道路橋示方書Ⅲの規定あるいは文献〔43〕を参照する必要がある。

7.18 プレストレストコンクリートT桁橋の設計例

この設計例は，図7.44に示す道路橋についてすでに示した手順により設計を行ったものである。各段階の設計計算は主として7.14節に述べた方法により行われたものである。主桁および横桁の活荷重および偏載荷重による断面力の算定は，直交異方性版理論のGuyon-Massonnetの方法によっている。

設計図のおもなものを折込図に示す。この図面からPC桁の形状，寸法，構造詳細，

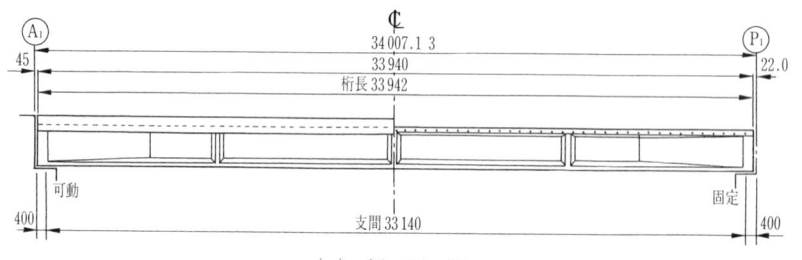

(a) 側 面 図

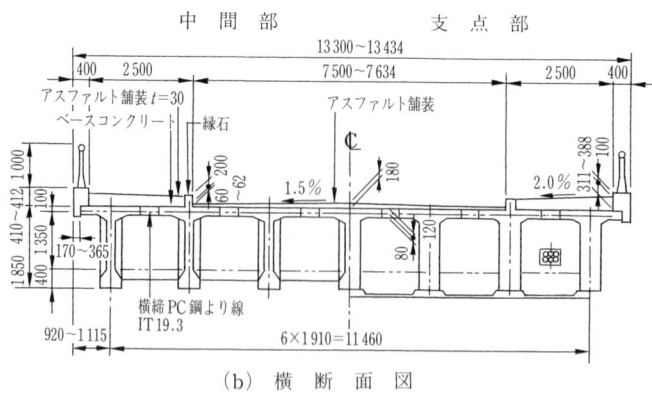

(b) 横 断 面 図

図 7.44 一 般 図

PC鋼材鉄筋の配置，鉄筋加工図，使用材料の種類とその使用量などが理解できるであろう。

7.18.1 設計要旨
(a) 設計条件 設計条件を表7.17に示す。
(b) 使用材料および許容応力度 使用材料および許容応力度を表7.18，

表7.17 設 計 条 件

橋 梁 種 別		PC T 桁道路橋	
形　　　式		ポストテンション方式PC単純T桁橋	
橋　　　長		102.000 m	
桁　　　長		33.940 m	
支　　　間		33.140 m	
幅　　　員		全幅 13.300 m，車道幅員 7.500 m，歩道幅員 2 500×2	
斜　　　角		90°	
荷重	活荷重	B荷重	
	死荷重	プレストレストコンクリート，鉄筋コンクリート単位重量 $\gamma_c = 24.5 \text{ kN/m}^3$	
		舗装の単位重量アスファルト $\gamma_a = 22.5 \text{ kN/m}^3$	
		高欄荷重 $P_h = 2.5 \text{ kN/m}$（片側当り），雪荷重 $= 1.0 \text{ kN/m}^2$	
	衝撃係数	$i = \dfrac{10}{25+L}$ （L荷重），$i = \dfrac{20}{50+L}$ （T荷重）	
地震時水平震度		$k_h = 0.2$	

表7.18 コンクリート

種　　別			主　桁		桁間横桁，床版	
設計基準強度〔N/mm²〕			σ_{ck}	40	σ_{ck}	30
プレストレス導入時圧縮強度〔N/mm²〕			σ_{ci}	34	σ_{ci}	25
許容曲げ圧縮応力度〔N/mm²〕	プレストレス導入直後	長方形断面	σ_{cat}	19	σ_{cat}	15
		T形断面	σ_{cat}	18	σ_{cat}	14
	設計荷重作用時	長方形断面	σ_{cae}	15	σ_{cae}	12
		T形断面	σ_{cae}	14	σ_{cae}	11
許容曲げ引張応力度〔N/mm²〕	プレストレス導入直後		σ_{cat}'	-1.5	σ_{cat}'	0
	設計荷重作用時		σ_{cae}'	-1.5	σ_{cae}'	0
許容せん断応力度〔N/mm²〕	設計荷重作用時		τ_{ma}	0.55	—	
	終局荷重作用時		$\tau_{m,\max}$	5.3	$\tau_{m,\max}$	4
許容斜め引張応力度〔N/mm²〕			σ_{Ia}	1.0		

表 7.19 に示す。

(c) 使用材料の定数　　使用材料の定数を表 7.20 に示す。

表 7.19　鋼　材
(a) PC 鋼材

		PC 鋼より線 12 T 12.4 mm		PC 鋼より線 1 T 19.3 mm	
引張強度 $[N/mm^2]$		σ_{pu}	1 716	σ_{pu}	1 900
降伏点応力度 $[N/mm^2]$		σ_{py}	1 470	σ_{py}	1 600
許容引張応力度 $[N/mm^2]$	設計荷重時	σ_{pa}	1 020	σ_{pa}	1 110
	導入直後	σ_{pat}	1 190	σ_{pat}	1 295
	緊張作業時	σ_{pai}	1 305	σ_{pai}	1 440
用　途		主桁		横締め床版，横桁	

(b) 鉄筋 SD 295

許容引張応力度 $[N/mm^2]$	床版	σ_{sa}	140
	引張鉄筋	σ_{sa}	180
降伏点 $[N/mm^2]$		σ_{sy}	300

表 7.20　設計定数

名　称			定	数
コンクリートのヤング係数 $[N/mm^2]$	(主桁)	$\sigma_{ck} = 40$	E_c	3.1×10^4
	(桁間横桁)	$\sigma_{ck} = 30$	E_c'	2.8×10^4
PC 鋼材のヤング係数 $[N/mm^2]$			E_p	2.0×10^5
ヤング係数比	主桁コンクリートと PC 鋼材		n_1	$\dfrac{E_p}{E_c} = \dfrac{2.0 \times 10^5}{3.1 \times 10^4} = 6.5$
	主桁コンクリートと桁間コンクリート		n_2	$\dfrac{E_c'}{E_c} = \dfrac{2.8 \times 10^4}{3.1 \times 10^4} = 0.903$
クリープ係数（プレストレス導入時，設計荷重時）			φ	2.6, 2.0
乾燥収縮度			ε_s	20×10^{-5}
PC 鋼材のリラクセーション			γ	5 %

(d) 破壊安全度その他の条件　　破壊安全度およびその他の条件については表 7.21 に示す。

7.18 プレストレストコンクリートT桁橋の設計例

表7.21 破壊安全度その他

終局荷重作用時の破壊に対する安全度検討	$1.3D + 2.5(L+I)$
	$1.7(D+L+I)$
たわみ許容値	$\delta_l \leqq l/600$
断面力の算定方法	Guyon-Massonnetの方法

（注） D：死荷重，L：活荷重，I：衝撃

7.18.2 床版の設計

計算方法は曲げモーメントに対する曲げ応力度を求め，それぞれに対しての所要プレストレスを与え，あわせて破壊に対する安全度の照査を行う．なお，せん断力に対する照査は7.9.1項の設計一般によって行うが省略する．中間部の床版については，連続床版として車両進行方向に直角な支間を考慮する．

橋軸直角方向と橋軸方向（省略）について応力度の照査を行う．終局時の検討については割増し係数は考慮しない．

（a） 橋軸直角方向の検討

（1） 曲げモーメント〔kN・m〕（幅1m当り）

$$
\left.\begin{array}{ll}
\text{死荷重} & M_d = \dfrac{Wl_d^2}{10} \\[1ex]
\text{群集荷重} & M_l = \dfrac{W_l l_d^2}{10} \\[1ex]
\text{活荷重} & (+)M_L = 0.8(0.12l+0.07)P \cdot f \\
 & (-)M_L = -(0.15l+0.125)P \cdot f
\end{array}\right\} \text{表7.3参照}
$$

輪荷重　　　　　$P = 100$ kN
群集荷重　　　　$W_l = 5.0$ kN/m²
床版支間　　　　$l_d = 1.710$ m
割増し係数　　　$f = 1.000$

- 中間部　中央

床版自重　　$M_{d1} = 1.43$ kN・m/m
舗装　　　　$M_{d2} = 0.78$ kN・m/m
雪荷重　　　$M_{d3} = 0.29$ kN・m/m
活荷重　　　$M_L = 22.00$ kN・m/m

合計　　　　$M_T = 24.50$ kN・m/m

（2） 曲げ応力度〔N/mm²〕

$$\sigma = \frac{M}{W}$$

$$W = \frac{bh^2}{6} \quad (\text{断面係数})$$

- 中間部　中央

    抵抗断面性質

床版厚	$h=$	200 mm
単位幅	$b=$	1 000 mm
断面積	$A=$	200 000 mm²
断面係数	$W=$	6 667 000 mm³
偏心量（PC鋼材）	$e_p=$	-20.0 mm（中立軸より下側）

    曲げ応力度〔N/mm²〕

	上縁	下縁
死荷重	0.38	-0.38
活荷重	3.30	-3.30
	3.68	-3.68

（3）プレストレス

PC鋼材の径	$\phi = 19.3$
	（PC鋼より線 $A_p = 243.7$ mm²）
PC鋼材の間隔	$S = 0.500$ m
先端引張力	$\sigma_{pi} = 1\,362$ N/mm²
摩擦による減少	$\Delta\sigma_1 = 35$ N/mm²
セットによる減少	$\Delta\sigma_2 = 57$ N/mm²
直後の引張応力	$\sigma_{pt} = 1\,270$ N/mm²
クリープ，乾燥収縮による減少	$\Delta\sigma_\varphi = 90$ N/mm²
リラクセーションによる減少	$\Delta\sigma_\gamma = 64$ N/mm²
有効引張応力	$\sigma_{pe} = 1\,116$ N/mm²
1本当り有効引張力	$P_c = 272.0$ kN

有効プレストレス〔N/mm²〕，式 (7.6) 参照

- 中間部　中央

    上縁　$\sigma_{cpm}' = 1.09$　　下縁　$\sigma_{cpm} = 4.35$

（4）合成応力度〔N/mm²〕

- 中間部　中央

    上縁　$\sigma_c' = 1.09 + 3.68 = 4.77 < 12.0$

    下縁　$\sigma_c = 4.35 + (-3.68) = 0.67 > 0$

7.18 プレストレストコンクリート T 桁橋の設計例

（b） 終局荷重に対する安全度

- 中間部　中央
- 終局荷重の組合せ，式 (7.1) 参照

    $M_{ud1} = 1.3M_d + 2.5M_L$
    　　　$= 57.1$ kN・m

    $M_{ud2} = 1.7(M_d + M_L)$
    　　　$= 40.8$ kN・m

- 終局抵抗曲げモーメント，式 (7.11) 参照

    $M_u = \sum A_p \sigma_p (d - kx)$
    　　$= 80.2$ kN・m

引張鋼材量	$\sum A_p = 487$ mm² （床版 1 m 当り 2 本分）
鋼材応力度	$\sigma_p = 1\,590$ N/mm²
鋼材ひずみ度	$\varepsilon_s = 0.012\,493$
有効高さ	$d = 120$ mm
圧縮力の作用点までの距離	$kx = 16.3$ mm
鋼材引張力	$T = 774$ kN
コンクリート圧縮力	$C = 774$ kN

鉄筋の引張力は通常無視する。

安全率

$$F = \frac{M_u}{M_{ud1}} = \frac{80.2 \text{ kN・m}}{57.1 \text{ kN・m}} = 1.40 > 1.0$$

7.18.3　主桁の設計

（a）　主桁寸法および PC 鋼材の配置

（1）　主桁断面寸法〔cm〕（図 7.45）

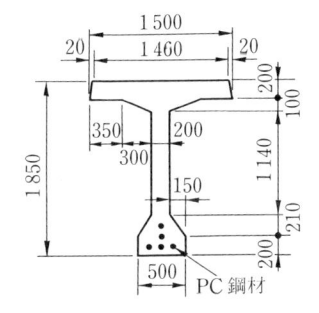

図 7.45　主桁断面（支間中央）

（b）　計算主桁の選定　　計算主桁の選定にあたっては各桁の曲げ応力度を算出し，最大曲げ応力度の生じる主桁について行う。荷重分配については Guyon-Massonnet の方法による。

荷重分配係数を考慮した曲げモーメントはつぎのようになる。

$$M = K_a \cdot M_m$$
$$K_a = K_0 + (K_1 - K_0) \cdot \sqrt{\alpha}$$

　M_m：桁 1 本当り平均曲げモーメント
　K_a：曲げ剛性係数 θ およびねじり剛性係数 α の関数として求められる荷重分配係数
　K_0：$\alpha = 0$ に対する影響係数曲線の値
　K_1：$\alpha = 1$ に対する影響係数曲線の値

（1）荷　重

活荷重についてはL，T 荷重の影響の大きいほうを用いるが，ここでは一般に大きい値を与えるL 荷重により設計を行う。

- 死荷重

地覆高欄荷重（左側）		5.82 kN/m
（右側）		6.15 kN/m
車道舗装		2.16 kN/m²
歩道舗装（左側）		6.71 kN/m²
歩道舗装（右側）		7.01 kN/m²
添架物		0.30 kN/m²
雪荷重		1.00 kN/m²

- L 荷重

等分布活荷重	P_1（曲げ・たわみ）	10 kN/m²
等分布活荷重	P_1（せん断・反力）	12 kN/m²
等分布活荷重	P_1（載荷長）	10.0 m
等分布活荷重	P_2	3.5 kN/m²
群集荷重		3.5 kN/m²

（2）θ，$\sqrt{\alpha}$ の計算

式（7.38）参照。

　B　：抵抗幅の 1/2〔m〕
　L　：支間〔m〕
　E_{c1}：主桁ヤング係数〔N/mm²〕
　E_{c2}：横桁ヤング係数〔N/mm²〕
　I_{c1}：単位幅当り主桁曲げ剛性〔cm⁴〕
　I_{c2}：単位幅当り横桁曲げ剛性〔cm⁴〕
　J_{c1}：単位幅当り主桁ねじり剛性〔cm⁴〕
　J_{c2}：単位幅当り横桁ねじり剛性〔cm⁴〕
　G_c　：せん断弾性係数　$0.43\, E_c$

7.18 プレストレストコンクリート T 桁橋の設計例

支間		L	33.140 m
抵抗幅の 1/2		B	6.480 m
ヤング係数	（主桁）	E_{c1}	3.1×10^4 N/mm²
	（横桁）	E_{c2}	2.8×10^4 N/mm²
曲げ剛性	（主桁）	I_{c1}	189 208.0 cm⁴
	（横桁）	I_{c2}	27 075.0 cm⁴
ねじり剛性	（主桁）	J_{c1}	4 515.0 cm⁴
ねじり剛性	（横桁）	J_{c2}	2 947.0 cm⁴
θ			0.326
$\sqrt{\alpha}$			0.151

（3） 断面力の計算

　L 荷重：幅員 5.5 m までは主載荷荷重（P）を載荷し，残りの部分に従載荷荷重（$P/2$）を載荷する。

・各荷重の分配係数（図 7.46）

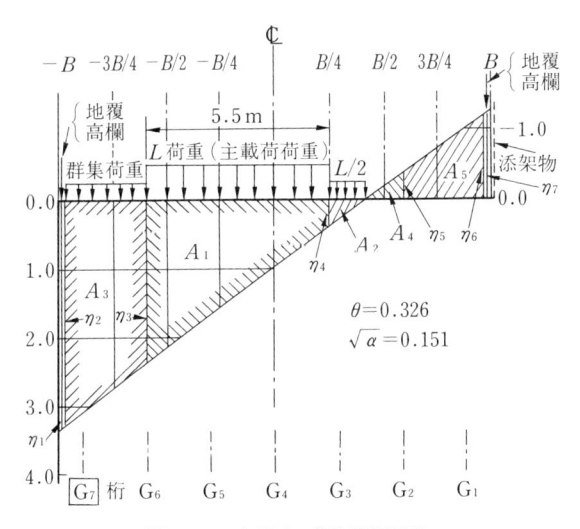

図 7.46　主桁 G_7 荷重分配係数

地覆高欄（右側）	k_R	$= -1.218$	η_1
地覆高欄（左側）	k_L	$= 3.404$	η_2
歩道舗装（右側）	k_{AR}	$= -1.852$	A_5
歩道舗装（左側）	k_{AL}	$= 7.073$	A_3
車道舗装	k_A	$= 7.238$	$(A_1+A_2+A_4)$

添架物　　　　　　$k_1 = -1.284$
　　　　　　　　　　（桁の外端に添架の予定）
群集荷重　　　　　$k_{AR} = 7.073$　　(A_3)
L 荷重　　P　　　$k_A = 7.235$　　⎫
　　　　　$\dfrac{P}{2}$　　$K_A = 0.168$　　⎬ $(A_1 + A_2)$
　　　　　　　　　　　　　　　　　　　⎭

　各荷重による分配係数は集中荷重はその下の縦距,分布荷重はその下の分配係数図の当該の面積となる.

（**c**）　**断面力と応力度**
（**1**）　**各荷重による断面力**
各主桁の曲げモーメントの合計
・L 荷重作用時

（単位：kN・m）

	死荷重	活荷重	雪荷重	合　計
No.1 桁	4 138.1	1 936.5	260.8	6 335.4
No.2 桁	4 341.9	1 792.4	260.8	6 395.1
No.3 桁	4 323.4	1 716.7	260.8	6 300.9
No.4 桁	4 322.1	1 659.0	260.8	6 242.0
No.5 桁	4 341.5	1 716.7	260.8	6 319.0
No.6 桁	4 378.2	1 792.4	260.8	6 431.4
No.7 桁	4 192.5	1 936.4	260.8	6 389.7

　以上の結果,L 荷重作用時に最大応力度が生じる G_7 桁について計算を行う（耳桁は,中桁より換算断面が小さいので作用曲げモーメントは中桁より小であるが,応力度は最大となる）.

・L 荷重作用時（G_7 桁）

	曲げモーメント〔kN・m〕	せん断力〔kN〕
主桁自重	2 661.4	338.8
桁間コンクリート	231.8	25.4
地覆高欄	271.6	32.6
歩道舗装	728.7	87.9
車道舗装	306.6	37.0
添架物	−7.60	−0.90
群集荷重	485.5	58.6
活荷重	1 450.9	195.9
雪荷重	260.8	31.5

7.18 プレストレストコンクリート T 桁橋の設計例

G_7 桁の曲げモーメントおよびせん断力

死荷重	$M_D=4\,192.5$	$S_D=520.8$
雪荷重	$M_S=260.8$	$S_S=31.5$
活荷重	$M_L=1\,936.4$	$S_L=254.5$
全荷重	$M_T=6\,389.7$	$S_T=806.8$

(d) 断面応力度およびプレストレス

(1) 断面応力度

- 断面の諸元（G_7 桁）

　　　断面　$x=16.570$（支間中央部）

　　　桁高　$h=1\,850$ cm　　床版厚　$t=200$ cm

		総断面	純断面	PC 換算	合成断面
断面積	〔cm²〕	7 475.0	7 309.0	7 669.0	8 057.0×10²
上縁図心位置	〔cm〕	70.9	68.6	73.4	70.3
下縁図心位置	〔cm〕	−114.1	−116.4	−111.6	−114.7
PC 偏心量	〔cm〕		−100.6	−95.8	−98.9
断面二次モーメント 〔cm⁴〕		31 442 560.0	29 801 936.0	33 268 048.0	34 771 952.0
上縁断面係数	〔cm³〕	443 665.0	434 190.0	453 529.0	494 677.0
下縁断面係数	〔cm³〕	−275 498.0	−256 114.0	−297 977.0	−303 135.0
PC 断面係数	〔cm³〕		−296 354.0	−347 098.0	−351 560.0
回転半径	〔cm〕	4 206.0	4 077.0	4 338.0	4 316.0
断面一次モーメント 〔cm³〕			220 181.0		

- 曲げ応力度〔N/mm²〕

　　　断面　$x=16.570$（支間中央部）

	曲げモーメント	桁上縁	桁下縁	PC 図心
主桁自重	2 661.4	6.13	−10.39	−8.98
桁間コンクリート	231.8	0.51	−0.78	−0.67
橋面荷重	1 299.3	2.63	−4.29	−3.70
活荷重	1 936.4	3.91	−6.39	−5.51
雪荷重	260.8	0.53	−0.86	−0.74
合　　計	6 389.7	13.71	−22.71	−19.60

(2) プレストレス

　　使用 PC 鋼材　$\phi 12.4$ mm

　　引端緊張応力　$\sigma_{pi}=11.0$ N/mm²

- 弾性変形による減少量　$\Delta\sigma_{p1}$

$$\Delta\sigma_{p1} = \frac{1}{2}\, n\sigma_{cpg}\, \frac{(N-1)}{N}$$

$$\sigma_{cpg} = \frac{P_{t1}}{A} + \frac{P_t e_p}{W_p} + \sigma_{dg}$$

$$\sigma_{pt} = \sigma_{pt}{}'' - \Delta\sigma_{p1}$$

$$P_{t1} = \sigma_{pt}{}'' \cdot A_p \cdot N$$

n　：緊張時のコンクリートとPC鋼材のヤング係数比＝6.349

σ_{cpg}：PC鋼材図心位置のコンクリート応力度

$\sigma_{pt}{}''$：セット後のPC鋼材応力度

σ_{dg}：主桁自重によるPC鋼材図心位置の応力度

N　：PC鋼材本数

P_t　：PC鋼材緊張力

e_p　：PC鋼材偏心量

W_p：PC鋼材図心位置の断面係数

σ_{pt}：初期引張応力度

- プレストレス導入直後のコンクリート応力度

上縁：　　$\sigma_{ctu} = \dfrac{P_{t2}}{A} - \dfrac{P_t e_p}{W_u}$

下縁：　　$\sigma_{ctl} = \dfrac{P_{t2}}{A} + \dfrac{P_t e_p}{W_l}$

PC鋼材図心位置：　$\sigma_{cp} = \dfrac{P_{t2}}{A} + \dfrac{P_t e_p}{W_p}$，　　$P_{t2} = \sigma_{pt} A_p N$

- コンクリートのクリープ乾燥収縮による減少量　$\Delta\sigma_{p\varphi}$　　式（7.53）参照。

σ_{clg}：PC鋼材図心位置のプレストレス

σ_{dg}：PC鋼材図心位置の静荷重曲げ応力度

E_p：PC鋼材ヤング係数　　　　　　2.0×10^5 N/mm²

E_c：コンクリートのヤング係数　　3.10×10^4 N/mm²

ε_s：コンクリートの乾燥収縮度　　20×10^{-5}

φ：コンクリートのクリープ係数　　2.60

n　：ヤング係数比　　　　　　　　6.45

W_u：断面の上縁に関する断面係数

W_l：断面の下縁に関する断面係数

- リラクセーションによる減少量

リラクセーションによる減少量は5％とする。

$$\Delta\sigma_{p\gamma} = 0.05\,\sigma_{pt}$$

- 有効プレストレス

PC鋼材有効引張応力度：$\sigma_{pe} = \sigma_{pt} - \Delta\sigma_{p\varphi} - \Delta\sigma_{p\gamma}$

7.18 プレストレストコンクリート T 桁橋の設計例

有効係数： $\eta = \dfrac{\sigma_{pe}}{\sigma_{pt}}$

上縁： $\sigma_{ceu} = \eta \sigma_{ctu}$

下縁： $\sigma_{cel} = \eta \sigma_{ctl}$

PC 図心位置： $\sigma_{ceg} = \eta \sigma_{ctg}$

- 設計断面（G_7 桁）

支点よりの距離	x	〔m〕	16.570
PC 鋼材本数	N_p	〔本〕	5
セット後の PC 応力度	σ_{pi}	〔N/mm²〕	1 004
弾性変形による減少	$\Delta\sigma_p$	〔N/mm²〕	48
導入直後 PC 鋼材応力度	σ_{pt}	〔N/mm²〕	956
クリープ乾燥収縮減少	$\Delta\sigma_\varphi$	〔N/mm²〕	184
リラクセーション(5 %)	$\Delta\sigma_\gamma$	〔N/mm²〕	48
有効引張応力度	σ_{pc}	〔N/mm²〕	724
有効係数	η		0.757
偏心量	e_p	〔cm〕	−100.6
導入直後の応力度			
上縁	σ_{ct}'	〔N/mm²〕	−5.05
下縁	σ_{ct}	〔N/mm²〕	28.20
有効プレストレス			
上縁	σ_{ce}'	〔N/mm²〕	−3.82
下縁	σ_{ce}	〔N/mm²〕	21.36

（3） 合成応力度および引張鉄筋

- 合成応力度〔N/mm²〕

プレストレス導入直後　　$\sigma_{c1} = \sigma_{ct} + \sigma_{d0}$

死荷重作用時　　$\sigma_{c2} = \sigma_{ce} + \sum \sigma_d$

設計荷重作用時　　$\sigma_{c3} = \sigma_{c2} + \sigma_s + \sigma_l$

断面　$x = 16.570$（支間中央部）

		上　縁	下　縁
主桁自重	σ_{d0}	6.13	−10.39
桁間コンクリート	σ_{d1}	0.51	− 0.78
橋面荷重	σ_{d2}	2.63	− 4.29
活荷重	σ_l	3.91	− 6.39
雪荷重	σ_s	0.53	− 0.86

つづき

初期プレストレス	σ_{ct}	-5.04	28.23
有効プレストレス	σ_{ce}	-3.81	21.37
プレストレス導入直後	σ_{c1}	$1.09 > -1.50$	$17.84 < 19.0$
死荷重作用時	σ_{c2}	$5.46 < 14.04$	$5.91 > 0$
設計荷重作用時	σ_{c3}	$9.90 < 14.04$	$-1.34 > -1.5$

部材下側に引張応力が発生するので，引張鉄筋を引張力に対して配置する必要が生じる．計算結果として D 16，4本→$A_s = 7.944 \text{ cm}^2$ を断面の引張応力度発生部に配置する．

(4) 設計荷重時 PC 鋼材応力度
- PC 鋼材応力度

PC 鋼材応力度は荷重の増加によって増大するため，次項に基づいて検討する．

- プレストレス導入直後

$$\sigma_{pte} = \sigma_{pt} + \sigma_{p0} \qquad \sigma_{p0} = \frac{n_1 \sigma_{dog}}{2}$$

σ_{pte}：プレストレス導入直後の PC 鋼材応力度
σ_{pt}：導入直後の PC 鋼材応力度
σ_{p0}：主桁自重による応力増加分
σ_{dog}：主桁自重による PC 鋼材図心位置応力度
n_1：プレストレス導入時のヤング係数比 $= 6.85$

- 設計荷重作用時

$$\sigma_{pce} = \sigma_{pe} + n_2 (\sum \sigma_{dg} + \sigma_{lg} + \sigma_{cg})$$

σ_{pce}：設計荷重作用時 PC 鋼材応力度
σ_{pe}：PC 鋼材有効引張応力度
$\sum \sigma_{dg}$：後打コンクリート荷重による PC 鋼材図心位置応力度
σ_{lg}：活荷重による PC 鋼材図心位置応力度
σ_{cg}：その他荷重による PC 鋼材図心位置応力度
n_2：設計荷重作用時ヤング係数比 $= 6.452$

- 設計断面

支点からの距離	x	16.570 m
PC 鋼材有効引張度	σ_{pe}	724 N/mm^2
桁間コンクリート	σ_{p1}	4 N/mm^2
橋面荷重	σ_{p2}	24 N/mm^2
活荷重	σ_{pl}	36 N/mm^2
雪荷重	σ_{ps}	5 N/mm^2

7.18 プレストレストコンクリート T 桁橋の設計例

つづき

PC 鋼材応力度	σ_{pec}	793 N/mm²
許容応力度	σ_{pa}	1020 N/mm²

(5) 終局荷重時の検討

● 終局荷重作用時の曲げモーメント

終局荷重作用時の曲げモーメントは次式にて求め，最大となるモーメントで検討する。

$$\left. \begin{array}{l} M_{ud1} = 1.3M_d + 2.5M_L + M_s \\ M_{ud2} = 1.7(M_d + M_L) + M_s \end{array} \right\} \quad 式 (7.1) 参照$$

M_d：全死荷重モーメント　　　　　M_s：雪荷重モーメント
M_L：活荷重モーメント（衝撃を含む）

破壊抵抗モーメントは次式により求める。

$$M_u = T \cdot (d - kx) \quad 式 (7.11) 参照。$$

● 破壊安全度の算定

断面　$x = 16.570$（支間中央部）

荷重の破壊モーメント	M_{ud} 〔kN·m〕	10 551
PC 鋼材本数	N_p 〔本〕	5
引張鋼材量	A_p 〔cm³〕	55.7
鋼材応力度	σ_p 〔N/mm²〕	16.28
有効高	d 〔cm〕	169.2
圧縮力作用位置	kx 〔cm〕	8.9
鋼材のひずみ度	ε_s	0.027
鋼材の合力	T 〔kN〕	9 072
主桁抵抗曲げモーメント	M_u 〔kN·m〕	14 568
安全率	F	1.38

$$F = \frac{M_u}{M_{ud}} = \frac{14\,568}{10\,551} = 1.38 > 1$$

(6) せん断力の検討

● 平均せん断応力度

$$\tau_m = \frac{S_h - S_p}{b_w d}$$

τ_m：部材断面に生じるコンクリートの平均せん断応力度
S_h：部材の有効高を考慮したせん断力（図 7.22 参照）

$$S_h = S - M/d(\tan\beta + \tan\gamma)$$

S_p：PC鋼材引張力によるせん断力

$S_p = P_e \cdot \sum \sin \alpha$

- 作用せん断力

  設計荷重作用時

  $S = S_d + S_l + S_s$

  S_d：静荷重によるせん断力　　　S_s：雪荷重によるせん断力

  S_l：活荷重によるせん断力（衝撃を含む）

  終局荷重作用時

  $S_{u1} = 1.3 S_d + 2.5 S_l + S_s$

  $S_{u2} = 1.7(S_d + S_l) + S_s$

  斜め引張応力度は式（7.18）により算定する。

- 斜め引張鉄筋

  設計荷重作用時のコンクリート平均せん断応力度が許容応力度を超える場合は，次式により算出される斜め引張鉄筋を配置する。

  $S_c = \tau_a b_w d$

  ここで，式中の S_c は，PC部材の場合はプレストレスにより k の割増し係数を乗じることになる。

  $S_c = k \tau_a b_w d$

  せん断力に対する軸方向鉄筋（式（7.60）参照）。

  $\theta = 90°$，$d = d_s$ とする。

  $A_s = \dfrac{S_h - S_p - S_c}{2 \cdot \sigma_{sy}}$

  $\sigma_{sy} = 300 \text{ N/mm}^2$

① 平均せん断応力度〔N/mm²〕（式（7.17）参照）。

- 設計断面

支点よりの距離	x 〔m〕	5.000
有効高	d 〔cm〕	180.0
ウェブ幅	b 〔cm〕	20.0
プレストレスせん断	S_p 〔kN〕	265
設計荷重時せん断力	S_t 〔kN〕	589
終局荷重時せん断力	S_u 〔kN〕	1 002
設計荷重時	τ_t 〔N/mm²〕	0.90
終局荷重時	τ_u 〔N/mm²〕	2.05
コンクリート負担せん断応力	τ_a 〔N/mm²〕	0.55＜0.9
終局荷重(最大値)	τ_a 〔N/mm²〕	5.30＞2.05

② 斜引張応力度〔N/mm²〕(式 (7.18) 参照)
- 設計断面 (G_7 桁)

支点よりの距離	x	〔m〕	5.000
せん断力	S_t	〔kN〕	589
垂直応力度	σ_c	〔N/mm²〕	535
有効高さ	d	〔cm〕	180.0
プレストレスせん断力	S_p	〔kN〕	265
せん断応力度	τ	〔N/mm²〕	1.13
ウェブ	b	〔cm〕	20.0
断面一次モーメント	Q	〔cm²〕	220 181.0
断面二次モーメント	I	〔cm²〕	31 442 560.0
斜引張応力度	σ_I	〔N/mm²〕	0.23
許容応力度	σ_{Ia}	〔N/mm²〕	1.00＞0.23

③ スターラップの計算 (ピッチ $a=10\,\mathrm{cm}$ とする), (式 (7.20) 参照)
- 設計断面

支点よりの距離	x	〔m〕	5.000
終局時せん断力	S_u	〔kN〕	1 002
プレストレスせん断力	S_p	〔kN〕	265
係数	k		1.7
コンクリートの負担せん断力	S_t	〔kN〕	340
せん断力に対する鉄筋量	A_{s1}	〔cm²〕	0.846 cm²
最小鉄筋量	A_{s2}	〔cm²〕	0.400 cm²
軸方向鉄筋量	A_{s3}	〔cm²〕	6.6 cm
D 13 mm を使用のピッチ	a	〔cm〕	30＞10 cm
D 16 mm を使用のピッチ	a	〔cm〕	30＞10 cm

- PC鋼材応力度

施工時において，プレストレスを導入するためのPCケーブルの引張力の算定が必要である。支間中央において所要のプレストレスを導入するために，鋼材とシースの摩擦および定着具の滑りによる損失を考慮して作業緊引力を算定する。計算については省略する。桁のたわみの計算も省略する。

7.18.4 横桁の設計

(a) **横桁断面力** 横桁断面力は下記により求める。

θ, α　衝撃係数は主桁に用いた値を使用する。

横方向の曲げモーメントは次式によって計算する。

集中荷重による曲げモーメント

$$M_y = q \cdot B \sum \mu_a \frac{2P}{L} \sin \frac{\pi x}{L} \sin \frac{n\pi d}{L}$$

等分布荷重による曲げモーメント

$$M_y = q \cdot B \sum \mu_a \frac{4w}{x} \sin \frac{n\pi d}{L}$$

P：集中荷重　　　　L：支間長
w：等分布荷重　　　d：支点から横桁までの距離
q：横桁間隔　　　　x：支点から荷重までの距離
B：抵抗幅の 1/2　　μ_a：θ および α によって求まる係数

$$\mu_a = \mu_0 + (\mu_1 - \mu_0)\sqrt{\alpha}$$

μ_0：$\alpha=0$ に対する μ の値　　μ_1：$\alpha=1$ に対する μ の値

横桁断面抵抗幅

曲げに対する横桁断面抵抗幅

$$B_1 = b_0 + \left(\frac{n-1}{3}\right)\lambda = 4.020 \text{ m} <= q$$

軸力に対する横桁断面抵抗幅

$$B_2 = q = \frac{33.140}{4} = 8.285 \text{ m （横桁間隔）}$$

b_0：横桁幅　　　　0.200 m　　　n：主桁本数　　7 本
λ：主桁中心間隔　1.910 m

プレストレス

　プレストレスは有効幅内に配置されている PC 鋼材によって与える（式(7.51)参照）。

図 7.47 より以下の分配係数が求められる。

$\theta = 0.326$
$\sqrt{\alpha} = 0.151$

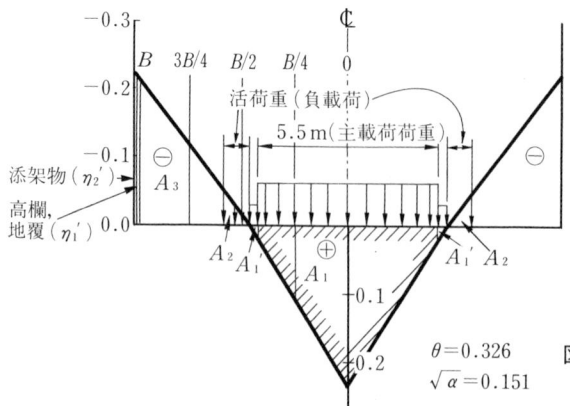

図 7.47 横方向荷重影響線

7.18 プレストレストコンクリート T 桁橋の設計例

- 各荷重の分配係数

地覆高欄	k_L	$=-0.222$	η_1'
	k_R	$=-0.222$	η_1'
歩道舗装	k_{AL}	$=-0.308$	A_3-A_2
	k_{AR}	$=-0.308$	A_3-A_2
車道舗装	k_A	$=0.715$	A_1+A_2
添架物	k_1	$=-0.235$	η_2'
群集荷重	$(-)k_{AL}$	$=-0.308$	A_3+A_2
L 荷重 P	$(+)k_A$	$=0.722$	$2A_1$
$\dfrac{P}{2}$	$(+)k_A$	$=0.014$	A_1'
P	$(-)k_A$	$=-0.021$	$2A_2$

(b) 曲げモーメント〔kN・m〕

地覆高欄	M_{d1}	$=$	-181.33
歩道舗装	M_{d2}	$=$	-288.91
車道舗装	M_{d3}	$=$	105.63
添架物	M_{d4}	$=$	-4.82

- L 荷重作用時

群集荷重	$(-)M_Q$	$=$	-210.57
活荷重	$(+)M_L$	$=$	470.81
	$(-)M_L$	$-$	13.33
合計モーメント	(最大)M_T	$=$	101.38
	(最小)M_T	$=$	-593.33

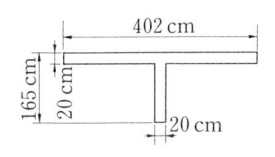

図 7.48 曲げモーメントに対する横桁断面図

軸方向力については省略する。

(c) 曲げ応力度〔N/mm²〕

$\sigma=\dfrac{M}{W}$	M〔kN・m〕	W_u	W_l	上縁 σ_u	下縁 σ_l
最大	101.38	$623\,011.0\times 10^3$	$149\,138.0\times 10^3$	0.16	-0.72
最小	-593.33	$623\,011.0\times 10^3$	$149\,138.0\times 10^3$	-0.95	4.19

軸方向力については省略する。

(d) 合成応力度〔N/mm²〕

(1) プレストレス

PC 鋼材　$\phi 19.3$ を使用

プレストレス　上縁　$\sigma_{ce}=2.71$ N/mm²

　　　　　　　下縁　$\sigma_{ce}=1.64$ N/mm²

(2) 合成応力度〔N/mm²〕
- 最大　曲げモーメント
  $\sigma_{cu}=2.71+0.16=2.87<12.00$
  $\sigma_{cl}=1.64-0.72=0.92>\ 0.0$
- 最小　曲げモーメント
  $\sigma_{cu}=2.71-0.95=1.76>\ 0.0$
  $\sigma_{cl}=1.64+4.19=5.83<12.00$

終局荷重に対する安全度については省略する。
支承部の設計は省略する。

―――― 参 考 文 献 ――――

〔1〕 日本道路協会編：道路構造令の解説と運用 (2001年)
〔2〕 日本道路協会編：道路橋示方書・同解説，Ⅰ共通編 (2002)
〔3〕 日本道路協会編：道路橋示方書・同解説，Ⅱ鋼橋編 (2002)
〔4〕 日本道路協会編：道路橋示方書・同解説，Ⅲコンクリート橋編 (2002)
〔5〕 日本道路協会編：道路橋示方書・同解説，Ⅴ耐震設計編 (2002)
〔6〕 鉄道総合技術研究所編：鉄道構造物等設計標準・同解説，鋼・合成構造物 (1992)
〔7〕 鉄道総合技術研究所編：鉄道構造物等設計標準・同解説，コンクリート構造物 (1992)
〔8〕 土木学会編：鋼構造架設設計指針 (1978)
〔9〕 土木学会編：鋼構造架設施工指針 (1983)
〔10〕 土木学会編：鋼構造物設計指針 (1987)
〔11〕 日本道路協会編：鋼道路橋設計便覧 (1980)
〔12〕 日本道路協会編：鋼道路橋施工便覧 (1972, 1985)
〔13〕 日本道路協会編：コンクリート道路橋設計便覧 (1985)
〔14〕 日本道路協会編：コンクリート道路橋施工便覧 (1984)
〔15〕 日本道路協会編：道路橋支承便覧 (1991)
〔16〕 日本道路協会編：道路橋伸縮装置便覧 (1970)
〔17〕 日本道路協会編：道路橋土工示方書（排水工編）(1994)
〔18〕 日本道路協会編：防護柵設置要綱・資料集 (1986)
〔19〕 日本道路協会編：橋の美 (1977)
〔20〕 伊藤　學：橋（グラフィックス・くらしと土木 6），オーム社 (1985)
〔21〕 伊藤　學：改訂 鋼構造学（土木系大学講義シリーズ 11），コロナ社 (1999)
〔22〕 菊池洋一・笹戸松二：橋梁工学（第 4 版），オーム社 (1985)
〔23〕 菊池洋一・笹戸松二：橋梁設計例（第 5 版），オーム社 (1985)
〔24〕 島田静雄・高木録郎：合成桁の理論と設計，山海堂 (1986)
〔25〕 橘　善雄・中井　博：橋梁工学（第 2 版），共立出版 (1981)
〔26〕 成瀬勝武・鈴木俊男：橋梁工学（鋼橋編），森北出版 (1973)
〔27〕 小西一郎編：鋼橋，設計編Ⅰ，基礎編Ⅰ，丸善 (1975, 1977)
〔28〕 堀川浩甫編著：鋼構造物の製作と施工（新体系土木工学 39），技報堂 (1980)

〔29〕 土木学会編：構造力学公式集（1981，1986）
〔30〕 国広哲男・藤原　稔：直交異方性版理論による鋼床版実用計算法，土木研究所報告 No.137（1969）
〔31〕 鋼橋示方書小委員会・コンクリート橋示方書小委員会：道路橋鉄筋コンクリート床版の設計・施工指針・同解説，道路（1984）
〔32〕 高島春生：道路橋の横分配計算法（前編），現代社（1972）
〔33〕 西山啓伸編著：橋梁上部構造（Ⅲ）コンクリート橋（新体系土木工学 43），技報堂（1980）
〔34〕 泉　満明：PC による構造物の補強の実例，プレストレストコンクリート技術協会（1979）
〔35〕 小池欣司：プレキャストコンクリートの設計と施工（最新コンクリート技術選書），山海堂（1982）
〔36〕 猪股俊司：プレストレストコンクリートの設計・施工，技報堂（1979）
〔37〕 日本ピーエス(株)資料：道路橋ポストテンション方式 PC 単純 T 形桁橋上部構造設計計算例（1994）
〔38〕 土木学会：コンクリート標準示方書（設計編）（2002）
〔39〕 溶接学会編：溶接便覧，丸善（1981）
〔40〕 日本道路協会編：道路橋の塩害対策指針（1984）
〔41〕 日本道路協会編：道路橋補修便覧（1979）
〔42〕 日本道路協会編：鋼道路橋塗装便覧（1990）
〔43〕 泉　満明・秋元泰輔・宮崎修輔：コンクリート構造物の配筋とディテール，技報堂（1995）
〔44〕 泉　満明：プレストレストコンクリート合成構造へのアプローチ，プレストレストコンクリート，Vol. 35，No. 2（Mar., 1993）
〔45〕 川田忠樹監修：複合構造橋梁，技報堂（1994）
〔46〕 日本道路協会編：道路橋示方書・同解説　SI 単位系移行に関する参考資料（1998）
〔47〕 建設省：鋼道路橋設計ガイドライン（案）（1995）
〔48〕 日本鋼構造協会編：鋼構造物の疲労設計指針・同解説，技報堂出版（1993）
〔49〕 日本道路協会：鋼橋の疲労（1997）
〔50〕 日本道路協会：道路橋の耐震設計に関する資料（1997）
〔51〕 日本道路協会：全国道路橋の疲労設計指針（2002）
〔52〕 泉　満明：建設事業における省エネルギー，土木学会誌，Vol. **69**, No. 10（1984 年 10 月号）
〔53〕 泉　満明：建設事業における環境問題，土木学会誌，Vol. **85**, No. 8（2000 年 8 月号）
〔54〕 泉　満明：道路建設事業に関連する環境問題，道路，No. 755（2004 年 1 月号）

索引

〔あ〕

Ｉ形鋼格子床版　138
Ｉ桁橋　17,121
アーチ橋　21,35,210
圧縮フランジの有効幅　229
圧　接　131
アルカリ骨材反応　42
RC床版　136,139
RC T桁橋　249
アンカーレッジ　26
アンダーカット　135

〔い〕

維持管理　42,60
移動支保工式架設工法　55
移動制限装置　113

〔う〕

ウェブ　270
ウェブ圧縮破壊　235
上横構　19
浮上り防止装置　113
浮き橋　5
渦励振　73
打込み式高力ボルト　125

〔え〕

A活荷重　70
エキストラドーズド橋　37
S-N線図　98
H桁橋　121
L荷重　68
縁端距離　129

〔お〕

横断勾配　136
応力集中　97
応力範囲　97

〔か〕

オーバーラップ　135
遅れ破壊　125
押抜きせん断応力度　244
温度差　174

開　先　131
開床式　137
開断面縦リブ　143
開腹アーチ　36
下弦材　18
荷重分配影響係数曲線　259
荷重分配計算法　148
荷重分配係数　152
　――の算出　258
荷重分配横桁　169
ガスシールドアーク溶接　131
ガスト応答係数　72
かずら橋　5
風荷重　71
架設工法　55
片持式工法　52
活荷重　67
活荷重合成桁　170
活荷重たわみ　166
可動支承　107
下部構造　14
臥龍橋　2
下路橋　213
乾燥収縮　78,176,264
慣用計算法　147

〔き〕

橋　脚　14
強制振動　72
橋　台　14
橋　長　14
橋門構　19
橋梁美　45

曲線橋　18,123
許容応力度　87,93
　――の割増し　92
許容応力度設計法　46
許容軸方向圧縮応力度　87
許容軸方向引張応力度　87
許容せん断応力度　91
許容伝達力　125
許容曲げ圧縮応力度　91
Guyon-Massonnetの方法
　　　244,257

〔く〕

空中架線工法　27
グラウチング　222
グラウト　93
クリープ　78,175
繰返し回数　97
くろがね橋　8
群集荷重　68

〔け〕

形式選定　44
ケーブルエレクション工法　53
桁下空間　16
桁高および主桁間隔　251
桁　橋　16,31
K-トラス　19
限界状態設計法　46
建設費　42
建築限界　15
現場継手　163

〔こ〕

鋼　6,81
鋼　橋　6
高強度鋼　81
格子桁　122
格子桁構造　215

索引

格子桁理論	244	斜張橋	24,210	ずれ止め	122,170,177
格子剛度	151	斜吊工法	53	ずれ止め鉄筋	273
鋼斜張橋	25	従荷重	66		
鋼床版	18,137	終局強度設計法	47	〔せ〕	
格子理論	148	終局釣合い鋼材量	228	石造アーチ	2
合成桁	17,122,170	縦断勾配	136	施工時荷重	79
合成桁橋	210	修復	63	設計基準風速	72
高性能鋼	81	重連式工法	51	全強	163
高力ボルト	124	主荷重	66	線形	43
──の締付け	129	主構	14	線支承	108
航路限界	16	主鉄筋	142	潜水橋	4
固定支承	107	主塔	28	せん断遅れ	171
固定支保工式架設工法	55	純径間	14	せん断座屈	157
ゴム支承	109	純断面積	128	せん断引張破壊	235
コンクリート	92	衝撃	70	せん断流理論	154,180
──のクリープ	222,264	衝撃係数	70	線膨張係数	83
コンクリート橋	9,210	上弦材	19		
コンクリート合成桁橋	32	衝突荷重	80	〔そ〕	
コンクリート斜張橋	36	床版	14,136	総断面積	128
		──の応力度の照査	253	外ケーブル	213
〔さ〕		──の支間	139,252	そり	181
細長比	87	──の設計	252	そり関数	183
サグ	28	──の設計曲げモーメント		ソリッドリブアーチ	21
サグ比	28		253	そりねじり	181
サドル	26	床版厚	139,253		
サブマージアーク溶接	131	床版断面の諸定数	253	〔た〕	
St. Venant	182	上部構造	14	対傾構	166
		初期引張応力度	262	耐候性鋼	42,81
〔し〕		所要ボルト本数	126	耐震設計	74
支圧接合	125	自励振動	72	タイドアーチ橋	22
死荷重	67	浸透探傷試験	136	大ブロック工法	53
死荷重たわみ	165			ダイヤフラム	187
死活荷重合成桁	170	〔す〕		耐力点法	130
支間	14	垂直材	18	多重箱桁橋	268
支承板支承	108	垂直補剛材	157,160	多主桁箱桁橋	268
JIS桁	30,212	水平補剛材	157,161	縦桁	146
シースとの摩擦	263	水路橋	2	縦リブ	143
下フランジ	269,270	スカラップ	145	たわみ	165
下横構	19	ステージング工法	50	たわみ制限	147,166
止端	132	スパンドレルブレースドアーチ		たわみ理論	29
支点移動の影響	80		21	単一箱桁橋	268
支点横桁	244	すみ肉溶接	132	単純床版橋	245
磁粉探傷試験	136	スラグ巻込み	135	弾性理論	214
斜橋	43	スラブ橋	29	端対傾構	168
斜材	18	スラブ止め	122,159	断面変化	158

索　　引

〔ち〕

千鳥配置	128
中央帯	15
中間対傾構	168
中間横桁	244
中空床版橋	30, 246
鋳鉄	6
中路橋	213
超音波探傷試験法	136
直弦トラス	19
直床版橋	246
直橋	43
直交異方性版	257
直交異方性版構造	215
直吊工法	53

〔つ〕

突合せ溶接	131
継手	124
吊床版橋	39
吊橋	2, 26

〔て〕

TMCP鋼	81
T荷重	68
T桁橋	31, 210, 249
定着具	263
鉄道橋	2
手延式工法	51
添接	124
添接板	164

〔と〕

道路橋	2
道路橋示方書	65
道路橋示方書III	210
道路構造令	65
特殊荷重	66
トラス橋	18
トラスに基づく理論	235
トラス理論	236
トルク法	130
トルシア形高力ボルト	130

〔な〕

流れ橋	2
ナット回転法	130
斜め床版橋	246
斜め引張応力度	239

〔に〕

ニールセンアーチ	22
二次応力	20
二層構造	26

〔ね〕

ねじり剛性	216
ねじり定数	184
ねじりモーメント	241
——に対するフランジの片側有効幅	242
ねじれ振動	73
熱影響部	132

〔の〕

のど厚	133

〔は〕

配力鉄筋	142
ハウトラス	18
破壊安全度	255
箱桁	32, 121, 180
箱桁橋	18, 210
パーシャルプレストレス	219
幅厚比制限	156
張出し架設工法	55
梁理論	154
版理論	31

〔ひ〕

B活荷重	68
引出し式工法	51
非合成桁	17, 122
PC鋼材の配置	265
PC鋼材のリラクセーション	222, 264
PC合成桁橋	271
PC床版	17, 137
PC T桁橋	249
PCトラス橋	39
微小変形理論	23
引張接合	125
必要剛比	161
被覆アーク溶接	131
疲労	97
疲労限	98
疲労破壊	97
ピン支承	108

〔ふ〕

フィラー	164
フィーレンディール橋	24
不規則振動	73
幅員	14
幅員構成	44
複合構造橋	12
複合構造断面	213
腹材	18
腹板	121
腹板厚	157
腹板高	147
付着応力度	244
物理定数	82
プラットトラス	18
フランジ	121
——の寸法	251
フランジ断面	155
フルプレストレス	219
ブレースドリブアーチ	21
プレキャスト桁架設工法	55
プレキャストセグメント橋	210
プレキャストブロック工法	55
プレストレス力	78
——によるせん断力	266
プレテンション方式	220
プレファブ平行線ストランド工法	27
ブローホール	135

〔へ〕

平均せん断応力度	237
平行線ケーブル	27
閉床式	137

閉断面縦リブ	143	
閉腹アーチ	35	
併用橋	2	

〔ほ〕

放射線透過試験	135
補強	63
補剛アーチ橋	22
補剛桁	26
補剛材	160
母材部	132
補修工法	62
ポストテンション方式	220
歩道橋	2
ボルト中心間隔	129
ボンド	132

〔ま〕

曲げ圧縮座屈	157
曲げ振動	73
曲げせん断破壊	235
曲げねじり	181
摩擦接合	124

〔も〕

木橋	2

〔や〕

八ツ橋	2

〔ゆ〕

有限変形理論	23
有効座屈長	87
有効長	134
有効幅	171
融合不良	135
有効プレストレス	265
融接	132
床組	14, 147
床桁	147
雪荷重	80

〔よ〕

溶接金属部	132
溶接欠陥	135
溶接接合	131
溶接割れ	135
横桁	167
横構	166
横方向荷重影響線	290
横リブ	143
余盛過剰	137
余盛不足	137

〔ら〕

ライズ	22
ライズ比	22
落橋防止装置	113

ラーメン橋	23, 33, 210
ラーメン床版橋	245
ランガー橋	22

〔る〕

累積損傷度	101
ルート	132
ループリング	27

〔れ〕

Leonhardt	147, 206
連結	124
連結板	127
連続桁橋	210
連続合成桁橋	271
連続床版橋	245
練鉄	6

〔ろ〕

ろう接	131
路肩	15
ローゼ橋	22
ロープケーブル	27
ローラー支承	108

〔わ〕

ワーレントラス	19

―― 著者略歴 ――

泉　　満明（いづみ　みつあき）
1958年　東京都立大学工学部土木工学科卒業
1958年　極東鋼弦コンクリート振興（株）入社
1960年　首都高速道路公団入社
1981年　工学博士（東京都立大学）
1981年　名城大学教授
1983年　土木学会吉田賞受賞
2004年　名城大学定年退職
　著書「ねじりを受けるコンクリート部材の設計法」（技報堂），その他15冊

近藤　明雅（こんどう　あきまさ）
1971年　名古屋大学工学部土木工学科卒業
1971年　日本工営（株）入社
1974年　名古屋大学助手
1982年　名城大学講師
1985年　工学博士（名古屋大学）
1989年　名城大学助教授
1997年　名城大学教授
2016年　名城大学定年退職
　著書「大学課程 橋梁工学」（オーム社），その他 3冊

新版　橋 梁 工 学（増補）
Bridge Engineering

© Izumi, Kondo　1987, 1995, 2000

1987 年 10 月 15 日　初　版第 1 刷発行
1993 年 11 月 15 日　初　版第 6 刷発行
1995 年 2 月 25 日　改訂版第 1 刷発行
1997 年 11 月 20 日　改訂版第 4 刷発行
2000 年 4 月 5 日　新　版第 1 刷発行
2004 年 11 月 8 日　新　版第 3 刷発行（増補）
2019 年 2 月 10 日　新　版第 6 刷発行（増補）

検印省略	著　者	泉　　　満　明
		近　藤　明　雅
	発行者	株式会社　コロナ社
	代表者	牛来真也
	印刷所	富士美術印刷株式会社
	製本所	牧製本印刷株式会社

112-0011　東京都文京区千石 4-46-10
発行所　株式会社　コ ロ ナ 社
CORONA PUBLISHING CO., LTD.
Tokyo Japan
振替 00140-8-14844・電話 (03) 3941-3131 (代)
ホームページ　http://www.coronasha.co.jp

ISBN 978-4-339-05064-6　C3351　Printed in Japan　　　　　（柏原）

〈出版者著作権管理機構　委託出版物〉
本書の無断複製は著作権法上での例外を除き禁じられています。複製される場合は，そのつど事前に，出版者著作権管理機構（電話 03-5244-5088，FAX 03-5244-5089，e-mail: info@jcopy.or.jp）の許諾を得てください。

本書のコピー，スキャン，デジタル化等の無断複製・転載は著作権法上での例外を除き禁じられています。
購入者以外の第三者による本書の電子データ化及び電子書籍化は，いかなる場合も認めていません。
落丁・乱丁はお取替えいたします。

土木系 大学講義シリーズ

(各巻A5判,欠番は品切です)

■編集委員長 伊藤 學
■編集委員 青木徹彦・今井五郎・内山久雄・西谷隆亘
　　　　　榛沢芳雄・茂庭竹生・山﨑 淳

配本順			頁	本体
2.(4回)	土木応用数学	北田 俊行 著	236	2700円
3.(27回)	測量学	内山 久雄 著	206	2700円
4.(21回)	地盤地質学	今井・福江／足立 共著	186	2500円
5.(3回)	構造力学	青木 徹彦 著	340	3300円
6.(6回)	水理学	鮏川 登 著	256	2900円
7.(23回)	土質力学	日下部 治 著	280	3300円
8.(19回)	土木材料学(改訂版)	三浦 尚 著	224	2800円
10.	コンクリート構造学	山﨑 淳 著		
11.(28回)	改訂 鋼構造学(増補)	伊藤 學 著	258	3200円
12.	河川工学	西谷 隆亘 著		
13.(7回)	海岸工学	服部 昌太郎 著	244	2500円
14.(25回)	改訂 上下水道工学	茂庭 竹生 著	240	2900円
15.(11回)	地盤工学	海野・垂水 編著	250	2800円
17.(30回)	都市計画(四訂版)	新谷・髙橋／岸井・大沢 共著	196	2600円
18.(24回)	新版 橋梁工学(増補)	泉・近藤 共著	324	3800円
19.	水環境システム	大垣 真一郎 他著		
20.(9回)	エネルギー施設工学	狩野・石井 共著	164	1800円
21.(15回)	建設マネジメント	馬場 敬三 著	230	2800円
22.(29回)	応用振動学(改訂版)	山田・米田 共著	202	2700円

定価は本体価格+税です。
定価は変更されることがありますのでご了承下さい。

図書目録進呈◆